互补约束优化理论与算法

黎健玲　简金宝　著

科学出版社
北京

内 容 简 介

互补约束优化是一类带均衡约束的数学规划问题, 在工程设计、交通网络、通信网络、最优控制、经济等领域有广泛的应用. 本书主要介绍互补约束优化的理论和算法, 内容包括互补约束优化的应用背景及其约束规格和最优性条件、线性互补约束优化的快速算法、非线性互补约束优化的光滑化算法、非线性互补约束优化的松弛方法等.

本书可作为运筹学、应用数学、计算数学、管理科学和工程类等相关专业的研究生的教材与参考书, 也可作为相关领域的科研及工程技术人员的参考用书.

图书在版编目(CIP)数据

互补约束优化理论与算法/黎健玲, 简金宝著. —北京: 科学出版社, 2021.6
ISBN 978-7-03-068718-0

Ⅰ.①互⋯ Ⅱ.①黎⋯ ②简⋯ Ⅲ.①最优化算法-研究 Ⅳ.①O242.23

中国版本图书馆 CIP 数据核字 (2021) 第 080776 号

责任编辑: 李 欣 孙翠勤 / 责任校对: 樊雅琼
责任印制: 吴兆东 / 封面设计: 无极书装

科学出版社 出版
北京东黄城根北街 16 号
邮政编码: 100717
http://www.sciencep.com

北京九州迅驰传媒文化有限公司 印刷
科学出版社发行 各地新华书店经销
*
2021 年 6 月第 一 版 开本: 720×1000 B5
2022 年 8 月第二次印刷 印张: 11 3/4
字数: 236 000
定价: 88.00 元
(如有印装质量问题, 我社负责调换)

前　　言

互补约束优化是一类带均衡约束的数学规划 (mathematical program with equilibrium constraints, MPEC) 问题, 其中的下层均衡系统可以表示为一个互补问题. 互补约束优化在工程设计、交通网络、通信网络、最优控制、经济等领域有广泛应用.

MPEC 问题的求解属于难题, 原因如下: 从几何方面讲, MPEC 问题的可行域是非凸集不连通的; 从理论方面讲, MPEC 问题在其任意可行点处不满足 Mangasarian-Fromovitz、Abadie 等较弱的约束规格. 因此, 将求解标准非线性规划问题的一些行之有效的方法直接用于求解 MPEC 问题会遇到很大的困难. 从 20 世纪 90 年代开始, 许多学者致力于 MPEC 问题的研究, 并且在最优性条件及算法研究方面均取得了一批成果.

对 MPEC 问题的研究主要分为理论与算法两大方面. 理论方面主要是研究最优性条件. 正如大家所知, KKT 点仅在一定约束规格满足前提下才成为必要性条件. 但是, 对于 MPEC 问题而言, 标准非线性规划中的大多数约束规格都不成立, 即使是较弱的 Abadie 约束规格. 因此, MPEC 问题的 KKT 条件不能作为一阶最优性条件. 人们对 MPEC 问题的最优性条件开展了深入研究, 并取得了一批研究成果, 在本书的第 2 章对其中一些主要成果作了简要介绍. 对 MPEC 问题求解方法的研究, 学者们也取得了丰富的研究成果, 这些方法大致可分为两大类: 一类是非光滑化方法, 主要包括松弛方法、内点法、罚函数法、积极集方法、增广 Lagrangian 函数法等; 另一类是光滑化方法, 包括光滑 SQP 类方法、光滑序列线性方程组 (SSLE) 类方法 (也称 QP-free 类方法) 等. 我们主要在光滑化方法和松弛方法方面做了一些探讨和研究.

本书的大部分内容来源于作者及其合作者的研究成果, 同时为方便读者阅读, 本书还介绍了一些与之相关的且在国际上有影响的研究成果. 本书分为 5 章, 各章的主要内容如下: 第 1 章是介绍互补约束优化的应用背景, 其中详细介绍了互补约束优化在工程设计和在经济领域的应用实例. 第 2 章详细介绍了互补约束优化的约束规格和最优性条件. 为了读者阅读的连贯性, 我们在该章对标准非线性规划的最优性条件和约束规格也作了简要介绍. 第 3 章描述了线性互补约束优化的两个 SQP 算法和一个 SSLE 算法. 第 4 章详细介绍了非线性互补约束优化的基于广义互补函数的四个光滑化算法. 第 5 章介绍了非线性互补约束优化的松弛方法以及五种松弛方法的比较.

　　感谢硕士研究生王培培、张辉等人对本书部分章节的初稿录入工作, 感谢科学出版社的李欣编辑提供的热情指导与帮助. 本书的完成和出版得到了国家自然科学基金项目 (项目编号: 11271086, 11561005), 广西自然科学基金项目 (项目编号: 2012GXNSFAA053007, 2014GXNSFFA118001) 和广西大学数学与信息科学学院学科建设经费的联合资助.

　　由于作者学识水平有限, 加之时间仓促, 书中难免有疏漏之处, 敬请读者批评指正.

作　者

2020 年 8 月 2 日

目　录

符 号 说 明

$\mathbb{R}$： 实数空间

$\mathbb{R}_+$： 所有非负实数构成的空间

$\mathbb{R}_{++}$： 所有正实数构成的空间

$\mathbb{R}^n$： n 维实数向量空间

$\mathbb{R}^{m \times n}$： $m \times n$ 实数矩阵空间

$|\mathcal{J}|$： 集合 $\mathcal{J}$ 的元素个数

$\|x\|$： 向量 x 的 Euclid 范数

$A_{\mathcal{J}\mathcal{K}}$： 由矩阵 A 的元素 a_{jk} ($j \in \mathcal{J}, k \in \mathcal{K}$) 组成的子矩阵

$\langle x, y \rangle$： 向量 x 与 y 的内积, 即 $x^{\mathrm{T}}y$

$\forall$： 表示 "任意" 之意

$\exists$： 表示 "存在" 之意

$\mathrm{Cl}\, S$： 集合 S 的闭包

$\mathrm{conv}\, S$： 集合 S 的凸包

$\mathrm{int}\, S$： 集合 S 的内部

$\mathcal{N}_\varepsilon(x)$： 点 x 的以 ε 为半径的开球 (邻域)

第 1 章　互补约束优化的应用背景

互补约束优化 (mathematical program with complementarity constraints, MPCC) 是一类带均衡约束数学规划问题 (mathematical program with equilibrium constraints, MPEC), 其中的下层均衡系统可以表示为一个互补问题. 由于在文献中记号 MPEC 比 MPCC 更常用, 也更上口, 因此, 本书仍用 MPEC 表示互补约束优化. 互补约束优化的一般形式为

$$
\begin{aligned}
\min\ & f(z) \\
\text{s.t.}\ & g(z) \leqslant 0, \quad h(z) = 0, \\
& G(z) \geqslant 0, \quad H(z) \geqslant 0, \\
& G(z)^{\mathrm{T}} H(z) = 0,
\end{aligned}
\tag{1.0.1}
$$

其中 $f: \mathbb{R}^n \mapsto \mathbb{R}$, $g: \mathbb{R}^n \mapsto \mathbb{R}^l$, $h: \mathbb{R}^n \mapsto \mathbb{R}^{m_e}$, $G, H: \mathbb{R}^n \mapsto \mathbb{R}^{m_c}$ 都是连续可微函数.

MPEC (1.0.1) 也可写为如下形式:

$$
\begin{aligned}
\min\ & f(z) \\
\text{s.t.}\ & g_i(z) \leqslant 0, \quad i \in I = \{1, \cdots, l\}, \\
& h_i(z) = 0, \quad i \in I_e = \{1, \cdots, m_e\}, \\
& G_i(z) \geqslant 0, \quad i \in I_c = \{1, \cdots, m_c\}, \\
& H_i(z) \geqslant 0, \quad i \in I_c, \\
& G_i(z) H_i(z) \geqslant 0, \quad i \in I_c,
\end{aligned}
\tag{1.0.2}
$$

其中 f, $g_i\ (i \in I)$, $h_i\ (i \in I_e)$, $G_i\ (i \in I_c)$, $H_i\ (i \in I_c): \mathbb{R}^n \mapsto \mathbb{R}$ 是连续可微函数.

需要指出的是, MPEC 问题与双层规划问题 (bilevel programming problem) 有密切的联系. 考虑如下双层规划

$$
\begin{aligned}
\min\ & f(x, y) \\
\text{s.t.}\ & (x, y) \in S, \\
& y \in \operatorname{argmin} \{\xi(x, y) \mid y \in X(x)\},
\end{aligned}
\tag{1.0.3}
$$

其中 $\operatorname{argmin} \{\cdots\}$ 表示括号中的优化问题的解集. 当约束中的优化问题为凸规划问题时, 其最优解与最优性条件等价, 从而可利用最优性条件将该双层规划问题表示为含有互补约束的 MPEC 问题.

MPEC 在工程设计、交通网络、通信网络、最优控制、经济等领域有广泛的应用, 本章将介绍 MPEC 在工程中的两个应用例子和在经济中的一个应用例子, 以加强读者对 MPEC 应用背景的认识.

1.1　MPEC 在工程中的应用

MPEC 在桁架设计、两个或多个物体之间的接触问题、交通网络、通信网络等工程方面有广泛的应用, 详细介绍可见文献 [1–7]. 下面分别给出 MPEC 在结构设计方面的应用例子和通信网络中的拥塞控制问题的应用例子.

例 1.1.1　桁架设计问题

给定一个基础结构和一个外荷载, 目标是该力学结构的最优设计, 目标函数是结构的总重量或总体积, 或者是结构的柔软度.

考虑一个基础结构, 该结构由一个桁架的位势棒的节点确定. 给定棒的总体积 V 和外荷载向量 f, 我们感兴趣的是桁架设计, 该设计由棒的体积 v_i 确定 (因此 v_i 是设计变量), 最小化柔软度 $f^{\mathrm{T}}x$, 其中 x 为节点位移的向量.

桁架结构的势能量由下面式子给出 (见文献 [6]):

$$E(v, x) = \frac{1}{2}x^{\mathrm{T}}A(v)x - f^{\mathrm{T}}x,$$

其中

$$A(v) = \sum_{j=1}^{n} v_j A_j,$$

A_j 是对应于第 j 根棒的硬度矩阵. 矩阵 $A(v)$ 是对称半正定矩阵, 如果 $v_j > 0, j = 1, \cdots, n$, 则 $A(v)$ 是对称正定阵. 如果 x 是 $E(v, x)$ 的极小点, 则可得到力的均衡解的一个表达式.

现考虑添加由一个坚硬的障碍物产生的约束. 假设桁架的节点不能穿透该障碍物, 且有如下附加条件:

$$Cx \leqslant d,$$

其中 C 是一个运动学上的变换矩阵, d 是由该障碍物与初始节点之间的距离组成的.

由于导出的优化问题

$$\min E(v, x)$$
$$\text{s.t. } Cx \leqslant d$$

是凸的, 它的解可由 KKT 条件来刻画:

$$A(v)x - f + C^{\mathrm{T}}\lambda = 0,$$
$$Cx - d \leqslant 0,$$
$$\lambda^{\mathrm{T}}(Cx - d) = 0, \quad \lambda \geqslant 0,$$

其中 Lagrangian 乘子 λ 可理解为基于坚硬障碍物的接触力. 由于 λ 非负, 如果桁架接触到该障碍物, 我们就会得到一个互补性条件.

由于我们感兴趣的是桁架设计, 该桁架带有最小柔软度且受限于桁架棒的一个给定的总体积, 于是桁架设计问题就对应于如下带线性互补约束的 MPEC 问题:

$$\min_{x,v,\lambda} f^{\mathrm{T}}x$$
$$\text{s.t.} \sum_{j=1}^{n} v_j = V,$$
$$A(v)x - f + C^{\mathrm{T}}\lambda = 0,$$
$$Cx - d \leqslant 0,$$
$$\lambda^{\mathrm{T}}(Cx - d) = 0, \quad \lambda \geqslant 0.$$

例 1.1.2 通信网络中的拥塞控制

众所周知, 传输控制协议 (TCP) 在通信网络 (如互联网) 中起着重要的作用, 下面先介绍 TCP 中的均衡模型, 然后介绍拥塞控制的设计.

(1) TCP 的速度流均衡

假设有一个网络, 由 N 个节点、弧集 $\mathcal{A}$ 和 OD 对集 $\mathcal{O}$ 所组成, 路径流是固有的.

TCP 均衡的正向模型

所谓正向模型, 是指一个均衡系统, 或一个优化问题的稳定条件. 该模型的数据隐式地描述了一个 "正向输出", 即一个均衡解. TCP 在每个节点中被用来决定数据包沿着出发的路径发送的速度. 它回答了拥塞所造成的网络不可靠性水平, 该水平可通过数据包的丢失来证实. 假设 $\mathcal{R}$ 表示网络中所有路线组成的集合. 对每条路线 r, TCP 保持一个变量 $cwnd_r < 0$, 该变量表示拥塞窗口的大小. 对每个在路线 r 上发送的数据包, $cwnd_r$ 增加 $acwnd_r^\alpha$, 对每个丢失的数据包, $cwnd_r$ 减少 $bcwnd_r^\beta$, 而参数 a, b, α, β 与路线无关, $a > 0$, $b > 0$, $\alpha > \beta$. 例如在文献 [8] 中取 $a = 1$, $b = 1/2$, $\alpha = -1$, $\beta = 1$. 设 p_r 为数据包在路线 r 上丢失的概率, 因此被发送的每个数据包在 $cwnd_r$ 的平均变化是 $(1 - p_r)acwnd_r^\alpha - p_r bcwnd_r^\beta$. 当网络流处于均衡时, 平均变化为 0, 从而有

$$p_r = \left(1 + \frac{b}{a}(cwnd_r)^{\beta-\alpha}\right)^{-1}, \quad \forall\, r \in \mathcal{R}. \tag{1.1.1}$$

为了理解 p_r 的真正含义, 而不是均衡式 (1.1.1), 我们考虑链接 a 上数据包损失的概率 π_a, 它与该链接容量有关. 链接 a 的容量 u_a 就是网络流的速度, 而不是数据包的数量. 假设在路线 r 上发出数据包和收到确认的来回时间是常数, 记为 T_r, 这也就是说拥塞只引起数据包丢失, 不引起时间延迟. 于是路线 r 上的流速为

$$z_r = \frac{cwnd_r}{T_r}, \tag{1.1.2}$$

从而链接 a 上总流速等于包含链接 a 的路线 r 的流速 z_r 之和. 后者可表示为 Bz, 其中 $z = (z_r)_{r \in \mathcal{R}}$, B 是一个 $|\mathcal{A}| \times |\mathcal{R}|$ 的链接-路线关联矩阵: 如果链接 a 在 r 上, 则 $B_{a,r}$ 等于 1, 否则等于 0. 于是链接容量的上界为 $Bz \leqslant u$. 现回到链接 a 的数据包丢失的可能性问题上. 如果相关的流速 $\sum\limits_{r \in \mathcal{R}} B_{a,r} z_r$ 严格低于 u_a, 则损失概率 π_a 为 0, 否则可能取正数, 从而得到下面互补性关系:

$$0 \leqslant u - Bz \perp \pi \geqslant 0, \tag{1.1.3}$$

其中 "$\perp$" 表示两向量正交. 而且, $1 - p_r$ 是路线 r 上所有链接 a 的概率 $1 - \pi_a$ 的乘积, $1 - p_r$ 可表示为 $\prod\limits_{a \in \mathcal{A}} (1 - \pi_a)^{B_{a,r}}$, 我们用 $1 - \sum\limits_{a \in \mathcal{A}} \pi_a B_{a,r}$ 作为该乘积的近似, 假设每个 π_a 很小, 于是 $p_r = \sum\limits_{a \in A} \pi_a B_{a,r}$. 我们可以用下面更简洁的式子表示

$$p = B^{\mathrm{T}} \pi. \tag{1.1.4}$$

TCP 均衡的混合互补问题的生成

用 $z_r T_r$ 替换 (1.1.1) 中的 $cwnd_r$, 由 (1.1.2) 知 $z_r \geqslant 0$. 假设在均衡处 $z_r > 0$, 不失一般性, 把这些条件改写为如下互补性关系:

$$0 \leqslant p - \phi(z) \perp z \geqslant 0, \tag{1.1.5}$$

其中 $\phi: \mathbb{R}^{|\mathcal{R}|} \to \mathbb{R}^{|\mathcal{R}|}$ 是向量值函数, 其分量是

$$\phi_r(z) = \left(1 + \frac{b}{a} (T_r z_r)^{\beta - \alpha} \right)^{-1}.$$

利用 (1.1.4) 替换 (1.1.5) 中的 p, 并结合 (1.1.3), 即可得到如下混合互补问题 (MCP):

$$\begin{aligned} 0 &\leqslant B^{\mathrm{T}} \pi - \phi(z) \perp z \geqslant 0, \\ 0 &\leqslant u - Bz \perp \pi \geqslant 0. \end{aligned} \tag{1.1.6}$$

(2) 拥塞控制的数学模型

假设我们想改进网络的性能, 一种性能指标是总流速 $\sum\limits_{r \in \mathcal{R}} z_r$, 另一种性能指标是平均可靠性. 下面在不降低任何链接可靠性的前提下讨论总流速的改善问题. 假设数据包损失的概率 p_r 的上界为 P $(\in (0,1))$, 即

$$p_r \leqslant P, \quad r \in \mathcal{R}.$$

实际上以上条件是该网络系统的可靠性约束. 于是得到改善该网络总流速的数学模型为

$$\max \sum_{r \in \mathcal{R}} z_r$$
$$\text{s.t.} \quad a_{11}a + a_{12}b + a_{13}\alpha + a_{14}\beta = d_1,$$
$$a_{21}a + a_{22}b + a_{23}\alpha + a_{24}\beta = d_2,$$
$$a_{31}a + a_{32}b + a_{33}\alpha + a_{34}\beta = d_3,$$
$$a_{41}a + a_{42}b + a_{43}\alpha + a_{44}\beta = d_4,$$
$$p_r \leqslant P, \quad r \in \mathcal{R},$$
$$0 \leqslant B^{\mathrm{T}}\pi - \phi(z) \perp z \geqslant 0,$$
$$0 \leqslant u - Bz \perp \pi \geqslant 0.$$

这是一个带非线性互补约束的 MPEC 问题.

1.2 MPEC 在经济中的应用

在许多经济应用中, 人们通过数学模型对经济系统相互作用有精准的量化理解和认识. 基于已有的信息, 人们希望能够提出更合适更富有经验的政治或经济策略. 这样的策略可以是经济改革、税收、业务拓展、收费定价等等.

例 1.2.1[3,5] 考虑一个与有限多种商品有关的经济系统.

每种商品有一个具体的价格, 且假设仅存在两类不同的代理商: 一类是公司或生产商, 一类是消费者.

均衡问题通常关心的是确定出商品的价格和决定代理商的行为, 使得

1. 每个部门能最大化它的利润;

2. 供大于求;

3. 收支平衡.

上述第 3 点被称为 Walras 法则, 它构成了消费者的总支出等于来自商品交易的总收入的条件. 而且, 通常假设消费者不偏向任何一个生产商, 而由价格优势决定. 因此, 我们考虑生产商之间完全竞争的情形. 最后还假设每个代理商对于价格有完全信息. 以上条件所描述的均衡可用互补性条件表示[2]. 如果我们选取

一些输入数据为设计参数, 而这些参数是我们想要最优化的, 那么我们就得到一个 MPEC 问题. 例如, 设计参数可以是生产水平、设施选址和货物分配. 根据利益目标, 均衡问题将被具体描述生产、消费、征税和补贴等等. MPEC 经济应用的领域有: 收费定价、电力市场模型和交通网络等.

大多数 MPEC 的这些经济应用是基于 Stackelberg 博弈这一概念. 这些博弈理论问题与 MPEC 有密切联系, 就像下面所作的解释. 关于博弈论的详细介绍可参见文献 [9, 10].

Stackelberg 博弈是 Nash 博弈的推广. 因为这个原因, 在介绍 Stackelberg 博弈之前, 我们先简要介绍 Nash 博弈这个基本概念.

考虑有 M 个选手 (M 是一个有限数). 每个选手都有若干策略 $s_i \in S_i$ ($\subseteq \mathbb{R}^{m_i}$). 每个选手的目标是最小化他的费用函数 $\theta_i(s_i, \tilde{s}_i)$, 其中

$$\tilde{s}_i \in \prod_{j=1,\ j\neq i}^{M} S_j$$

表示剩下的选手 (即除了选手 i 外的其他选手) 的策略向量. 假设选手们不能更改他们选择的策略. 在此假设下, 每个选手会知道其他选手的策略并且会选择他自己的最优策略. 同时我们也假设选手之间不能合作.

如果对任何选手 i, 没有动机去改变他的策略 $s_i^* \in S_i$, 则称策略组合

$$s^* \in \prod_{j=1}^{M} S_j$$

为一个 Nash 均衡. 这种情形可表示为

$$s_i^* \in \operatorname{argmin} \{\theta_i(s_i, \tilde{s}_i^*) \mid s_i \in S_i\}, \quad i \in \{1, \cdots, M\}.$$

所有选手都有同样的信息, 且基于这些信息, 所有选手都可自由地选择策略 $s_i \in S_i$, 在此意义下, Nash 博弈中的所有选手都是平等的.

如果我们考虑 Stackelberg 博弈. 那我们有一个选手, 称之为 Stackelberg 领导者, 他能影响其他的选手, 称其他的选手为 Stackelberg 追随者. 领导者可以预期追随者的反应并根据自己的知识选择最优的策略; 而且, 领导者的选择将会影响追随者的策略集. 换句话说, 追随者的策略集 $S_i(x)$ ($\subseteq \mathbb{R}^{m_i}$) 被领导者的策略 x 参数化; 而且, 费用函数 θ_i 也被 x 参数化, 于是, 有

$$\theta_i(x, \bullet): \prod_{j=1}^{M} \mathbb{R}^{m_j} \mapsto \mathbb{R}.$$

因此, 首先领导者选择他的策略 $x^* \in X$, 其中 X 表示领导者的策略集, 然后追随者之间进行 Nash 博弈, 该 Nash 博弈被领导者的选择 x^* 参数化. 追随者的共同答案

$$s^* := (s_i^*)_{i \in \{1, \cdots, M\}} \in \prod_{j=1}^{M} S_j(x^*)$$

满足

$$s_i^* \in \operatorname{argmin}\{\theta_i(x^*, s_i, \widetilde{s_i^*}) \mid s_i \in S_i(x^*)\}, \quad i \in \{1, \cdots, M\}.$$

假设 $f : \mathbb{R}^m \times \prod_{j=1}^{M} \mathbb{R}^{m_j} \mapsto \mathbb{R}$ 表示 Stackelberg 领导者的费用函数, 于是求解 Stackelberg 博弈 (其解为 (x^*, s^*)) 就对应于求解下面双层规划:

$$
\begin{aligned}
&\min_{x,s} f(x,s) \\
&\text{s.t. } x \in X, \\
&\qquad s_i \in \operatorname{argmin}\{\theta_i(x,s) \mid s_i \in S_i(x)\}, \\
&\qquad (i = 1, \cdots, M).
\end{aligned}
\tag{1.2.1}
$$

假设每个策略集 $S_i(x)$ 是非空闭凸集并且函数

$$\theta_i(x, \bullet, \tilde{s}_i) : \mathbb{R}^{m_i} \mapsto \mathbb{R}$$

关于 s_i 是凸的且连续可微, 于是我们可以用变分不等式

$$s \in S(x), \quad (v-s)^{\mathrm{T}} D(x,s) \geqslant 0, \quad \forall\, v \in S(x)$$

替换下层优化问题

$$
\begin{aligned}
&\min_{s_i} \theta_i(x,s) \\
&\text{s.t. } s_i \in S_i(x),
\end{aligned}
$$

其中

$$
\begin{aligned}
S(x) &= \prod_{j=1}^{M} S_j(x), \\
D(x,s) &= (d_i(x,s), \quad i = 1, \cdots, M), \\
d_i(x,s) &= \nabla_{s_i} \theta_i(x,s), \quad i = 1, \cdots, M.
\end{aligned}
$$

　　如果策略集可以用有限个连续可微函数表示, 那么我们可以用对应的 KKT 条件取代下层优化问题, 从而问题 (1.2.1) 就成为一个带互补约束的 MPEC 问题.

第 2 章　MPEC 的约束规格和最优性条件

为方便本书后面各章节的内容表述和分析讨论, 本章将对相关的数学基本概念和结论, 标准非线性规划的最优性条件和约束规格, 以及互补约束优化的约束规格和最优性条件作简要介绍.

2.1　基本概念和结论

本节将对本书后面各章节涉及的相关的基本概念和结论作一简要介绍. 详细内容可参见文献 [11–14].

2.1.1　向量范数与矩阵范数

定义 2.1.1　设 $x = (x_1, x_2, \cdots, x_n)^{\mathrm{T}} \in \mathbb{R}^n$, 在 $\mathbb{R}^n$ 中定义了一个实值函数, 记作 $\|x\|$, 如果其满足条件:

(1) 非负性: $\|x\| \geqslant 0$, 且 $\|x\| = 0$ 当且仅当 $x = 0$;

(2) 齐次性: $\|\lambda x\| = |\lambda| \|x\|$, $\forall \, \lambda \in \mathbb{R}$;

(3) 三角不等式: $\|x + y\| \leqslant \|x\| + \|y\|$, $\forall \, x, \, y \in \mathbb{R}^n$,

则称 $\|x\|$ 为 $\mathbb{R}^n$ 中的向量范数.

向量空间 $\mathbb{R}^n$ 中常用的一类范数是 p 范数, 其定义为: $\forall \, x = (x_1, x_2, \cdots, x_n)^{\mathrm{T}} \in \mathbb{R}^n$,

$$\|x\|_p = (|x_1|^p + |x_2|^p + \cdots + |x_n|^p)^{\frac{1}{p}}, \quad p \geqslant 1.$$

p 范数中最常用的是 1 范数和 2 范数, 即

$$\|x\|_1 = |x_1| + \cdots + |x_n|;$$
$$\|x\|_2 = (x_1^2 + \cdots + x_n^2)^{\frac{1}{2}}.$$

此外, 无穷范数也是常用的范数, 其定义为: $\forall \, x = (x_1, x_2, \cdots, x_n)^{\mathrm{T}} \in \mathbb{R}^n$,

$$\|x\|_\infty = \max\{|x_1|, |x_2|, \cdots, |x_n|\}.$$

值得注意的是: $\mathbb{R}^n$ 中任何两个范数 $\|\bullet\|_\alpha$ 和 $\|\bullet\|_\beta$ 都是等价的, 即存在两个正的常数 c_1 和 c_2, 使得

$$c_1 \|x\|_\alpha \leqslant \|x\|_\beta \leqslant c_2 \|x\|_\alpha, \quad \forall \, x \in \mathbb{R}^n.$$

下面将 $\mathbb{R}^n$ 中的向量范数推广到矩阵空间 $\mathbb{R}^{m \times n}$.

定义 2.1.2 设 $A \in \mathbb{R}^{m \times n}$, 在 $\mathbb{R}^{m \times n}$ 中定义了一个实值函数, 记作 $\|A\|$, 如果其满足条件:

(1) 非负性: $\|A\| \geqslant 0$, 且 $\|A\| = 0$ 当且仅当 $A = 0$ (零阵);

(2) 齐次性: $\|\lambda A\| = |\lambda| \|A\|$, $\forall \lambda \in \mathbb{R}$;

(3) 三角不等式: $\|A + B\| \leqslant \|A\| + \|B\|$, $\forall A, B \in \mathbb{R}^{m \times n}$,

则称 $\|A\|$ 为 $\mathbb{R}^{m \times n}$ 中的矩阵范数.

最常用的矩阵范数是 F 范数 (Frobenius 范数):

$$\|A\|_F = \sqrt{\sum_{i=1}^{m} \sum_{j=1}^{n} a_{ij}^2} \tag{2.1.1}$$

和 p 范数:

$$\|A\|_p = \sup_{x \neq 0} \frac{\|Ax\|_p}{\|x\|_p} = \max_{\|x\|_p = 1} \|Ax\|_p, \quad p \geqslant 1. \tag{2.1.2}$$

不难推知, 矩阵 1 范数、∞ 范数和 2 范数分别为

$$\|A\|_1 = \max_{1 \leqslant j \leqslant n} \sum_{i=1}^{n} |a_{ij}|;$$

$$\|A\|_\infty = \max_{1 \leqslant i \leqslant n} \sum_{j=1}^{n} |a_{ij}|;$$

$$\|A\|_2 = \sqrt{\lambda}, \quad \text{其中 } \lambda \text{ 为矩阵 } A^{\mathrm{T}} A \text{ 的最大特征值}.$$

注 2.1.1 矩阵的 2 范数又称为矩阵的谱范数.

定义 2.1.3 设 $\| \bullet \|_\alpha$ 是 $\mathbb{R}^n$ 中的向量范数, $\| \bullet \|_\beta$ 是 $\mathbb{R}^{n \times n}$ 中的矩阵范数. 如果 $\forall x \in \mathbb{R}^n$, $\forall A \in \mathbb{R}^{n \times n}$, 都有

$$\|Ax\|_\alpha \leqslant \|A\|_\beta \|x\|_\alpha,$$

则称矩阵范数 $\| \bullet \|_\beta$ 与向量范数 $\| \bullet \|_\alpha$ 是相容的.

向量 p 范数和矩阵 p 范数之间有以下相容性:

$$\|Ax\|_p \leqslant \|A\|_p \|x\|_p, \quad \forall x \in \mathbb{R}^n, \forall A \in \mathbb{R}^{n \times n}, \tag{2.1.3}$$

$$\|AB\|_p \leqslant \|A\|_p \|B\|_p, \quad \forall A \in \mathbb{R}^{n \times n}, \forall B \in \mathbb{R}^{n \times n}. \tag{2.1.4}$$

最后, 值得提及的是, $\mathbb{R}^{m \times n}$ 中的任何两个矩阵范数 $\| \bullet \|_\alpha$ 和 $\| \bullet \|_\beta$ 是等价的, 即存在两个正的常数 c_1 和 c_2, 使得

$$c_1 \|A\|_\alpha \leqslant \|A\|_\beta \leqslant c_2 \|A\|_\alpha, \quad \forall A \in \mathbb{R}^{m \times n}.$$

　　定义 2.1.4　设 $\| \bullet \|$ 为 $\mathbb{R}^n$ 中的向量范数, $\{x^k\}$ 为 $\mathbb{R}^n$ 中的一个向量序列, $\bar{x} \in \mathbb{R}^n$. 如果 $\lim\limits_{k \to \infty} \|x^k - \bar{x}\| = 0$, 则称向量序列 $\{x^k\}$ 收敛于 $\bar{x}$, 并记为 $\lim\limits_{k \to \infty} x^k = \bar{x}$.

　　定义 2.1.5　设 $\| \bullet \|$ 为 $\mathbb{R}^{n \times n}$ 中的矩阵范数, $\{A^k\}$ 为 $\mathbb{R}^{n \times n}$ 中的一个矩阵序列, $\bar{A} \in \mathbb{R}^{n \times n}$, 如果 $\lim\limits_{k \to \infty} \|A^k - \bar{A}\| = 0$, 则称矩阵序列 $\{A^k\}$ 收敛于 $\bar{A}$, 并记为 $\lim\limits_{k \to \infty} A^k = \bar{A}$.

　　定义 2.1.6　设 $\{a^k\}$, $\{b^k\}$ 为 $\mathbb{R}^n$ 中的向量序列, 且 $\lim\limits_{k \to \infty} a^k = 0$, $\lim\limits_{k \to \infty} b^k = 0$, 即 a^k, b^k 为无穷小量.

　　(1) 若 $\lim\limits_{k \to \infty} \dfrac{\|a^k\|}{\|b^k\|} = 0$, 则称 a^k 是比 b^k 高阶的无穷小量, 记为 $a^k = o(\|b^k\|)$ 或 $a^k = o(b^k)$;

　　(2) 若 $\lim\limits_{k \to \infty} \dfrac{\|a^k\|}{\|b^k\|} = 1$, 则称 a^k 与 b^k 是等价无穷小量, 记为 $a^k \sim b^k$;

　　(3) 若存在常数 $c > 0$, 使得 $\|a^k\| \leqslant c\|b^k\|$, 则记为 $a^k = O(\|b^k\|)$ 或 $a^k = O(b^k)$.

2.1.2　一阶与二阶连续可微函数

　　定义 2.1.7　设 S 是 $\mathbb{R}^n$ 中的一个非空集合, 函数 $f: S \mapsto \mathbb{R}$, $\bar{x} \in \text{int } S$. 如果在 $\mathbb{R}^n$ 中存在一个向量 $\nabla f(\bar{x})$ 和函数 $\alpha(x)$, 使得对于 $\bar{x}$ 附近的 x, 均有

$$
\begin{aligned}
f(x) &= f(\bar{x}) + \nabla f(\bar{x})^{\mathrm{T}}(x - \bar{x}) + \|x - \bar{x}\|\alpha(x) \\
&= f(\bar{x}) + \nabla f(\bar{x})^{\mathrm{T}}(x - \bar{x}) + o(\|x - \bar{x}\|),
\end{aligned} \tag{2.1.5}
$$

其中 $\lim\limits_{x \to \bar{x}} \alpha(x) = 0$, 则称 f 在 $\bar{x}$ 处是一阶 (一次) 可微的, 称 (2.1.5) 为 $f(x)$ 在 $\bar{x}$ 处的一阶 Taylor 展开式, 并称向量 $\nabla f(\bar{x})$ 为 f 在 $\bar{x}$ 处的梯度 (向量).

　　若函数 f 在 $\bar{x}$ 处一阶可微, 则有

$$
\nabla f(\bar{x}) = \left(\frac{\partial f(\bar{x})}{\partial x_1}, \ \frac{\partial f(\bar{x})}{\partial x_2}, \ \cdots, \ \frac{\partial f(\bar{x})}{\partial x_n} \right)^{\mathrm{T}}.
$$

进一步地, 如果梯度 $\nabla f(x)$ 关于 x 连续, 则称 f 为一阶连续可微函数.

　　此外, 如果除了梯度向量以外, 还存在一个 n 阶对称矩阵 $H(\bar{x})$ 和函数 $\beta(x)$, 满足 $\lim\limits_{x \to \bar{x}} \beta(x) = 0$ 以及

$$
\begin{aligned}
f(x) &= f(\bar{x}) + \nabla f(\bar{x})^{\mathrm{T}}(x - \bar{x}) + \frac{1}{2}(x - \bar{x})^{\mathrm{T}} H(\bar{x})(x - \bar{x}) + \|x - \bar{x}\|^2 \beta(x) \\
&= f(\bar{x}) + \nabla f(\bar{x})^{\mathrm{T}}(x - \bar{x}) + \frac{1}{2}(x - \bar{x})^{\mathrm{T}} H(\bar{x})(x - \bar{x}) + o(\|x - \bar{x}\|^2)
\end{aligned}
$$

$$
\tag{2.1.6}
$$

对于 $\bar{x}$ 附近的 x 成立, 则称 f 在 $\bar{x}$ 处是二阶 (二次) 可微的, 称 (2.1.6) 式为 $f(x)$ 在 $\bar{x}$ 处的二阶 Taylor 展开式, 此时称矩阵 $H(\bar{x})$ 为 f 在 $\bar{x}$ 处的 Hessian 矩阵, 记为 $\nabla^2 f(\bar{x})$. 易证, Hessian 阵 $\nabla^2 f(\bar{x})$ 中第 i 行第 j 列的元素等于 f 的二阶偏导数 $\dfrac{\partial^2 f(\bar{x})}{\partial x_i \partial x_j}$. 如果 $\nabla^2 f(x)$ 关于 x 连续, 则称 f 为二阶连续可微函数.

对于一个可微的向量函数 $h(x) = (h_1(x), \cdots, h_m(x))^{\mathrm{T}} : \mathbb{R}^n \mapsto \mathbb{R}^m$, $h(x)$ 的梯度矩阵记为 $\nabla h(x)$, 即

$$\nabla h(x) = (\nabla h_1(x), \cdots, \nabla h_m(x))_{n \times m},$$

由此可见 $\nabla h(x)$ 即为 $h(x)$ 的 Jacobian 矩阵的转置.

定义 2.1.8 设 $S\,(\subseteq \mathbb{R}^n)$ 是一个非空集合, $f : S \mapsto \mathbb{R}$, $\bar{x} \in S$, $d\,(\in \mathbb{R}^n)$ 是非零向量, 且使得对于充分小的正数 λ, 有 $\bar{x} + \lambda d \in S$. 若极限

$$\lim_{\lambda \to 0^+} \frac{f(\bar{x} + \lambda d) - f(\bar{x})}{\lambda} \tag{2.1.7}$$

存在, 则称该极限为 f 在 $\bar{x}$ 处沿方向 d 的方向导数, 并记为 $f'(\bar{x}; d)$.

2.1.3 凸集与凸函数

定义 2.1.9 (凸集) $\mathbb{R}^n$ 中一个非空集合 S 称为凸集, 如果

$$\lambda x^1 + (1-\lambda)x^2 \in S, \quad \forall\, x^1,\, x^2 \in S, \quad \forall\, \lambda \in [0,1].$$

定义 2.1.10 (凸函数) 设 $f : S \mapsto \mathbb{R}$, 其中 S 是 $\mathbb{R}^n$ 中一非空凸集. 函数 f 在 S 上称为凸的, 如果

$$f(\lambda x^1 + (1-\lambda)x^2) \leqslant \lambda f(x^1) + (1-\lambda)f(x^2), \quad \forall\, x^1,\, x^2 \in S, \quad \forall\, \lambda \in (0,1).$$

函数 f 在 S 上称为严格凸的, 如果上面的不等式对 S 中一切不同的 x^1 和 x^2 严格成立. 函数 f 在 S 上称为凹的 (严格凹的), 如果 $-f$ 在 S 上是凸的 (严格凸的).

有些函数虽不是凸函数或凹函数, 但它们具备合乎凸函数或凹函数需要的某些性质, 常称为广义凸性. 下面介绍几个较常用的广义凸性.

定义 2.1.11 (拟凸函数) 设 $f : S \mapsto \mathbb{R}$, 其中 S 是 $\mathbb{R}^n$ 中一非空凸集. 函数 f 称为拟凸的, 如果

$$f(\lambda x^1 + (1-\lambda)x^2) \leqslant \max\{f(x^1),\, f(x^2)\}, \quad \forall\, x^1,\, x^2 \in S, \quad \forall\, \lambda \in (0,1).$$

如果 $-f$ 是拟凸的, 则称 f 是拟凹的.

定义 2.1.12 (*严格拟凸函数*) 设 $f: S \mapsto \mathbb{R}$, 其中 S 是 $\mathbb{R}^n$ 中一非空凸集. 函数 f 称为严格拟凸, 如果

$$f(\lambda x^1+(1-\lambda)x^2) < \max\{f(x^1),\ f(x^2)\}, \quad \forall\, x^1,\ x^2 \in S\ \text{且}\ f(x^1) \neq f(x^2),\ \forall\, \lambda \in (0,1).$$

如果 $-f$ 是严格拟凸的, 则称 f 是严格拟凹的.

定义 2.1.13 (*强拟凸函数*) 设 $f: S \mapsto \mathbb{R}$, 其中 S 是 $\mathbb{R}^n$ 中一非空凸集. 函数 f 称为强拟凸的, 如果

$$f(\lambda x^1 + (1-\lambda)x^2) < \max\{f(x^1),\ f(x^2)\}, \forall\, x^1,\ x^2 \in S\ \text{且}\ x^1 \neq x^2,\ \forall\, \lambda \in (0,1).$$

如果 $-f$ 是强拟凸的, 则称 f 是强拟凹的.

定义 2.1.14 (*伪凸函数*) 设 S 是 $\mathbb{R}^n$ 中一非空开集, 并设 $f: S \mapsto \mathbb{R}$ 在 S 上可微. 函数 f 称为伪凸的, 如果

$$\nabla f(x^1)^{\mathrm{T}}(x^2 - x^1) \geqslant 0 \Rightarrow f(x^2) \geqslant f(x^1), \quad \forall\, x^1,\ x^2 \in S.$$

如果 $-f$ 是伪凸的, 则称 f 是伪凹的.

定义 2.1.15 (*严格伪凸函数*) 设 S 是 $\mathbb{R}^n$ 中一非空开集, 并设 $f: S \mapsto \mathbb{R}$ 在 S 上可微. 函数 f 称为严格伪凸的, 如果

$$\nabla f(x^1)^{\mathrm{T}}(x^2 - x^1) \geqslant 0 \Rightarrow f(x^2) > f(x^1), \quad \forall\, x^1,\ x^2 \in S\ \text{且}\ x^1 \neq x^2.$$

如果 $-f$ 是严格伪凸的, 则称 f 是严格伪凹的.

以上几种凸性的关系见图 2.1.

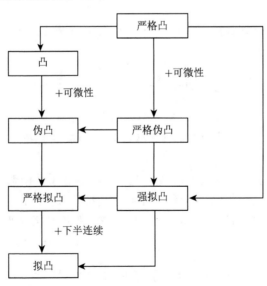

图 2.1   几种凸性的关系

2.1.4 函数在一点处的凸性

在某些情况下, 凸函数或凹函数的要求也许太强且实际上不是必需的, 这样代之以在一点的凸性或凹性更为合理.

定义 2.1.16 设 S 为 $\mathbb{R}^n$ 中非空凸集, 函数 $f: S \mapsto \mathbb{R}$, 点 $\bar{x} \in S$, 需要时设 f 在 $\bar{x}$ 处可微.

(1) 称 f 在 $\bar{x}$ 处是凸的, 如果

$$f(\lambda\bar{x} + (1-\lambda)x) \leqslant \lambda f(\bar{x}) + (1-\lambda)f(x), \quad \forall\, x \in S,\ \forall\, \lambda \in (0,1).$$

(2) 称 f 在 $\bar{x}$ 处是严格凸的, 如果

$$f(\lambda\bar{x} + (1-\lambda)x) < \lambda f(\bar{x}) + (1-\lambda)f(x), \quad \forall\, x \in S \text{ 且 } x \neq \bar{x},\ \forall\, \lambda \in (0,1).$$

(3) 称 f 在 $\bar{x}$ 处是拟凸的, 如果

$$f(\lambda\bar{x} + (1-\lambda)x) \leqslant \max\{f(x),\, f(\bar{x})\}, \quad \forall\, x \in S,\ \forall\, \lambda \in (0,1).$$

(4) 称 f 在 $\bar{x}$ 处是严格拟凸的, 如果

$$f(\lambda\bar{x} + (1-\lambda)x) < \max\{f(x),\, f(\bar{x})\}, \quad \forall\, x \in S \text{ 且 } f(x) \neq f(\bar{x}),\ \forall\, \lambda \in (0,1).$$

(5) 称 f 在 $\bar{x}$ 处是强拟凸的, 如果

$$f(\lambda\bar{x} + (1-\lambda)x) < \max\{f(x),\, f(\bar{x})\}, \quad \forall\, x \in S \text{ 且 } x \neq \bar{x},\ \forall\, \lambda \in (0,1).$$

(6) 称 f 在 $\bar{x}$ 处是伪凸的, 如果

$$\nabla f(\bar{x})^{\mathrm{T}}(x - \bar{x}) \geqslant 0 \Rightarrow f(x) \geqslant f(\bar{x}), \quad \forall\, x \in S.$$

(7) 称 f 在 $\bar{x}$ 处是严格伪凸的, 如果

$$\nabla f(\bar{x})^{\mathrm{T}}(x - \bar{x}) \geqslant 0 \Rightarrow f(x) > f(\bar{x}), \quad \forall\, x \in S,\ x \neq \bar{x}.$$

在一点的各种类型凹性可类似定义, 在此不赘述.

2.2 标准非线性规划的最优性条件和约束规格

互补约束优化是一类特殊的非线性规划, 为便于读者阅读本书, 本节对标准非线性规划的一些重要的基本概念、最优性条件以及约束规格等基础知识作一简要介绍, 内容主要取材于文献 [11,13] 以及著者的综述文章 [15].

2.2.1 基本概念

考虑约束优化问题:

$$\min f(x)$$
$$\text{s.t. } x \in S \ (\subseteq \mathbb{R}^n). \tag{2.2.1}$$

1. 最优解

定义 2.2.1　设 $\bar{x} \in S$ 为问题 (2.2.1) 的一个可行解. 如果对一切 $x \in S$, 都有 $f(x) \geqslant f(\bar{x})$, 则称 $\bar{x}$ 为问题 (2.2.1) 的最优解或全局最优解; 如果存在 $\bar{x}$ 的一个 ε-邻域 $N_\varepsilon(\bar{x})$, 使得对每个 $x \in S \cap N_\varepsilon(\bar{x})$, 都有 $f(x) \geqslant f(\bar{x})$, 则称 $\bar{x}$ 为问题 (2.2.1) 的局部最优解.

当 S 为凸集, f 为 S 上的凸函数时, 称问题 (2.2.1) 为一个凸规划. 对于凸规划, 下面结论成立:

定理 2.2.1　设问题 (2.2.1) 是一个凸规划, $\bar{x} \in S$ 是该问题的一个局部最优解. 则

(1) $\bar{x}$ 是问题 (2.2.1) 的一个全局最优解, 且全体最优解构成一个凸集;

(2) 如果 f 是严格凸函数, 则 $\bar{x}$ 是问题 (2.2.1) 唯一的全局最优解.

2. 算法的收敛性和收敛速度

收敛性和收敛速度是最优化算法的重要组成部分, 在此我们介绍有关算法收敛性及收敛速度的概念, 这些概念将在后面的章节中用到.

定义 2.2.2　设算法 A 是求解问题 (2.2.1) 的一个迭代算法, 序列 $\{x^k\}$ 是由算法 A 产生的迭代点列.

(1) 如当初始迭代点 x^0 充分接近问题 (2.2.1) 的某种意义下的解集 Ω 时, 都能保证序列 $\{x^k\}$ 的任何聚点 $x^* \in \Omega$, 则称算法 A (在解集 Ω 内) 是局部收敛的;

(2) 如对于任意的初始迭代点 $x^0 \in \mathbb{R}^n$, 或满足一定可行性的任意初始点 x^0, 都能保证序列 $\{x^k\}$ 的任何聚点 $x^* \in \Omega$, 则称算法 A (在解集 Ω 内) 是全局收敛的;

(3) 如在上面定义 (1) 或 (2) 中, 只能保证存在序列 $\{x^k\}$ 的一个聚点 x^*, 使得 $x^* \in \Omega$, 则称相应的收敛性为弱收敛性, 即弱局部收敛性、弱全局收敛性.

(4) 如对于任意的初始迭代点 $x^0 \in \mathbb{R}^n$, 或满足一定可行性的任意初始点 x^0, 存在 $x^* \in \Omega$, 使得 $\lim\limits_{k \to \infty} x^k = x^*$, 则称算法 A (在解集 Ω 内) 是强收敛的.

定义 2.2.3　如果算法 A 产生的迭代序列 $\{x^k\}$ 收敛于 x^*, 则

(1) 称算法 A 或序列 $\{x^k\}$ 是线性收敛的, 如

$$\lim_{k \to \infty} \frac{\|x^{k+1} - x^*\|}{\|x^k - x^*\|} = q, \quad q > 0; \tag{2.2.2}$$

(2) 称算法 A 或序列 $\{x^k\}$ 是两步超线性收敛的, 如

$$\lim_{k\to\infty}\frac{\|x^{k+1}-x^*\|}{\|x^{k-1}-x^*\|}=0;\tag{2.2.3}$$

(3) 称算法 A 或序列 $\{x^k\}$ 是 (一步) 超线性收敛的, 如

$$\lim_{k\to\infty}\frac{\|x^{k+1}-x^*\|}{\|x^k-x^*\|}=0;\tag{2.2.4}$$

(4) 称算法 A 或序列 $\{x^k\}$ 是二次收敛的, 如

$$\|x^{k+1}-x^*\|=O(\|x^k-x^*\|^2).\tag{2.2.5}$$

2.2.2 最优性条件

优化问题的最优性条件是指该优化问题的解所满足的必要条件和充分条件. 最优性条件是研究求解优化问题算法的重要理论基础. 本小节将介绍一般约束优化问题的若干常用的最优性条件, 详细的分析论证可参阅文献 [11–13], 这些结果与 MPEC 问题的最优性条件有着密切的关系.

考虑一般等式与不等式约束优化问题 (NLP):

$$\begin{aligned}&\min f(x)\\&\text{s.t. } g_i(x)\leqslant 0,\ i\in I=\{1,\cdots,l\},\\&\quad\ \ h_j(x)=0,\ j\in I_e=\{1,\cdots,m_e\},\end{aligned}\tag{2.2.6}$$

其中 $f,\ g_i,\ h_j:\mathbb{R}^n\mapsto\mathbb{R}$ 为连续可微函数. 记上述问题的可行集为 S, 即

$$S=\{x\in\mathbb{R}^n\mid g_i(x)\leqslant 0,\ \forall\ i\in I;\ h_j(x)=0,\ \forall\ j\in I_e\}.$$

对于 NLP (2.2.6) 及其任一可行点 $\bar{x}$, 引进以下集合:

$$I(\bar{x})=\{i\in I\mid g_i(\bar{x})=0\},\quad F_0(\bar{x})=\{d\in\mathbb{R}^n\mid \nabla f(\bar{x})^{\mathrm{T}}d<0\},$$

$$G_0(\bar{x})=\{d\in\mathbb{R}^n\mid\nabla g_i(\bar{x})^{\mathrm{T}}d<0,\ i\in I(\bar{x})\},$$

$$G'(\bar{x})=\{d\in\mathbb{R}^n\mid\nabla g_i(\bar{x})^{\mathrm{T}}d\leqslant 0,\ i\in I(\bar{x})\},$$

$$H_0(\bar{x})=\{d\in\mathbb{R}^n\mid\nabla h_i(\bar{x})^{\mathrm{T}}d=0,\ i\in I_e\}.$$

为便于表述 NLP (2.2.6) 的最优性条件, 总假设以下基本条件成立.

假设 2.2.1 对于 NLP (2.2.6) 的可行解 $\bar{x}$, 设

(1) $g_i\ (i\notin I(\bar{x}))$ 在 $\bar{x}$ 连续;

(2) $f,\ g_i\ (i\in I(\bar{x}))$ 在 $\bar{x}$ 可微;

(3) $h_j\ (j\in I_e)$ 在 $\bar{x}$ 连续可微.

定理 2.2.2 (几何最优性条件)　设 $\bar{x}$ 为 NLP (2.2.6) 的一个局部最优解, 且假设 2.2.1 成立. 如果梯度向量 $\{\nabla h_j(\bar{x}), j \in I_e\}$ 线性无关, 则 $F_0(\bar{x}) \cap G_0(\bar{x}) \cap H_0(\bar{x}) = \varnothing$. 反之, 如果 $F_0(\bar{x}) \cap G_0(\bar{x}) \cap H_0(\bar{x}) = \varnothing$, f 在 $\bar{x}$ 处是伪凸的, g_i ($i \in I(\bar{x})$) 在 $\bar{x}$ 的某个邻域是严格伪凸的, 且 h_j ($j \in I_e$) 是仿射的, 即 $h_j(x) = (a^j)^{\mathrm{T}}x + b_j$, 则 $\bar{x}$ 是 NLP (2.2.6) 的一个局部最优解.

以上定理的分析证明详见文献 [11, 定理 4.3.1].

定理 2.2.3 (Karush-Kuhn-Tucker (KKT) 一阶必要条件)　设 $\bar{x}$ 是 NLP (2.2.6) 的一个可行解, 假设 2.2.1 成立, 且假设在 $\bar{x}$ 处线性无关约束规格 (LICQ) 成立, 即

$$\text{向量组 } \{ \nabla g_i(\bar{x}), i \in I(\bar{x}); \nabla h_j(\bar{x}), j \in I_e \} \text{ 线性无关.} \tag{2.2.7}$$

如果 $\bar{x}$ 是 NLP (2.2.6) 的局部解, 则存在唯一的数 u_i ($i \in I(\bar{x})$) 和 v_j ($j \in I_e$), 使得

$$\nabla f(\bar{x}) + \sum_{i \in I(\bar{x})} u_i \nabla g_i(\bar{x}) + \sum_{j \in I_e} v_j \nabla h_j(\bar{x}) = 0, \quad u_i \geqslant 0, \ \forall i \in I(\bar{x}). \tag{2.2.8}$$

如果 g_i ($i \notin I(\bar{x})$) 在 $\bar{x}$ 处也可微, 则以上 KKT 必要条件可进一步写成以下等价形式:

$$\nabla f(\bar{x}) + \sum_{i \in I} u_i \nabla g_i(\bar{x}) + \sum_{j \in I_e} v_j \nabla h_j(\bar{x}) = 0, \tag{2.2.9a}$$

$$u_i \geqslant 0, \ u_i g_i(\bar{x}) = 0, \ \forall i \in I. \tag{2.2.9b}$$

称满足以上条件 (2.2.9) 的可行点 $\bar{x}$ 为 NLP (2.2.6) 的 KKT 点, 称 (u, v) 为 KKT 乘子或 Lagrangian 乘子, 称 $(\bar{x}, u, v)$ 为 KKT 点对. 即称 $(\bar{x}, u, v)$ 为 NLP (2.2.6) 的 KKT 点对, 如

$$\nabla f(\bar{x}) + \sum_{i \in I} u_i \nabla g_i(\bar{x}) + \sum_{j \in I_e} v_j \nabla h_j(\bar{x}) = 0, \tag{2.2.10a}$$

$$u_i g_i(\bar{x}) = 0, \ u_i \geqslant 0, \ g_i(\bar{x}) \leqslant 0, \ \forall i \in I; \ h_j(\bar{x}) = 0, \ \forall j \in I_e. \tag{2.2.10b}$$

以上定理的分析证明详见文献 [11, 定理 4.3.7] 或 [13, 定理 1.2.5].

定理 2.2.4 (KKT 一阶充分条件)　设 $(\bar{x}, u, v)$ 为 NLP (2.2.6) 的 KKT 点对, 记 $K_+ = \{j \in I_e \mid v_j > 0\}$, $K_- = \{j \in I_e \mid v_j < 0\}$.

(1) 假设 f 在 $\bar{x}$ 处是伪凸的, g_i ($i \in I(\bar{x})$) 及 h_j ($j \in K_+$) 在 $\bar{x}$ 处是拟凸的, h_j ($j \in K_-$) 在 $\bar{x}$ 处是拟凹的, 则 $\bar{x}$ 是 NLP (2.2.6) 的一个全局最优解;

(2) 如果在 $\bar{x}$ 的一个邻域 $N(\bar{x})$ 内, 目标函数和约束函数满足 (1) 中的广义凸性, 则 $\bar{x}$ 是 NLP (2.2.6) 的一个局部最优解.

以上定理的分析证明详见文献 [11, 定理 4.3.8] 或 [13, 定理 1.2.6].

定理 2.2.5 (KKT 二阶条件) 假设 NLP (2.2.6) 的目标函数和约束函数都是二次可微的. 定义 NLP (2.2.6) 的 Lagrangian 函数

$$L(x, u, v) = f(x) + \sum_{i \in I} u_i g_i(x) + \sum_{j \in I_e} v_j h_j(x),$$

其关于 x 的 Hessian 阵为

$$\nabla_{xx}^2 L(x, u, v) = \nabla^2 f(x) + \sum_{i \in I} u_i \nabla^2 g_i(x) + \sum_{j \in I_e} v_j \nabla^2 h_j(x).$$

(1) 二阶必要条件: 设 $\bar{x}$ 是 NLP (2.2.6) 的局部最优解, 假设 LICQ(2.2.7) 成立, 由定理 2.2.3 知, 此时 $\bar{x}$ 是 KKT 点, 记 $(\bar{u}, \bar{v})$ 是唯一相应于 $\bar{x}$ 的 Lagrangian 乘子, 则以下二阶必要条件成立:

$$d^{\mathrm{T}} \nabla_{xx}^2 L(\bar{x}, \bar{u}, \bar{v}) d \geqslant 0, \quad \forall\, d \in \Omega, \tag{2.2.11}$$

其中

$$\Omega = \{d \in \mathbb{R}^n \mid \nabla g_i(\bar{x})^{\mathrm{T}} d \leqslant 0,\ i \in I(\bar{x});\ \nabla h_j(\bar{x})^{\mathrm{T}} d = 0,\ j \in I_e\}. \tag{2.2.12}$$

(2) 二阶充分条件 (SOSC): 设 $(\bar{x}, \bar{u}, \bar{v})$ 是 NLP (2.2.6) 的一个 KKT 点对. 记

$$I^+(\bar{x}) = \{i \in I(\bar{x}) \mid \bar{u}_i > 0\}, \quad I^0(\bar{x}) = \{i \in I(\bar{x}) \mid \bar{u}_i = 0\}.$$

定义

$$\begin{aligned}
\widetilde{\Omega} = \{d \in \mathbb{R}^n \mid & \nabla g_i(\bar{x})^{\mathrm{T}} d = 0, i \in I^+(\bar{x}); \nabla g_i(\bar{x})^{\mathrm{T}} d \leqslant 0, \\
& i \in I^0(\bar{x}), \nabla h_j(\bar{x})^{\mathrm{T}} d = 0, i \in I_e\},
\end{aligned} \tag{2.2.13}$$

如果

$$d^{\mathrm{T}} \nabla_{xx}^2 L(\bar{x}, \bar{u}, \bar{v}) d > 0, \quad \forall\, d \in \widetilde{\Omega} \backslash \{0\}, \tag{2.2.14}$$

则 $\bar{x}$ 是 NLP (2.2.6) 的一个严格局部最优解.

2.2.3 约束规格

在定理 2.2.3 中, 约束函数的梯度向量线性无关条件保证了 NLP (2.2.6) 的局部解 $\bar{x}$ 一定是 KKT 点, 称具有此性质的条件为约束规格 (constraint qualification, CQ). 事实上, 除了 LICQ 外, 还有一些更弱的也能保证 NLP (2.2.6) 的局部解 $\bar{x}$ 是 KKT 点的约束规格. 为便于后面章节的使用以及方便读者了解和学习,

本小节对非线性规划 NLP (2.2.6) 的约束规格作一简要介绍, 详细内容可参见文献 [11] 的第五章, 文献 [12] 的第八章, 文献 [15] 以及其中的参考文献.

定义非线性规划的约束规格需要用到切锥、可行方向锥、可达方向锥等基本概念, 为此, 下面先给出它们的定义.

定义 2.2.4　设 C ($\subseteq \mathbb{R}^n$) 为一非空集合.

(a) 如果对于任意 $t \geqslant 0$ 及任意 $x \in C$ 都有 $tx \in C$, 则称 C 为 (以原点为顶点的) 锥.

(b) 称集合 $C^* = \{d \in \mathbb{R}^n \mid d^{\mathrm{T}} x \leqslant 0, \ \forall \, x \in C\}$ 为 C 的极锥.

定义 2.2.5　设 C ($\subseteq \mathbb{R}^n$) 为一非空集合, 记 $\mathrm{Cl}\, C$ 为 C 的闭包, 设 $\bar{x} \in \mathrm{Cl}\, C$.

(a) 称集合

$$T(C;\bar{x}) := \left\{ d \in \mathbb{R}^n \,\middle|\, \exists \, \{x^k\} \subseteq C, \ \exists \, t_k \searrow 0, \ 使得 \ x^k \to \bar{x} \ 及 \ d = \lim_{k \to \infty} \frac{x^k - \bar{x}}{t_k} \right\}$$

为 C 在 $\bar{x}$ 处的切锥.

(b) 称集合

$$D(C;\bar{x}) := \{d \in \mathbb{R}^n \mid d \neq 0, \ \exists \, \delta > 0, \ 使得 \ \bar{x} + \lambda d \in C, \ \forall \, \lambda \in (0,\delta)\}$$

为 C 在 $\bar{x}$ 处的可行方向锥.

(c) 称集合

$$A(C;\bar{x}) := \left\{ d \in \mathbb{R}^n \,\middle|\, \exists \, \delta > 0, \ \exists \, \alpha : \ \mathbb{R} \to \mathbb{R}^n, \ 使得 \ \alpha(\lambda) \in C, \ \forall \, \lambda \in (0,\delta) \right.$$
$$\left. 且 \ \alpha(0) = \bar{x}, \ d = \lim_{\lambda \to 0^+} \frac{\alpha(\lambda) - \alpha(0)}{\lambda} \right\}$$

为 C 在 $\bar{x}$ 处的可达方向锥.

(d) 对于 NLP (2.2.6) 的可行集 S, 称集合

$$T^{\mathrm{lin}}(\bar{x}) := \{d \in \mathbb{R}^n \mid \nabla g_i(\bar{x})^{\mathrm{T}} d \leqslant 0, \ i \in I(\bar{x}), \nabla h_i(\bar{x})^{\mathrm{T}} d = 0, \ i \in I_e\}$$

为 S 在 $\bar{x}$ 处的线性化锥.

对于 NLP (2.2.6) 的可行集 S, 简记

$$T(\bar{x}) = T(S;\bar{x}), \quad D(\bar{x}) = D(S;\bar{x}), \quad A(\bar{x}) = A(S;\bar{x}). \tag{2.2.15}$$

根据文献 [11] 第五章, 有

$$\mathrm{Cl}\, T^+(\bar{x}) \subseteq \mathrm{Cl}\, A(\bar{x}) \subseteq T(\bar{x}) \subseteq T^{\mathrm{lin}}(\bar{x}), \tag{2.2.16}$$

$$\mathrm{Cl}\, D(\bar{x}) \subseteq \mathrm{Cl}\, A(\bar{x}) \subseteq T(\bar{x}) \subseteq T^{\mathrm{lin}}(\bar{x}), \tag{2.2.17}$$

其中 $T^+(\bar{x}) = \{d \in \mathbb{R}^n \mid \nabla g_i(\bar{x})^{\mathrm{T}} d < 0, \ \forall \, i \in I(\bar{x}), \ \nabla h_j(\bar{x})^{\mathrm{T}} d = 0, \ \forall \, j \in I_e\}$.

注 2.2.1 如果 NLP (2.2.6) 仅带不等式约束, 则下面关系成立:

$$\text{Cl } T^+(\bar{x}) \subseteq \text{Cl } D(\bar{x}).$$

在给出 NLP (2.2.6) 的各种 CQ 之前, 我们先建立以下一般约束优化的一个一阶最优性必要条件, 该最优性条件以及关系式 (2.2.16) 是构造各种 CQ 的重要依据.

定理 2.2.6 如 x^* 是 NLP (2.2.6) 的一个局部最优解, 则 x^* 满足

$$\nabla f(x^*)^{\mathrm{T}} d \geqslant 0, \quad \forall\, d \in T(S; x^*). \tag{2.2.18}$$

证明 任取 $d \in T(S; x^*)$, 则存在 $\{x^k\} \subseteq S$, $t_k \searrow 0$, 使得当 $k \to \infty$ 时 $x^k \to x^*$ 且 $\dfrac{x^k - x^*}{t_k} \to d$.

由一阶 Taylor 展开式并结合 x^* 为局部最优解, 有

$$0 \leqslant f(x^k) - f(x^*) = \nabla f(x^*)^{\mathrm{T}}(x^k - x^*) + o(\|x^k - x^*\|),$$

进而,

$$\begin{aligned}
0 &\leqslant \lim_{k \to \infty} \left(\nabla f(x^*)^{\mathrm{T}} \cdot \frac{x^k - x^*}{t_k} \right) + \lim_{k \to \infty} \left(\frac{x^k - x^*}{t_k} \cdot \frac{o(\|x^k - x^*\|)}{\|x^k - x^*\|} \right) \\
&= \nabla f(x^*)^{\mathrm{T}} d,
\end{aligned}$$

于是结论成立. $\qquad\square$

基于定理 2.2.6 及关系式 (2.2.16), 可建立 NLP (2.2.6) 的以下约束规格 (CQ).

定义 2.2.6 对于 NLP (2.2.6) 的可行集 S, 设 $\bar{x} \in S$.

(a) 若 $T(\bar{x}) = T^{\text{lin}}(\bar{x})$, 则称 Abadie CQ 在 $\bar{x}$ 处成立.

(b) 若 $T(\bar{x})^* = T^{\text{lin}}(\bar{x})^*$, 则称 Guignard CQ 在 $\bar{x}$ 处成立.

(c) 若 $\text{Cl } A(\bar{x}) = T^{\text{lin}}(\bar{x})$, 则称 Kuhn-Tucker CQ 在 $\bar{x}$ 处成立.

(d) 若 $\text{Cl } D(\bar{x}) = T^{\text{lin}}(\bar{x})$, 则称 Zangwill CQ 在 $\bar{x}$ 处成立.

(e) 若梯度向量组 $\{h_j(\bar{x}), j \in I_e\}$ 线性无关, 且 $\text{Cl } T^+(\bar{x}) = T^{\text{lin}}(\bar{x})$, 则称 Cottle CQ 在 $\bar{x}$ 处成立.

(f) 若梯度向量组 $\{h_j(\bar{x}), j \in I_e\}$ 线性无关, 且 $T^+(\bar{x}) \neq \varnothing$, 则称 Mangasarian-Fromovitz 约束规格 (MFCQ) 在 $\bar{x}$ 处成立.

(g) 若梯度向量组 $\{\nabla g_i(\bar{x}),\, i \in I(\bar{x}),\, \nabla h_j\bar{x}),\, j \in I_e\}$ 线性无关, 则称线性无关约束规格 (LICQ) 在 $\bar{x}$ 处成立.

(h) 若 $g_i\,(i \in I(\bar{x}))$ 在 $\bar{x}$ 处伪凸, $g_i\,(i \notin I(\bar{x}))$ 在 $\bar{x}$ 处连续, $h_j(\bar{x})\,(j \in I_e)$ 在 $\bar{x}$ 处既是拟凸又是拟凹且连续可微, 梯度向量组 $\{\nabla h_j(\bar{x}),\, j \in I_e\}$ 线性无

关, 而且存在 $\widehat{x} \in \mathbb{R}^n$, 使得 $g_i(\widehat{x}) < 0$ $(i \in I(\bar{x}))$, $h_j(\widehat{x}) = 0$ $(j \in I_e)$, 则称 Slater CQ 在 $\bar{x}$ 处成立.

注 2.2.2　根据定义 (e) 和 (f), 易证 Cottle CQ 等价于 MFCQ.

以上各种 CQ 中, 最强的是 LICQ 和 Slater CQ. 在算法构造及理论分析中, 便于使用的是 LICQ, Slater CQ 及 MFCQ.

定义 2.2.7[16]　(严格 MFCQ, SMFCQ)　设 $\bar{x} \in S$ 是 NLP (2.2.6) 的 KKT 点, λ_i 为对应于 $g_i(\bar{x})$ $(i \in I)$ 的 Lagrangian 乘子. 如果梯度向量组 $\nabla g_i(\bar{x})$, $i \in I^+(\bar{x}) := \{i \in I(\bar{x}) \mid \lambda_i > 0\}$ 及 $\nabla h_j(\bar{x})$, $j \in I_e$ 线性无关, 且存在非零向量 $d \in \mathbb{R}^n$, 使得 $\nabla g_i(\bar{x})^{\mathrm{T}} d < 0$, $i \in I^0(\bar{x}) := \{i \in I(\bar{x}) \mid \lambda_i = 0\}$, $\nabla g_i(\bar{x})^{\mathrm{T}} d = 0$, $i \in I^+(\bar{x})$, $\nabla h_j(\bar{x})^{\mathrm{T}} d = 0$, $j \in I_e$, 则称 SMFCQ 在 $\bar{x}$ 处成立.

关于非线性规划约束规格的研究, 多年来一直是国际优化领域的研究热点. 继上述常用的约束规格提出后, 一些学者近年来又提出了一些新的约束规格, 见文献 [17–24].

定义 2.2.8　设 $\bar{x}$ 是 NLP (2.2.6) 的可行点.

(a)[17] **恒秩约束规格** (constant rank constraint qualification, CRCQ)　若存在 $\bar{x}$ 的一个邻域 $N(\bar{x})$, 使得对于任意 $\widetilde{I} \subseteq I(\bar{x})$, $J \subseteq I_e$, 以及任意 $y \in N(\bar{x})$, 梯度向量组 $\{\nabla g_i(y) \ (i \in \widetilde{I}), \ \nabla h_j(y) \ (j \in J)\}$ 均有相同的秩, 则称 CRCQ 在 $\bar{x}$ 处成立.

(b)[18] **恒正线性相关约束规格** (constant positive linear dependence CQ, CPLD-CQ)　如果对于任意 $\widetilde{I} \subseteq I(\bar{x})$, $J \subseteq I_e$ 使得梯度向量组 $\{\nabla g_i(\bar{x}) \ (i \in \widetilde{I}), \ \nabla h_j(\bar{x}) \ (j \in J)\}$ 正线性相关, 则必存在 $\bar{x}$ 的一个邻域 $N(\bar{x})$, 使得对任意的 $y \in N(\bar{x})$, 梯度向量组 $\{\nabla g_i(y) \ (i \in \widetilde{I}), \ \nabla h_j(y) \ (j \in J)\}$ 均线性相关, 则称 CPLDCQ 在 $\bar{x}$ 处成立.

(c)[19] **松弛恒秩约束规格** (relaxed CRCQ, RCRCQ)　若存在 $\bar{x}$ 的一个邻域 $N(\bar{x})$, 使得对于任意 $\widetilde{I} \subseteq I(\bar{x})$, 以及任意 $y \in N(\bar{x})$, 梯度向量组 $\{\nabla g_i(y) \ (i \in \widetilde{I})$, $\nabla h_j(y) \ (j \in I_e)\}$ 均有相同的秩, 则称 RCRCQ 在 $\bar{x}$ 处成立.

(d)[20] **松弛恒正线性相关约束规格** (relaxed CPLDCQ, RCPLDCQ)　设 $J \subseteq I_e$, 使得 $\{\nabla h_j(\bar{x}), \ j \in J\}$ 是梯度向量组 $\{\nabla h_j(\bar{x}), \ j \in I_e\}$ 生成的子空间的一组基. 若存在 $\bar{x}$ 的一个邻域 $N(\bar{x})$, 使得

(i) 对于任意的 $y \in N(\bar{x})$, 梯度向量组 $\{\nabla h_j(y), \ j \in I_e\}$ 均有相同的秩;

(ii) 对任意 $\widetilde{I} \subseteq I(\bar{x})$, 由 $\{\nabla g_i(\bar{x}) \ (i \in \widetilde{I}), \ \nabla h_j(\bar{x}) \ (j \in I_e)\}$ 正线性相关可得到: 对于任意 $y \in N(\bar{x})$, 梯度向量组 $\{\nabla g_i(y) \ (i \in \widetilde{I}), \ \nabla h_j(y) \ (j \in I_e)\}$ 均线性相关, 则称 RCPLDCQ 在 $\bar{x}$ 处成立.

(e)[21,22] **拟正规性** (quasinormality)　若当

$$\sum_{i\in I(\bar{x})}\lambda_i\nabla g_i(\bar{x})+\sum_{j\in I_e}\mu_j\nabla h_j(\bar{x})=0,\quad \lambda_i\geqslant 0,\ \forall\, i\in I(\bar{x}),\mu=(\mu_j)\in\mathbb{R}^{m_e}$$

时, 不存在序列 $\{y^k\}$: $y^k\to\bar{x}$, 对于每个 k, 当 $\mu_j\neq 0$ 时 $\mu_j\nabla h_j(y^k)>0$; 当 $\lambda_i>0$ 时 $g_i(y^k)>0$, 则称拟正规性在 $\bar{x}$ 处成立.

(f)[21] 伪正规性 (pseudonormality) 若当

$$\sum_{i\in I(\bar{x})}\lambda_i\nabla g_i(\bar{x})+\sum_{j\in I_e}\mu_j\nabla h_j(\bar{x})=0,\ \lambda_i\geqslant 0,\quad \forall\, i\in I(\bar{x}),\ \mu\in\mathbb{R}^{m_e}$$

时, 不存在序列 $\{y^k\}\to\bar{x}$, 使得对于每个 k, 有

$$\sum_{i\in I(\bar{x})}\lambda_i\nabla g_i(y^k)+\sum_{j\in I_e}\mu_j\nabla h_j(y^k)>0,$$

则称伪正规性在 $\bar{x}$ 处成立.

以上各种约束规格之间的关系见图 2.2.

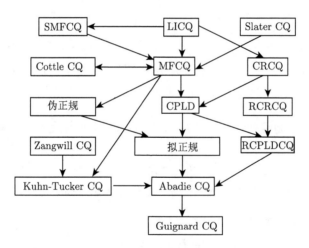

图 2.2 各种约束规格之间的关系

2.3 MPEC 的约束规格和最优性条件

由于标准非线性规划的许多约束规格, 如 MFCQ、较弱的 Abadie CQ 等, 在 MPEC 问题的任意可行点处均不成立 (见文献 [25, 26]), 因此, 标准非线性规划的大多数约束规格不能保证 MPEC 问题的一阶最优性必要条件成立. 针对 MPEC 问题的结构与特点, 建立合适的约束规格, 使得在这些约束规格下 MPEC 问题的局部解满足一定意义下的一阶最优性条件, 这一研究课题是国际优化领域

的研究热点, 并已取得了一批研究成果, 详见文献 [27–38]. 本节主要内容取自著者的工作 [15] 以及其中的参考文献.

本节考虑互补约束的 MPEC 问题 (1.0.2), 即

$$
\begin{aligned}
&\min f(z)\\
&\text{s.t.}\ \ g_i(z) \leqslant 0,\ i \in I = \{1, \cdots, l\},\\
&\qquad h_i(z) = 0,\ i \in I_e = \{1, \cdots, m_e\},\\
&\qquad G_i(z) \geqslant 0,\ i \in I_c = \{1, \cdots, m_c\},\\
&\qquad H_i(z) \geqslant 0,\ i \in I_c,\\
&\qquad G_i(z)H_i(z) \leqslant 0,\ i \in I_c,
\end{aligned}
\tag{2.3.1}
$$

其中 f, g_i, h_i, G_i, $H_i : \mathbb{R}^n \mapsto \mathbb{R}$ 为连续可微函数.

2.3.1　MPEC 的约束规格

记 X 为 MPEC (2.3.1) 的可行集. 对于可行点 $z^* \in X$, 定义以下指标集:

$$
\begin{aligned}
I_g(z^*) &= \{i \in I \mid g_i(z^*) = 0\},\\
I_{0+} := I_{0+}(z^*) &= \{i \in I_c \mid G_i(z^*) = 0,\ H_i(z^*) > 0\},\\
I_{00} := I_{00}(z^*) &= \{i \in I_c \mid G_i(z^*) = 0,\ H_i(z^*) = 0\},\\
I_{+0} := I_{+0}(z^*) &= \{i \in I_c \mid G_i(z^*) > 0,\ H_i(z^*) = 0\},
\end{aligned}
$$

其中指标集 I_{00} 称为退化集. 如果 I_{00} 为空集, 则称 z^* 满足下层严格互补条件 (也称下层非退化条件).

显然, $I_{0+} \cup I_{00} \cup I_{+0} = I_c$, $I_{0+} \cap I_{00} \cap I_{+0} = \varnothing$.

为引出 MPEC (2.3.1) 相应的约束规格, 考虑由可行点 z^* 衍生的非线性规划:

$$
\begin{aligned}
&\min f(z)\\
&\text{s.t.}\ \ g_i(z) \leqslant 0,\ i \in I;\ h_i(z) = 0,\ i \in I_e;\\
&\qquad G_i(z) = 0,\ i \in I_{0+} \cup I_{00};\ G_i(z) \geqslant 0,\ i \in I_{+0};\\
&\qquad H_i(z) = 0,\ i \in I_{+0} \cup I_{00};\ H_i(z) \geqslant 0,\ i \in I_{0+}.
\end{aligned}
\tag{2.3.2}
$$

称该问题是 MPEC (2.3.1) 的紧的非线性规划 (the tightened nonlinear program, TNLP). 显然, TNLP (2.3.2) 的可行点也是 MPEC (2.3.1) 的可行点. 利用 TNLP (2.3.2), 文献 [27] 定义了 MPEC (2.3.1) 的如下三种约束规格:

定义 2.3.1　设 z^* 是 MPEC (2.3.1) 的可行点.

(1) (MPEC-LICQ) 若 TNLP (2.3.2) 在 z^* 处的 LICQ 成立, 则称 MPEC-LICQ 在 z^* 处成立.

(2) (MPEC-MFCQ) 若 TNLP (2.3.2) 在 z^* 处的 MFCQ 成立, 则称 MPEC-MFCQ 在 z^* 处成立.

(3) (MPEC-SMFCQ) 若 TNLP (2.3.2) 在 z^* 处的 SMFCQ 成立, 则称 MPEC-SMFCQ 在 z^* 处成立.

在标准非线性规划中, Abadie CQ 是较弱的一种约束规格, 但对于 MPEC 问题, 该约束规格不成立. 事实上, 根据切锥的定义, MPEC (2.3.1) 在点 z^* 处的切锥为

$$T(z^*) := T(X; z^*)$$
$$= \left\{ d \in \mathbb{R}^n \,\middle|\, \exists \{z^k\} \subset X, \, \exists \, t_k \searrow 0, \, z^k \to z^*, \text{使得} \, d = \lim_{k\to\infty} \frac{z^k - z^*}{t_k} \right\}.$$

而 MPEC (2.3.1) 在 z^* 处的线性化切锥为

$$\begin{aligned} T^{\mathrm{lin}}(z^*) = \{ d \in \mathbb{R}^n \mid &\nabla g_i(z^*)^{\mathrm{T}} d \leqslant 0, \, \forall \, i \in I(z^*), \, \nabla h_i(z^*)^{\mathrm{T}} d = 0, \, \forall \, i \in I_e, \\ &\nabla G_i(z^*)^{\mathrm{T}} d = 0, \, \forall \, i \in I_{0+}, \, \nabla H_i(z^*)^{\mathrm{T}} d = 0, \, \forall \, i \in I_{+0}, \\ &\nabla G_i(z^*)^{\mathrm{T}} d \geqslant 0, \, \forall \, i \in I_{00}, \, \nabla H_i(z^*)^{\mathrm{T}} d \geqslant 0, \, \forall \, i \in I_{00} \}. \end{aligned}$$
(2.3.3)

由 (2.2.16) 知关系 $T(z^*) \subseteq T^{\mathrm{lin}}(z^*)$ 成立. 但反包含关系是否成立?

正如文献 [31] 指出: 如果下层严格互补性不满足, 则 MPEC (2.3.1) 的切锥 $T(z^*)$ 是非凸集, 而线性化锥 $T^{\mathrm{lin}}(z^*)$ 是一个多面体, 从而是凸集, 故 $T^{\mathrm{lin}}(z^*) \nsubseteq T(z^*)$, 从而 Abadie CQ 不成立.

文献 [29] 通过对 $T^{\mathrm{lin}}(z^*)$ 修正和收缩, 定义了 MPEC (2.3.1) 的一个新的线性化锥 (简记为 $T^{\mathrm{lin}}_{\mathrm{MPEC}}(z^*)$), 即

$$\begin{aligned} T^{\mathrm{lin}}_{\mathrm{MPEC}}(z^*) = \{ d \in \mathbb{R}^n \mid &\nabla g_i(z^*)^{\mathrm{T}} d \leqslant 0, \, \forall \, i \in I(z^*), \, \nabla h_i(z^*)^{\mathrm{T}} d = 0, \, \forall \, i \in I_e, \\ &\nabla G_i(z^*)^{\mathrm{T}} d = 0, \, \forall \, i \in I_{0+}, \, \nabla H_i(z^*)^{\mathrm{T}} d = 0, \, \forall \, i \in I_{+0}, \\ &\nabla G_i(z^*)^{\mathrm{T}} d \geqslant 0, \, \forall \, i \in I_{00}, \, \nabla H_i(z^*)^{\mathrm{T}} d \geqslant 0, \, \forall \, i \in I_{00}, \\ &(\nabla G_i(z^*)^{\mathrm{T}} d) \cdot (\nabla H_i(z^*)^{\mathrm{T}} d) = 0, \, \forall \, i \in I_{00} \}. \end{aligned}$$
(2.3.4)

比较 $T^{\mathrm{lin}}_{\mathrm{MPEC}}(z^*)$ 和 $T^{\mathrm{lin}}(z^*)$ 的表达式即知

$$T^{\mathrm{lin}}_{\mathrm{MPEC}}(z^*) \subseteq T^{\mathrm{lin}}(z^*),$$

而且可证明 $T(z^*) \subseteq T^{\mathrm{lin}}_{\mathrm{MPEC}}(z^*)$ 成立 (见文献 [25, 引理 3.2]).

Flegel 和 Kanzow 在文献 [25] 中利用 $T^{\mathrm{lin}}_{\mathrm{MPEC}}(z^*)$ 定义了 MPEC (2.3.1) 的 Abadie CQ.

定义 2.3.2 (MPEC-Abadie CQ) 设 z^* 是 MPEC (2.3.1) 的可行点, 若 $T(z^*) = T^{\mathrm{lin}}_{\mathrm{MPEC}}(z^*)$, 则称 MPEC-Abadie CQ 在 z^* 处成立.

Flegel 和 Kanzow 在文献 [25] 证明了 MPEC-MFCQ 与 MPEC-Abadie CQ 有如下关系:

定理 2.3.1　设 z^* 是 MPEC (2.3.1) 的可行点, 如果 MPEC-MFCQ 在 z^* 处成立, 则 MPEC-Abadie CQ 在 z^* 处也成立.

Flegel 和 Kanzow 在文献 [30] 指出: 尽管非线性规划大多数的约束规格对 MPEC 问题不成立, 但较弱的 Guignard 约束规格却有可能得到满足.

定义 2.3.3 (Guignard CQ)　设 z^* 是 MPEC (2.3.1) 的可行点, 若

$$\mathrm{Cl}\,(\mathrm{conv}(T(z^*))) = T^{\mathrm{lin}}(z^*),$$

则称 Guignard CQ 在 z^* 处成立, 其中 $\mathrm{conv}(T(z^*))$ 为切锥 $T(z^*)$ 的凸包.

该文献利用对偶锥给出了 Guignard CQ 的另一种等价条件:

命题 2.3.1　设 z^* 是 MPEC (2.3.1) 的一个可行点, Guignard CQ 在 z^* 处成立当且仅当

$$T(z^*)^\circ = T^{\mathrm{lin}}(z^*)^\circ,$$

其中 $T(z^*)^\circ$ 和 $T^{\mathrm{lin}}(z^*)^\circ$ 分别是 $T(z^*)$ 和 $T^{\mathrm{lin}}(z^*)$ 的对偶锥.

注 2.3.1　集合 C 的对偶锥 $C^\circ := \{s \in \mathbb{R}^n \mid s^\mathrm{T}d \geqslant 0,\ \forall\, d \in C\}$. 由此定义可知对偶锥 C° 与极锥 C^* 满足 $C^\circ = -C^*$.

Flegel 和 Kanzow 在文献 [30] 进一步研究了 Guignard CQ 与 MPEC 其他约束规格的关系.

定理 2.3.2　如果 MPEC (2.3.1) 的可行点 z^* 满足 MPEC-LICQ, 则 z^* 也满足 Guignard CQ.

为了建立 Guignard CQ 与 MPEC-Abadie CQ 的关系, 文献 [30] 给出下面定义和假设.

定义 2.3.4　若指标集 I_{00}^1, I_{00}^2 满足: $I_{00}^1 \subseteq I_{00}$, $I_{00}^2 \subseteq I_{00}$ 且 $I_{00}^1 \cup I_{00}^2 = I_{00}$, $I_{00}^1 \cap I_{00}^2 = \varnothing$, 则称 (I_{00}^1, I_{00}^2) 为 I_{00} 的一个剖分 (partition).

为方便起见, 记 $P(I_{00}) = \{(I_{00}^1, I_{00}^2) \mid (I_{00}^1, I_{00}^2)$ 为 I_{00} 的剖分$\}$.

定义 2.3.5　对于线性系统

$$Ax \geqslant b, \quad Cx = d,$$

如果存在上述系统的解满足严格不等式 $a_i x > b_i$, 则称不等式 $a_i x \geqslant b_i$ 为非退化的, 这里 a_i 为矩阵 A 的第 i 行.

记

$$I_{00}^G = \{i \in I_{00} \mid \nabla G_i(z^*)^\mathrm{T}d \geqslant 0 \text{ 在系统 (2.3.3) 中非退化}\},$$

$$I_{00}^H = \{i \in I_{00} \mid \nabla H_i(z^*)^\mathrm{T}d \geqslant 0 \text{ 在系统 (2.3.3) 中非退化}\}.$$

假设 2.3.1 对于给定的可行点 z^*, 存在剖分 $(I_1^{GH}, I_2^{GH}) \in P(I_{00}^G \cap I_{00}^H)$, 使得

(a) 对每个 $i_0 \in I_1^{GH}$, 存在非零向量 $d \in \mathbb{R}^n$, 使得

$$\nabla G_{i_0}(z^*)^{\mathrm{T}}d > 0,$$
$$\nabla G_i(z^*)^{\mathrm{T}}d = 0, \quad \forall i \in I_{0+} \cup I_{00}\backslash\{i_0\},$$
$$\nabla H_i(z^*)^{\mathrm{T}}d = 0, \quad \forall i \in I_{+0} \cup I_{00},$$
$$\nabla g_i(z^*)^{\mathrm{T}}d = 0, \quad \forall i \in I(z^*),$$
$$\nabla h_i(z^*)^{\mathrm{T}}d = 0, \quad \forall i \in I_e,$$

(b) 对每个 $i_0 \in I_2^{GH}$, 存在非零向量 $d \in \mathbb{R}^n$, 使得

$$\nabla H_{i_0}(z^*)^{\mathrm{T}}d > 0,$$
$$\nabla H_i(z^*)^{\mathrm{T}}d = 0, \quad \forall i \in I_{+0} \cup I_{00}\backslash\{i_0\},$$
$$\nabla G_i(z^*)^{\mathrm{T}}d = 0, \quad \forall i \in I_{0+} \cup I_{00},$$
$$\nabla g_i(z^*)^{\mathrm{T}}d = 0, \quad \forall i \in I(z^*),$$
$$\nabla h_i(z^*)^{\mathrm{T}}d = 0, \quad \forall i \in I_e.$$

在假设 2.3.1 下可得到如下 Guignard CQ 与 MPEC-Abadie CQ 的关系:

定理 2.3.3 假设 2.3.1 成立, 如果 MPEC (2.3.1) 的可行点 z^* 满足 MPEC-Abadie CQ, 那么 z^* 也满足 Guignard CQ.

MPEC-MFCQ 是 MPEC 约束规格中较强的一种约束规格, Ye 在文献 [31] 中提出了一种比 MPEC-MFCQ 弱的约束规格, 即没有非零非正规乘子约束规格 (No Nonzero Abnormal Multiplier CQ, NNAMCQ).

定义 2.3.6 (NNAMCQ) 设 z^* 是 MPEC (2.3.1) 的一个可行点, 如果不存在非零向量 $(\lambda^g, \lambda^h, \lambda^G, \lambda^H) \in \mathbb{R}^{|I(z^*)|+m_e+2m_c}$, 使得

$$\sum_{i\in I(z^*)} \lambda_i^g \nabla g_i(z^*) + \sum_{i\in I_e} \lambda_i^h \nabla h_i(z^*) - \sum_{i\in I_c}(\lambda_i^G \nabla G_i(z^*) + \lambda_i^H \nabla H_i(z^*)) = 0,$$
$$\lambda_i^g \geqslant 0, \quad \forall i \in I(z^*); \quad \lambda_i^G = 0, \forall i \in I_{+0}; \quad \lambda_i^H = 0, \forall i \in I_{0+};$$
$$\text{或 } \lambda_i^G > 0, \quad \lambda_i^H > 0 \text{ 或 } \lambda_i^G\lambda_i^H = 0, \forall i \in I_{00},$$

则称 MPEC (2.3.1) 的 NNAMCQ 在 z^* 处成立.

注 2.3.2 对于标准非线性规划 (即 MPEC (2.3.1) 中 $I_c = \varnothing$ 的情形), NNAMCQ 弱于 LICQ.

基于标准非线性规划的 Kuhn-Tucker CQ 和 Zangwill CQ, Ye 在文献 [31] 中给出了 MPEC (2.3.1) 的 Kuhn-Tucker CQ 和 Zangwill CQ 的定义.

定义 2.3.7 (MPEC-Kuhn-Tucker CQ)　设 z^* 是 MPEC (2.3.1) 的可行点, 若

$$T_{\text{MPEC}}^{\text{lin}}(z^*) \subseteq \text{Cl } A(z^*),$$

则称 MPEC (2.3.1) 的 Kuhn-Tucker CQ 在 z^* 处成立, 其中 $A(z^*) := A(X; z^*)$ 是 MPEC (2.3.1) 在 z^* 处的可达方向锥.

定义 2.3.8 (MPEC-Zangwill CQ)　设 z^* 是 MPEC (2.3.1) 的可行点, 若

$$T_{\text{MPEC}}^{\text{lin}}(z^*) \subseteq \text{Cl } D(z^*),$$

则称 MPEC (2.3.1) 的 MPEC-Zangwill CQ 在 z^* 处成立, 其中 $D(z^*) = D(X; z^*)$ 是 MPEC (2.3.1) 在 z^* 处的可行方向锥.

此外, 受非线性规划的 CRCQ、RCRCQ、CPLD 等约束规格的启发, 文献 [32–34] 提出了 MPEC 的 MPEC-CRCQ、MPEC-RCRCQ、MPEC-CPLD 等新约束规格.

定义 2.3.9 (MPEC-CRCQ)　设 z^* 是 MPEC (2.3.1) 的可行点, 若存在 z^* 的一个邻域 $\mathcal{U}(z^*)$, 使得对任意 $I_1 \subseteq I(z^*)$, $I_2 \subseteq I_e$, $I_3 \subseteq I_{0+} \cup I_{00}$, $I_4 \subseteq I_{+0} \cup I_{00}$, 以及任意的 $z \in \mathcal{U}(z^*)$, 梯度向量组 $\{\nabla g_i(z) \ (i \in I_1), \ \nabla h_i(z) \ (i \in I_2), \ \nabla G_i(z) \ (i \in I_3), \ \nabla H_i(z) \ (i \in I_4)\}$ 均有相同的秩, 则称 MPEC-CRCQ 在 z^* 处成立.

定义 2.3.10 (MPEC-RCRCQ)　设 z^* 是 MPEC (2.3.1) 的可行点, 若存在 z^* 的一个邻域 $\mathcal{U}(z^*)$, 使得对任意 $I_1 \subseteq I(z^*)$, $I_2 \subseteq I_{00}$, $I_3 \subseteq I_{00}$, 以及任意的 $z \in \mathcal{U}(z^*)$, 梯度向量组 $\{\nabla g_i(z) \ (i \in I_1), \ \nabla h_i(z) \ (i \in I_e), \ \nabla G_i(z) \ (i \in I_{0+} \cup I_2), \ \nabla H_i(z) \ (i \in I_{+0} \cup I_3)\}$ 均有相同的秩, 则称 MPEC-RCRCQ 在 z^* 处成立.

定义 2.3.11 (MPEC-CPLD)　称 MPEC (2.3.1) 在其可行点 z^* 处满足 MPEC-CPLD, 若对于任意 $I_1 \subseteq I(z^*)$, $I_2 \subseteq I_e$, $I_3 \subseteq I_{0+} \cup I_{00}$, $I_4 \subseteq I_{+0} \cup I_{00}$, 当存在不全为零乘子 $(\lambda^g, \lambda^h, \lambda^G, \lambda^H)$, 使得

$$\sum_{i \in I_1} \lambda_i^g \nabla g_i(z^*) + \sum_{i \in I_2} \lambda_i^h \nabla h_i(z^*) - \sum_{i \in I_3} \lambda_i^G \nabla G_i(z^*) - \sum_{i \in I_4} \lambda_i^H \nabla H_i(z^*) = 0,$$

$$\lambda_i^g \geqslant 0, \ i \in I_1; \quad \lambda_i^G \lambda_i^H = 0 \ \text{或} \ \lambda_i^G > 0, \quad \lambda_i^H > 0, \ i \in I_{00}$$

时, 存在 z^* 的一个邻域 $\mathcal{U}(z^*)$, 使得对于任意 $z \in \mathcal{U}(z^*)$, 梯度向量组 $\{\nabla g_i(z) \ (i \in I_1), \ \nabla h_i(z) \ (i \in I_2), \ \nabla G_i(z) \ (i \in I_3), \ \nabla H_i(z) \ (i \in I_4)\}$ 均线性相关.

定义 2.3.12 (MPEC-RCPLD) 称 MPEC (2.3.1) 在其可行点 z^* 处满足 MPEC-RCPLD, 若存在 $I_1 \subseteq I_e$, $I_2 \subseteq I_{0+}$, $I_3 \subseteq I_{+0}$, 使得 $\{\nabla h_i(z) \ (i \in I_1)$, $\nabla G_i(z)(i \in I_2)$, $\nabla H_i(z) \ (i \in I_3)\}$ 是梯度向量组 $\{\nabla h_i(z) \ (i \in I_e)$, $\nabla G_i(z)$ $(i \in I_{0+})$, $\nabla H_i(z)(i \in I_{+0})\}$ 生成的子空间的一组基, 以及存在 z^* 的一个邻域 $\mathcal{U}(z^*)$, 使得

(1) 对于任意 $z \in \mathcal{U}(z^*)$, 梯度向量组 $\{\nabla h_i(z) \ (i \in I_e)$, $\nabla G_i(z) \ (i \in I_{0+})$, $\nabla H_i(z) \ (i \in I_{+0})\}$ 均有相同的秩;

(2) 对任意 $I_4 \subseteq I(z^*)$, $I_5 \subseteq I_{00}$, $I_6 \subseteq I_{00}$, 若存在非零乘子 $(\lambda^g, \lambda^h, \lambda^G, \lambda^H)$, 使得

$$\sum_{i \in I_4} \lambda_i^g \nabla g_i(z^*) + \sum_{i \in I_1} \lambda_i^h \nabla h_i(z^*) - \sum_{i \in I_2 \bigcup I_5} \lambda_i^G \nabla G_i(z^*) - \sum_{i \in I_3 \bigcup I_6} \lambda_i^H \nabla H_i(z^*) = 0,$$

$$\lambda_i^g \geqslant 0, \ i \in I_4; \quad \lambda_i^G \lambda_i^H = 0 \ \text{或} \ \lambda_i^G > 0, \quad \lambda_i^H > 0, \ i \in I_{00}.$$

则对于任意 $z \in \mathcal{U}(z^*)$, 梯度向量组 $\{\nabla g_i(z) \ (i \in I_4)$, $\nabla h_i(z) \ (i \in I_1)$, $\nabla G_i(z) \ (i \in I_2 \cup I_5)$, $\nabla H_i(z) \ (i \in I_3 \cup I_6)\}$ 均线性相关.

定义 2.3.13 [36] (MPEC-拟正规性) 设 z^* 是 MPEC (2.3.1) 的可行点. 若不存在非零乘子 $(\lambda^g, \lambda^h, \lambda^G, \lambda^H)$, 使得

(1) $\nabla g(z^*)\lambda^g + \nabla h(z^*)\lambda^h - \nabla G(z^*)\lambda^G - \nabla H(z^*)\lambda^H = 0$.

(2) $\lambda^g \geqslant 0$, $g(z^*)^{\mathrm{T}}\lambda^g = 0$; $\lambda_i^G = 0$, $i \in I_{+0}$; $\lambda_i^H = 0$, $i \in I_{0+}$; $\lambda_i^G \lambda_i^H = 0$ 或 $\lambda_i^G > 0$, $\lambda_i^H > 0$, $i \in I_{00}$.

(3) 存在序列 $\{z^k\} \to z^*$, 对于每个 k, 有 $\lambda_i^g > 0 \Rightarrow \lambda_i^g g_i(z^k) > 0$; $\lambda_i^h > 0 \Rightarrow \lambda_i^h h_i(z^k) > 0$; $\lambda_i^G > 0 \Rightarrow -\lambda_i^G G_i(z^k) > 0$; $\lambda_i^H > 0 \Rightarrow \lambda_i^H H_i(z^k) > 0$,

则称 MPEC-拟正规性 (MPEC-quasinormality) 在 z^* 处成立.

定义 2.3.14 [36] (MPEC-伪正规性) 设 z^* 是 MPEC (2.3.1) 的可行点. 若不存在乘子 $(\lambda^g, \lambda^h, \lambda^G, \lambda^H)$, 使得

(1) $\nabla g(z^*)\lambda^g + \nabla h(z^*)\lambda^h - \nabla G(z^*)\lambda^G - \nabla H(z^*)\lambda^H = 0$.

(2) $\lambda^g \geqslant 0$, $g(z^*)^{\mathrm{T}}\lambda^g = 0$; $\lambda_i^G = 0$, $i \in I_{+0}$; $\lambda_i^H = 0$, $i \in I_{0+}$; $\lambda_i^G \lambda_i^H = 0$ 或 $\lambda_i^G > 0$, $\lambda_i^H > 0$, $i \in I_{00}$.

(3) 存在序列 $\{z^k\} \to z^*$, 使得对于每个 k, 有

$$\nabla g(z^k)\lambda^g + \nabla h(z^k)\lambda^h - \nabla G(z^k)\lambda^G - \nabla H(z^k)\lambda^H > 0,$$

则称 MPEC-伪正规性 (MPEC-pseudonormality) 在 z^* 处成立.

上述所介绍的 MPEC 各种约束规格之间关系见图 2.3.

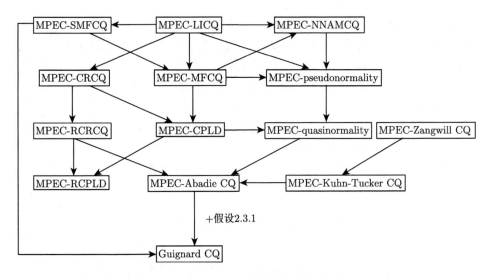

图 2.3　MPEC 各种约束规格的关系

2.3.2　MPEC 的稳定点

根据对 MPEC (2.3.1) 中的互补约束条件处理方法和算法设计技术的不同, 在收敛性分析中, 需要不同的稳定点概念, 下面介绍文献 [27–29, 38] 中所给出的几种比较常用的稳定点.

1. 原始稳定点

根据定理 2.2.6, 下面给出 MPEC (2.3.1) 的 B-稳定点定义.

定义 2.3.15 (B-稳定点)　设 z^* 是 MPEC (2.3.1) 的可行点. 若

$$\nabla f(z^*)^{\mathrm{T}} d \geqslant 0, \quad \forall\, d \in T(z^*), \tag{2.3.5}$$

则称 z^* 为 MPEC (2.3.1) 的 Bouligand 稳定点, 简称 B-稳定点, 其中 $T(z^*)$ 为 MPEC (2.3.1) 的可行集 X 在 z^* 处的切锥.

因 B-稳定点是直接从原问题 (2.3.1) 定义, 与其对偶无直接联系, 故此类稳定点属于原始 (类) 稳定点. 而下面的几类稳定点与乘子或对偶密切相关, 故属于对偶 (类) 稳定点.

2. 对偶稳定点

定义 2.3.16 (W-稳定点)　设 z^* 是 MPEC (2.3.1) 的可行点. 若存在 $\lambda^* = (\lambda^g, \lambda^h, \lambda^G, \lambda^H) \in \mathbb{R}^{|I(z^*)|+m_e+2m_c}$, 使得 (z^*, λ^*) 满足

$$\nabla f(z^*) + \sum_{i \in I(z^*)} \lambda_i^g \nabla g_i(z^*) + \sum_{i \in I_e} \lambda_i^h \nabla h_i(z^*)$$

$$- \sum_{i \in I_c} (\lambda_i^G \nabla G_i(z^*) + \lambda_i^H \nabla H_i(z^*)) = 0, \tag{2.3.6a}$$

$$\lambda_i^g \geqslant 0, \ i \in I(z^*); \ \lambda_i^G = 0, \ i \in I_{+0}; \ \lambda_i^H = 0, \ i \in I_{0+}, \tag{2.3.6b}$$

则称 z^* 为 MPEC (2.3.1) 的一个弱稳定点, 简称 W-稳定点, 称 λ^* 为 z^* 的弱稳定乘子.

由定义可知 MPEC (2.3.1) 的 W-稳定点就是 TNLP (2.3.2) 的 KKT 点.

定义 2.3.17　设 z^* 是 MPEC (2.3.1) 的一个弱稳定点, λ^* 为 z^* 的弱稳定乘子.

(1) 若 $\lambda_i^G \lambda_i^H \geqslant 0, \ \forall \, i \in I_{00}$, 则称 z^* 为 MPEC (2.3.1) 的 Clarke 稳定点, 简称 C-稳定点.

(2) 若 $\lambda_i^G \geqslant 0$ 或 $\lambda_i^H \geqslant 0, \ \forall \, i \in I_{00}$, 则称 z^* 为 MPEC (2.3.1) 的 Alternatively 稳定点, 简称 A-稳定点.

(3) 若 $\lambda_i^G \lambda_i^H = 0$ 或 $\lambda_i^G > 0, \ \lambda_i^H > 0, \ \forall \, i \in I_{00}$, 则称 z^* 为 MPEC (2.3.1) 的 Mordukhovich 稳定点, 简称 M-稳定点.

(4) 若 $\lambda_i^G \geqslant 0, \ \lambda_i^H \geqslant 0, \ \forall \, i \in I_{00}$, 则称 z^* 为 MPEC (2.3.1) 的强稳定点, 简称 S-稳定点, 称 (z^*, λ^*) 为 S-稳定点对.

由上述定义可知, S-稳定点是对偶稳定点中最强的稳定点. 图 2.4 给出了各类对偶稳定点的关系.

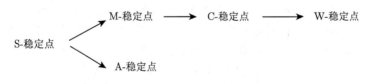

图 2.4　MPEC 各类对偶稳定点的关系

2.3.3　MPEC 的最优性条件

基于 MPEC (2.3.1) 的各种约束规格和稳定点, 人们建立了 MPEC (1.0.2) 的各种形式的一阶必要条件. 首先, Scheel 和 Scholtes 在文献 [27] 中给出了下面最优性必要条件.

定理 2.3.4　设 z^* 为 MPEC (2.3.1) 的局部解. 如果 MPEC-SMFCQ 在 z^* 处成立, 则存在唯一乘子 λ^*, 使得 (z^*, λ^*) 是 MPEC (2.3.1) 的 S-稳定点对.

Flegel 和 Kanzow 分别在文献 [25, 28, 30] 中给出了 MPEC (2.3.1) 的如下最优性必要条件.

定理 2.3.5 设 z^* 为 MPEC (2.3.1) 的局部解. 如果 MPEC-LICQ 在 z^* 处成立, 则存在唯一乘子 λ^*, 使得 (z^*, λ^*) 是 MPEC (2.3.1) 的 S-稳定点对.

定理 2.3.6 设 z^* 为 MPEC (2.3.1) 的局部解. 如果 Guignard CQ 在 z^* 处成立, 则存在乘子 λ^*, 使得 (z^*, λ^*) 是 MPEC (2.3.1) 的 S-稳定点对.

定理 2.3.7 设 z^* 为 MPEC (2.3.1) 的局部解. 如果 MPEC-Abadie CQ 在 z^* 处成立, 则 z^* 是 MPEC (2.3.1) 的 A-稳定点.

对于定理 2.3.7, Ye 在文献 [31] 中证明了在同样条件下的一个更强的结论, 即 z^* 是 M-稳定点.

定理 2.3.8 设 z^* 为 MPEC (2.3.1) 的局部解. 如果 MPEC-Abadie CQ 在 z^* 处成立, 则 z^* 是 MPEC (2.3.1) 的 M-稳定点.

Guo 和 Lin 在文献 [35] 给出了在 MPEC-RCPLD 这一较弱的约束规格下 MPEC (2.3.1) 的以下最优性必要条件.

定理 2.3.9 设 z^* 为 MPEC (2.3.1) 的局部解. 如果 MPEC-RCPLD CQ 在 z^* 处成立, 则 z^* 是 MPEC (2.3.1) 的 M-稳定点.

对于标准非线性规划, 如果优化问题是 (广义) 凸的, 则 KKT 必要条件也是充分的 (见文献 [11] 定理 4.3.8). 尽管在一些特殊情形下 MPEC 可能成为一个凸规划问题, 但通常情况下 MPEC 是一个非凸问题, 因此, MPEC 的最优性必要条件通常不是充分条件. 而且, MPEC 的一些最优性必要条件是通过某个非光滑函数的广义梯度的近似导出的, 例如: C-稳定性条件的情形, 因此这些最优性必要条件可能太弱而不能成为充分条件. 1999 年, Ye 在文献 [39, 命题 3.1] 中证明了 MPEC 的一个一阶最优性充分条件, 即当目标函数是伪凸函数且所有约束函数均为仿射函数时, S-稳定性条件是最优性充分条件或局部充分条件. 2005 年, Ye 在文献 [31, 定理 2.3] 中又证明了一个新的最优性充分条件, 详细描述如下:

定理 2.3.10 设 z^* 是 MPEC (2.3.1) 的可行点, 且在 z^* 处满足 M-稳定性条件, 即存在 $\lambda^* = (\lambda^g, \lambda^h, \lambda^G, \lambda^H) \in \mathbb{R}^{|I(z^*)|+m_e+2m_c}$, 使得

$$\nabla f(z^*) + \sum_{i\in I(z^*)} \lambda_i^g \nabla g_i(z^*) + \sum_{i\in I_e} \lambda_i^h \nabla h_i(z^*) - \sum_{i\in I_c}(\lambda_i^G \nabla G_i(z^*) + \lambda_i^H \nabla H_i(z^*)) = 0,$$

$$\lambda_i^g \geqslant 0, \ \forall\, i \in I(z^*); \quad \lambda_i^G = 0, \ \forall\, i \in I_{+0}; \quad \lambda_i^H = 0, \ \forall\, i \in I_{0+};$$

$$\lambda_i^G \lambda_i^H = 0, \ \text{或}\ \lambda_i^G > 0, \ \lambda_i^H > 0, \ \forall\, i \in I_{00}.$$

记

$$J^+ := \{i \in I_e \mid \lambda_i^h > 0\}, \quad J^- := \{i \in I_e \mid \lambda_i^h < 0\},$$
$$I_{00}^{H,+} := \{i \in I_{00} \mid \lambda_i^G = 0, \ \lambda_i^H > 0\}, \quad I_{00}^{H,-} := \{i \in I_{00} \mid \lambda_i^G = 0, \ \lambda_i^H < 0\},$$

$$I_{00}^{G,+} := \{i \in I_{00} \mid \lambda_i^H = 0,\ \lambda_i^G > 0\}, \quad I_{00}^{G,-} := \{i \in I_{00} \mid \lambda_i^H = 0,\ \lambda_i^G < 0\},$$
$$I_{0+}^+ := \{i \in I_{0+} \mid \lambda_i^G > 0\}, \quad I_{0+}^- := \{i \in I_{0+} \mid \lambda_i^G < 0\},$$
$$I_{+0}^+ := \{i \in I_{+0} \mid \lambda_i^H > 0\}, \quad I_{+0}^- := \{i \in I_{+0} \mid \lambda_i^H < 0\},$$
$$I_{00}^+ := \{i \in I_{00} \mid \lambda_i^G > 0,\ \lambda_i^H > 0\}.$$

进一步地, 假设 f 在 z^* 处伪凸, $g_i\ (i \in I(z^*))$, $h_i\ (i \in J^+)$, $-h_i\ (i \in J^-)$, $G_i\ (i \in I_{0+}^- \cup I_{00}^{G,-})$, $-G_i\ (i \in I_{0+}^+ \cup I_{00}^{G,+} \cup I_{00}^+)$, $H_i\ (i \in I_{+0}^- \cup I_{00}^{H,-})$, $-H_i\ (i \in I_{+0}^+ \cup I_{00}^{H,+} \cup I_{00}^+)$ 是拟凸函数. 则当 $I_{0+}^- \cup I_{+0}^- \cup I_{00}^{H,-} \cup I_{00}^{G,-} = \varnothing$ 时, z^* 是 MPEC (2.3.1) 的一个全局最优解; 当 $I_{00}^{H,-} \cup I_{00}^{G,-} = \varnothing$ 或 z^* 是集合 $X \cap \{z \mid G_i(z) = 0,\ H_i(z) = 0,\ i \in I_{00}^{H,-} \cup I_{00}^{G,-}\}$ 的内点时, z^* 是 MPEC (2.3.1) 的一个局部最优解, 其中 X 是 MPEC (2.3.1) 的可行集.

第 3 章　线性互补约束优化的快速算法

在前面 2.3 节已指出标准非线性规划一些较弱的约束规格, 如 MFCQ、Abadie CQ 等, 在 MPEC 问题的任意可行点处均不成立, 所以很多比较成熟的标准非线性规划算法无法直接应用于 MPEC 问题的求解.

序列二次规划 (SQP) 类算法和序列线性方程组 (SSLE 或 QP-free) 类算法是求解标准非线性规划的两类有效方法, 参见文献 [40–65]. 因此, 如何将这些方法有效地拓展到 MPEC 问题, 是 MPEC 研究的热点之一. 本章和下一章将介绍我们在这方面的一些研究工作.

带互补约束的 MPEC 按约束条件的复杂性可分为线性互补约束优化和非线性互补约束优化. 本章重点介绍线性互补约束优化的两类快速算法, 即: SQP 类和 SSLE 类算法, 非线性互补约束优化的研究工作将在下一章介绍.

线性互补约束优化通常可表示为

$$
\begin{aligned}
\min \ & f(x,y) \\
\text{s.t.} \ & Ax \leqslant b, \\
& w = Nx + My + q, \\
& 0 \leqslant y \perp w \geqslant 0,
\end{aligned}
\tag{3.0.1}
$$

其中 $f: \mathbb{R}^{n+m} \mapsto \mathbb{R}$ 连续可微, $A \in \mathbb{R}^{l \times n}$, $N \in \mathbb{R}^{m \times n}$, $M \in \mathbb{R}^{m \times m}$, $b \in \mathbb{R}^l$, $q \in \mathbb{R}^m$.

3.1 节介绍问题 MPEC (3.0.1) 的等价转化, 3.2 节介绍一个超线性收敛的 SQP 算法, 3.3 节介绍一个超线性收敛的 SSLE 算法.

本章均假设 MPEC (3.0.1) 的目标函数 $f(x,y)$ 至少是一阶连续可微的, 在涉及算法收敛速度分析时, 均假设其为二阶连续可微的, 后面不再反复陈述. 此外, 为方便起见, 本章采用如下通用记号:

$$
\begin{aligned}
X_o &= \{(x,y,w) \in \mathbb{R}^{n+m+m} \mid Ax \leqslant b, \ w = Nx + My + q\}, \\
X &= \{(x,y,w) \in X_o \mid 0 \leqslant w \perp y \geqslant 0\}, \quad A^{\mathrm{T}} = (a_1^{\mathrm{T}}, \cdots, a_l^{\mathrm{T}}), \quad b^{\mathrm{T}} = (b_1, \cdots, b_l), \\
z &= (x,y,w), \quad s = (x,y), \quad t = (y,w), \quad t_i = (y_i, w_i), \\
dz &= (dx, dy, dw), \quad ds = (dx, dy), \quad dt = (dy, dw), \quad dt_i = (dy_i, dw_i), \\
I &= \{1,2,\cdots,l\}, \quad I_c = \{1,2,\cdots,m\}, \quad I(z) = \{j \in I \mid a_j x = b_j, \ z \in X_o\}.
\end{aligned}
$$

此外, 为书写简便, 本章的行向量和列向量的记号不作严格区分, 读者可根据上下文加以辨别.

3.1 问题等价转化及全局收敛的 SQP 算法

为了将标准非线性规划的 SQP 方法和 SSLE 方法拓展以用于求解线性互补约束优化 MPEC (3.0.1), 首先需利用扰动技术和互补函数对 MPEC (3.0.1) 中的互补约束条件作等价转化, 为此本节先详细介绍问题的等价转化过程, 然后简要介绍文献 [66] 给出的求解 MPEC (3.0.1) 的全局收敛的 SQP 算法. 本节的主要内容取自文献 [13] 的 11.1 节以及文献 [66].

3.1.1 预备知识

本小节先介绍关于 MPEC (3.0.1) 的一些基本概念和基本结论, 然后引进广义互补函数的定义.

定义 3.1.1 如果 MPEC (3.0.1) 的可行点 $z^* = (x^*, y^*, w^*) \in X$ 处满足:

$$\nabla f(x^*, y^*)^{\mathrm{T}} ds \geqslant 0, \quad \forall \, dz = (ds, dw) \in T(X; z^*),$$

其中 $T(X; z^*)$ 为可行集 X 在 z^* 处的切锥, 则称 z^* 为 MPEC (3.0.1) 的一个稳定点.

由定理 2.2.6 知, 以上稳定点是 MPEC (3.0.1) 最优解的必要条件. 故 MPEC (3.0.1) 的算法主要集中在稳定点的求解. 下面定理给出了 MPEC (3.0.1) 的稳定点满足的解析表达式.

定理 3.1.1 假设可行点 $z^* = (x^*, y^*, w^*) \in X$ 满足下层非退化条件:

$$(y_i^*, w_i^*) \neq (0, 0), \quad \forall \, i \in I_c, \tag{3.1.1}$$

则 z^* 是 MPEC (3.0.1) 的一个稳定点的充要条件是存在乘子向量 $(\lambda^*, u^*, v^*) \in \mathbb{R}^l \times \mathbb{R}^m \times \mathbb{R}^m$, 使得

$$\begin{pmatrix} \nabla f_x(x^*, y^*) \\ \nabla f_y(x^*, y^*) \\ 0 \end{pmatrix} + \begin{pmatrix} 0 \\ W^* \\ Y^* \end{pmatrix} v^* + \begin{pmatrix} N^{\mathrm{T}} \\ M^{\mathrm{T}} \\ -E_m \end{pmatrix} u^* + \begin{pmatrix} A^{\mathrm{T}} \\ 0 \\ 0 \end{pmatrix} \lambda^* = 0, \quad (3.1.2a)$$

$$\lambda^* \geqslant 0, \quad (Ax^* - b)^{\mathrm{T}} \lambda^* = 0, \tag{3.1.2b}$$

其中 $W^* = \mathrm{diag}(w_i^*, i \in I_c)$, $Y^* = \mathrm{diag}(y_i^*, i \in I_c)$, E_m 为 m 阶单位矩阵.

定理 3.1.1 的证明可参见文献 [1, 推论 6.1.3]. 不难验证 (3.1.2) 与下面式子等价:

$$\begin{pmatrix} \nabla f_x(x^*,y^*) \\ \nabla f_y(x^*,y^*) \end{pmatrix} + \begin{pmatrix} N^{\mathrm T}Y^* \\ M^{\mathrm T}Y^* + W^* \end{pmatrix} v^* + \begin{pmatrix} A^{\mathrm T} \\ 0 \end{pmatrix} \lambda^* = 0, \qquad (3.1.3a)$$

$$\lambda^* \geqslant 0, \quad (Ax^* - b)^{\mathrm T}\lambda^* = 0. \qquad (3.1.3b)$$

如果在 (3.1.2) 或 (3.1.3) 中的乘子 λ^* 满足 $\lambda_j^* > 0$, $\forall j \in I(z^*)$, 则称对于线性不等式约束 $Ax \leqslant b$ 的上层严格互补性成立.

通过非负参数 μ, 先将 MPEC (3.0.1) 扰动为

$$\begin{aligned}
&\min f(x,y) \\
&\text{s.t.} \ \ Ax \leqslant b, \\
&\qquad w = Nx + My + q, \\
&\qquad y_i \geqslant 0, \ w_i \geqslant 0, \ y_iw_i = \frac{\mu}{2}, \ \ i \in I_c.
\end{aligned} \qquad (3.1.4)$$

为通过扰动问题 (3.1.4) 构建 MPEC (3.0.1) 的有效逼近算法, 研究者们采用各种互补函数将问题 (3.1.4) 的最后一组约束等价地转化为非线性方程组. 为此先将出现在文献中 (参见 [1,66,67]) 的各种互补函数的定义抽象描述成如下广义互补函数:

定义 3.1.2　称函数 $\phi(\cdot,\cdot,\mu): \mathbb{R} \times \mathbb{R} \times \mathbb{R}_+ \to \mathbb{R}$ 为广义互补函数, 如果它满足以下三个条件:

(1) 存在常数 ϑ, $\varsigma > 0$, 使得 $\phi(a,b,\mu) = 0 \Longleftrightarrow a \geqslant 0, b \geqslant 0, ab = \vartheta\mu^\varsigma$;

(2) ϕ 在每个点 $(a,b,\mu) \neq (0,0,0)$ 处是连续可微的;

(3) 对于任意 $(a,b,\mu) \in \mathbb{R} \times \mathbb{R} \times \mathbb{R}_{++}$, 函数 ϕ 的偏导数满足

$$\phi_a'(a,b,\mu)\phi_b'(a,b,\mu) > 0,$$

其中

$$\phi_a'(a,b,\mu) = \frac{\partial\phi(a,b,\mu)}{\partial a}, \quad \phi_b'(a,b,\mu) = \frac{\partial\phi(a,b,\mu)}{\partial b}.$$

广义互补函数 ϕ 有多种构造形式, 例如

$$\phi(a,b,\mu) = a + b - \sqrt{a^2 + b^2 + \mu}; \qquad (3.1.5)$$

$$\phi(a,b,\mu) = a + b - \sqrt{(a-b)^2 + 4\mu}; \qquad (3.1.6)$$

$$\phi(a,b,\mu) = a + b - \sqrt{a^2 + b^2 + \lambda ab + (2-\lambda)\mu}, \quad \lambda \in (-2,2). \qquad (3.1.7)$$

在以上三个广义互补函数中, 定义 3.1.2 之 (1) 中的参数 ϑ 和 ς 均等于 1.

3.1.2 问题的等价转化

基于广义互补函数 ϕ, 定义向量值函数 $\Phi(\cdot, \cdot, \mu)$: $\mathbb{R}^m \times \mathbb{R}^m \times \mathbb{R}_+ \to \mathbb{R}^m$
如下:

$$\Phi(t, \mu) = \Phi(y, w, \mu) = \begin{pmatrix} \phi(y_1, w_1, \mu) \\ \vdots \\ \phi(y_m, w_m, \mu) \end{pmatrix}. \tag{3.1.8}$$

设 $z^k = (x^k, y^k, w^k) \in \mathbb{R}^{n+m+m}$, 且 $(y_i^k, w_i^k, \mu) \neq (0, 0, 0)$, 则有

$$\nabla_t \Phi(y^k, w^k, \mu_k) = (\Gamma_y^k \quad \widetilde{\Gamma}_w^k)^{\mathrm{T}}, \tag{3.1.9}$$

$$\Gamma_y^k = \Gamma(y^k, w^k, \mu_k) = \mathrm{diag}(\phi_a'(y_i^k, w_i^k, \mu_k)), \tag{3.1.10}$$

$$\widetilde{\Gamma}_w^k = \widetilde{\Gamma}(y^k, w^k, \mu_k) = \mathrm{diag}(\phi_b'(y_i^k, w_i^k, \mu_k)). \tag{3.1.11}$$

借助于广义互补 (向量值) 函数 Φ, 则可将扰动问题 (3.1.4) 转化为等价的标准非线性规划:

$$\begin{aligned}
&\min \ f(x, y) \\
&\text{s.t.} \ Ax \leqslant b, \\
&\qquad w = Nx + My + q, \\
&\qquad \Phi(y, w, \mu) = 0.
\end{aligned} \tag{3.1.12}$$

基于定理 3.1.1 和定义 3.1.2, 可导出 MPEC (3.0.1) 与问题 (3.1.12) 之间的密切关系.

引理 3.1.1 设 $z^* = (x^*, y^*, w^*)$ 是 MPEC (3.0.1) 的稳定点, 并且下层非退化条件 (3.1.1) 成立, (λ^*, u^*, v^*) 是对应的乘子, 则 z^* 是问题 (3.1.12) 的当 $\mu = 0$ 时的 KKT 点, 相应的 Lagrangian 乘子为 $(\lambda^*, u^*, \bar{v}^*)$, 其中 $\bar{v}^*$ 的分量 $\bar{v}_i^*$ 定义如下:

$$\bar{v}_i^* = \begin{cases} \dfrac{w_i^* v_i^*}{\phi_a'(y_i^*, w_i^*, 0)}, & \text{若 } i \in I_{cy}(z^*) := \{i \in I_c \mid y_i^* = 0\}, \\[3mm] \dfrac{y_i^* v_i^*}{\phi_b'(y_i^*, w_i^*, 0)}, & \text{若 } i \in I_{cw}(z^*) := \{i \in I_c \mid w_i^* = 0\}. \end{cases} \tag{3.1.13}$$

由定义 3.1.2 知, 当 $\mu = 0$ 时, 问题 (3.1.12) 与 MPEC (3.0.1) 等价; 当 $\mu > 0$ 充分小时, 问题 (3.1.12) 是 MPEC (3.0.1) 的一个逼近且问题 (3.1.12) 是一般的光滑非线性规划.

3.1.3　全局收敛的 SQP 算法

接下来, 我们简要介绍文献 [66] 中求解 MPEC (3.0.1) 的全局收敛 SQP 算法, 算法相关性质的详细分析与论证, 读者可参阅该文献. 对 MPEC (3.0.1), 需作如下基本假设:

假设 3.1.1　MPEC (3.0.1) 中的矩阵 M 是一个 P_0 矩阵, 即 M 的所有主子式均非负.

本小节使用的广义互补函数为 (3.1.5) 定义的 $\phi(a,b,\mu)$, 即

$$\phi(a,b,\mu) = a + b - \sqrt{a^2 + b^2 + \mu}.$$

此时有

$$\phi_a'(a,b,\mu) = 1 - \frac{a}{\sqrt{a^2 + b^2 + \mu}}, \quad \phi_b'(a,b,\mu) = 1 - \frac{b}{\sqrt{a^2 + b^2 + \mu}}. \tag{3.1.14}$$

于是由 (3.1.9)–(3.1.11) 知

$$\widetilde{\Gamma}_w^k = \widetilde{\Gamma}(y^k, w^k, \mu_k) = \Gamma(w^k, y^k, \mu_k) \triangleq \Gamma_w^k. \tag{3.1.15}$$

定义问题 (3.1.12) 的 l_1 罚函数 $\theta(\cdot, \alpha, \mu) : \mathbb{R}^{n+2m} \times \mathbb{R}_{++} \times \mathbb{R}_{++} \to \mathbb{R}$ 如下:

$$\theta(z, \alpha, \mu) = f(x, y) + \alpha \sum_{i \in I_c} |\phi(y_i, w_i, \mu)|, \tag{3.1.16}$$

其中 $\alpha > 0$ 是罚参数.

设 $z^k = (x^k, y^k, w^k) \in X_o$ 是当前迭代点, $\mu > 0$, B_k 是一个 $(n+2m)$ 阶对称正定阵. 在第 $k+1$ 次迭代中, 为产生搜索方向, 考虑问题 (3.1.12) 的 QP 子问题:

$$\begin{aligned}
\min\ & \nabla f(s^k)^{\mathrm{T}} ds + \frac{1}{2} dz^{\mathrm{T}} B_k dz \\
\text{s.t.}\ & Adx \leqslant b - Ax^k, \quad dw = Ndx + Mdy, \\
& \Phi(t^k, \mu_k) + \nabla_t \Phi(t^k, \mu_k)^{\mathrm{T}} dt = 0,
\end{aligned} \tag{3.1.17}$$

其中梯度矩阵 $\nabla \Phi_t(y^k, w^k, \mu_k)$ 是一个 $2m \times m$ 矩阵, 定义见 (3.1.9)–(3.1.11) 式. 于是上述 QP 子问题又可表示为

$$\begin{aligned}
\min\ & \nabla f(s^k)^{\mathrm{T}} ds + \frac{1}{2} dz^{\mathrm{T}} B_k dz \\
\text{s.t.}\ & Adx \leqslant b - Ax^k, \\
& \begin{pmatrix} N & M & -I \\ 0 & \Gamma_y^k & \Gamma_w^k \end{pmatrix} \begin{pmatrix} ds \\ dw \end{pmatrix} = - \begin{pmatrix} 0 \\ \Phi(t^k, \mu_k) \end{pmatrix}.
\end{aligned} \tag{3.1.18}$$

引理 3.1.2 若假设 3.1.1 成立, $z^k = (x^k, y^k, w^k) \in X_o$, $\mu_k > 0$, B_k 是对称正定阵, 则 QP 子问题 (3.1.17), 亦即问题 (3.1.18) 有唯一最优解.

下面给出求解 MPEC (3.0.1) 全局收敛 SQP 算法的具体步骤.

算法 3.1.1

初始步 选取初始点 $z^0 = (x^0, y^0, w^0) \in X_o$, 参数 β, ρ, $\sigma \in (0,1)$, δ, μ_0, $\alpha_{-1} \in \mathbb{R}_{++}$ 以及 $(n+2m)$ 阶对称正定阵 B_0. 令 $k = 0$.

步骤 1 (产生搜索方向) 解 QP 子问题 (3.1.17) 得唯一最优解 $dz^k = (dx^k, dy^k, dw^k)$ 和对应的乘子 (λ^k, u^k, v^k). 如果 $dz^k = 0$, 则令 $z^{k+1} = z^k$, $\alpha_k = \alpha_{k-1}$, 转入步骤 4.

步骤 2 (更新罚参数) 计算

$$\alpha_k = \begin{cases} \alpha_{k-1}, & \text{如果 } \alpha_{k-1} \geqslant \|v^k\|_\infty + \delta, \\ \max\{\|v^k\|_\infty + \delta, \ \alpha_{k-1} + 2\delta\}, & \text{其他}. \end{cases} \quad (3.1.19)$$

步骤 3 (线搜索) 令步长 $\tau_k = \rho^{l_k}$, 其中 l_k 是使得下面不等式成立的最小非负整数 l:

$$\theta(z^k + \rho^l dz^k, \alpha, \mu_k) \leqslant \theta(z^k, \alpha_k, \mu_k) + \sigma\rho^l\theta'(z^k, \alpha_k, \mu_k; dz^k), \quad (3.1.20)$$

其中

$$\theta'(z^k, \alpha_k, \mu_k; dz^k) = \nabla f(s^k)^{\mathrm{T}} ds^k - \alpha_k \sum_{i \in I_c} |\phi(t_i^k, \mu_k)|. \quad (3.1.21)$$

步骤 4 如果事先给定的终止准则满足, 则算法终止; 否则, 令 $z^{k+1} = z^k + \tau_k dz^k$, $\mu_{k+1} = \beta\mu_k$, 且更新矩阵 B_k 得到新的对称正定阵 B_{k+1}. 令 $k := k+1$, 返回步骤 1.

为建立算法的全局收敛性, 需对矩阵 B_k 和算法产生的点列 $\{z^k\}$ 作如下假设:

假设 3.1.2 存在正常数 a 和 b, 使得

$$a\|d\|^2 \leqslant d^{\mathrm{T}} B_k d \leqslant b\|d\|^2, \quad \forall d \in \mathbb{R}^{n+2m}, \ \forall k. \quad (3.1.22)$$

假设 3.1.3 点列 $\{z^k\}$ 有界, 且其每一个聚点 $z^* = (x^*, y^*, w^*)$ 均满足:

(1) 主子阵 $M_{J^*J^*}$ 非退化, 即 $M_{J^*J^*}$ 的所有主子式均非零, 其中 $J^* = \{i \in I_c \mid w_i^* = 0\}$;

(2) 下层非退化条件成立, 即 $(y_i^*, w_i^*) \neq (0,0)$, $\forall i \in I_c$.

在以上假设条件下, 算法 3.1.1 具有以下全局收敛性.

定理 3.1.2 若假设 3.1.1–3.1.3 成立, 则算法 3.1.1 产生的迭代点列 $\{z^k\}$ 的每一个聚点 z^* 均是 MPEC (3.0.1) 的稳定点, 即算法 3.1.1 是全局收敛的.

3.2   超线性收敛的 SQP 算法

上一节的算法 3.1.1 由于没有计算 "高阶" 修正方向, 因此不能保证克服 Maratos 效应, 即步长为 1 不能保证被算法接受, 从而该算法很难达到超线性收敛速度. 本节通过解一个线性方程组产生 "高阶" 修正方向, 对算法 3.1.1 进行改进, 从而建立 MPEC (3.0.1) 的一个具有超线性收敛速度的 SQP 算法. 本节主要内容取自著者与合作者的工作 [68] 以及文献 [13] 的 11.2 节.

3.2.1   算法描述

为有效地构造高阶修正方向, 并保证本节算法具有较好的收敛性及收敛速度, 我们需将假设 3.1.1 加强为如下形式:

假设 3.2.1   (1) MPEC (3.0.1) 中的矩阵 M 是一个 P_0 阵, 即所有主子式非负;

(2) 对任意 $z \in X_o$, 矩阵 A 的行向量组 $\{a_j \mid j \in I(z)\}$ 线性无关.

本节所采用的广义互补函数仍为 (3.1.5) 定义的 $\phi(a, b, \mu)$, 且 (3.1.15) 的记号本节仍有效. 此外, 注意到 (3.1.14), (3.1.13) 可写为如下具体形式:

$$\bar{v}_i^* = \begin{cases} v_i^* w_i^*, & \text{若} \quad i \in I_{cy}(z^*) = \{i \in I_c \mid y_i^* = 0\}, \\ v_i^* y_i^*, & \text{若} \quad i \in I_{cw}(z^*) = \{i \in I_c \mid w_i^* = 0\}. \end{cases} \tag{3.2.1}$$

注意: 对任意固定的 $\mu > 0$, $\phi(a, b, \mu)$ 以及由 (3.1.8) 定义的 $\Phi(y, w, \mu)$ 关于另外两组变量均是二阶连续可微的, 而且函数 $\Phi(\cdot, \cdot, 0)$ 在满足下层非退化条件 (3.1.1) 的点 (y^*, w^*) 处也是二阶连续可微的.

对于 $z^k = (x^k, y^k, w^k) \in X_o$, $\mu_k > 0$, 类似于 3.1.3 节, 先考虑非线性规划 (3.1.12) 的 QP 子问题 (3.1.17). QP 子问题 (3.1.17) 目标函数中的矩阵 B_k 在 SQP 方法的收敛速度、该子问题解的存在性以及 SQP 方法的实际数值表现等方面都起着十分重要的作用. 一般说来, 为使 SQP 算法具有快速收敛性, 矩阵 B_k 必须是问题 (3.1.12) 的 Lagrangian 函数的 Hessian 阵的某种近似. 因此下面有必要先分析问题 (3.1.12) 的 Lagrangian 函数

$$L(z, \tilde{u}, \mu) = f(x, y) + \lambda^{\mathrm{T}}(Ax - b) + u^{\mathrm{T}}(Nx + My + q - w) + v^{\mathrm{T}}\Phi(y, w, \mu)$$

的 Hessian 阵, 其中 $\tilde{u} = (\lambda, u, v)$. 经计算可知, 对于 $\mu > 0$ 或 $(y_i, w_i) \neq (0, 0)$ ($\forall i \in I_c$) 的点 z, $L(z, \tilde{u}, \mu)$ 的 Hessian 阵存在, 且可表示为

$$H(z, v, \mu) := \nabla_{zz}^2 L(z, \widetilde{u}, \mu)$$

$$= \begin{pmatrix} \nabla_{xx}^2 f(s) & \nabla_{xy}^2 f(s) & 0_{n \times m} \\ \nabla_{yx}^2 f(s) & \nabla_{yy}^2 f(s) + \mathrm{diag}\left(v_i \dfrac{\partial^2 \phi(t_i, \mu)}{\partial a^2}\right) & \mathrm{diag}\left(v_i \dfrac{\partial^2 \phi(t_i, \mu)}{\partial a \partial b}\right) \\ 0_{m \times n} & \mathrm{diag}\left(v_i \dfrac{\partial^2 \phi(t_i, \mu)}{\partial b \partial a}\right) & \mathrm{diag}\left(v_i \dfrac{\partial^2 \phi(t_i, \mu)}{\partial b^2}\right) \end{pmatrix}. \quad (3.2.2)$$

又令 $(z^*, \widetilde{u}^*)$ 是 MPEC (3.0.1) 的满足 (3.1.2) 的稳定点对, 假设下层非退化条件 (3.1.1) 成立, $\bar{v}^*$ 由 (3.2.1) 定义, 则 $(z^*, \lambda^*, u^*, \bar{v}^*)$ 是问题 (3.1.12) 对应于 $\mu = 0$ 时的 KKT 点对. 记 $s^* = (x^*, y^*)$, $t_i^* = (y_i^*, w_i^*)$, 则经过简单的计算和分析, 有

$$H(z^*, v^*, 0) = \begin{pmatrix} \nabla_{xx}^2 f(s^*) & \nabla_{xy}^2 f(s^*) & 0_{n \times m} \\ \nabla_{yx}^2 f(s^*) & \nabla_{yy}^2 f(s^*) + \mathrm{diag}\left(v_i^* \dfrac{\partial^2 \phi(t_i^*, 0)}{\partial a^2}\right) & 0_{m \times m} \\ 0_{m \times n} & 0_{m \times m} & \mathrm{diag}\left(v_i^* \dfrac{\partial^2 \phi(t_i^*, 0)}{\partial b^2}\right) \end{pmatrix},$$
$$(3.2.3)$$

$$H(z^*, \bar{v}^*, 0) = \begin{pmatrix} \nabla_{xx}^2 f(s^*) & \nabla_{xy}^2 f(s^*) & 0_{n \times m} \\ \nabla_{yx}^2 f(s^*) & \nabla_{yy}^2 f(s^*) + \mathrm{diag}\left(\bar{v}_i^* \dfrac{\partial^2 \phi(t_i^*, 0)}{\partial a^2}\right) & 0_{m \times m} \\ 0_{m \times n} & 0_{m \times m} & \mathrm{diag}\left(\bar{v}_i^* \dfrac{\partial^2 \phi(t_i^*, 0)}{\partial b^2}\right) \end{pmatrix}.$$
$$(3.2.4)$$

基于 (3.2.3) 和 (3.2.4), QP 子问题 (3.1.17) 中的矩阵 B_k 则可以按以下方式选取:

$$B_k = \begin{pmatrix} C_k & 0 \\ 0 & D_k \end{pmatrix}, \quad C_k \in \mathbb{R}^{(n+m) \times (n+m)}, \ D_k \in \mathbb{R}^{m \times m}. \quad (3.2.5)$$

于是, 如果记

$$H_k := C_k + (N \ \ M)^{\mathrm{T}} D_k (N \ \ M), \quad (3.2.6)$$

再注意到 $dw = Ndx + Mdy$, 则 QP 子问题 (3.1.17) 可简化为仅含 $n + m$ 维变量 $ds = (dx, dy)$ 的如下等价形式:

$$\begin{aligned} &\min \nabla f(s^k)^{\mathrm{T}} ds + \frac{1}{2} ds^{\mathrm{T}} H_k ds \\ &\text{s.t. } Adx \leqslant b - Ax^k, \\ &\quad\quad \Gamma_w^k N dx + (\Gamma_y^k + \Gamma_w^k M) dy = -\Phi(t^k, \mu_k), \end{aligned} \quad (3.2.7)$$

其中 Γ_y^k, Γ_w^k 的定义见 (3.1.10) 和 (3.1.15).

本节仍采用 3.1.3 节的罚函数 $\theta(z, \alpha, \mu)$ (定义见 (3.1.16)) 作为问题 (3.1.12) 的效益函数用于线搜索, 同时定义函数　$\varphi(\cdot, \cdot, \alpha, \mu)$: $\mathbb{R}^{n+2m} \times \mathbb{R}^{n+2m} \times \mathbb{R}_+ \times \mathbb{R}_+ \mapsto \mathbb{R}$:

$$\varphi(z, dz, \alpha, \mu) = \nabla f(s)^{\mathrm{T}} ds - \alpha \sum_{i \in I_c} |\phi(t_i, \mu)| + \frac{1}{2} ds^{\mathrm{T}} H_k ds$$

$$= \nabla f(s)^{\mathrm{T}} ds - \alpha \|\Phi(t, \mu)\|_1 + \frac{1}{2} ds^{\mathrm{T}} H_k ds. \tag{3.2.8}$$

该函数与罚函数 $\theta(z, \alpha, \mu)$ 在点 z 处沿方向 dz 的方向导数有着密切的关系 (见后面 (3.2.20) 式), 它将作为线搜索下降量的控制. 设 $ds^k = (dx^k, dy^k)$ 是子问题 (3.2.7) 的一个解, 且令

$$dw^k = N dx^k + M dy^k, \quad dz^k = (ds^k, dw^k).$$

如果直接取 dz^k 作为 $\theta(z, \alpha, \mu)$ 的搜索方向, 则 Maratos 效应难以克服, 从而超线性收敛速度很难达到. 为此, 本节算法通过求解下面线性方程组

$$\begin{cases} H_k \begin{pmatrix} \widehat{dx} \\ \widehat{dy} \end{pmatrix} + \begin{pmatrix} N^{\mathrm{T}} \Gamma_w^k \\ \Gamma_y^k + M^{\mathrm{T}} \Gamma_w^k \end{pmatrix} \widehat{v} + \begin{pmatrix} A_k^{\mathrm{T}} \\ 0 \end{pmatrix} \widehat{\lambda} = 0, \\ \begin{pmatrix} A_k & 0 \\ \Gamma_w^k N & \Gamma_y^k + \Gamma_w^k M \end{pmatrix} \begin{pmatrix} \widehat{dx} \\ \widehat{dy} \end{pmatrix} = - \begin{pmatrix} 0 \\ \Phi(t^k + dt^k, \mu_k) \end{pmatrix} \end{cases} \tag{3.2.9}$$

产生高阶修正方向 $\widehat{dz}^k$, 其中矩阵 $A_k = (a_j, \ j \in I_k)$, 指标集 $I_k \supseteq I(z^k)$ 且使得矩阵 A_k 行满秩. 记

$$G_k = \begin{pmatrix} A_k & 0 \\ \Gamma_w^k N & \Gamma_y^k + \Gamma_w^k M \end{pmatrix}, \quad Q_k = \begin{pmatrix} H_k & G_k^{\mathrm{T}} \\ G_k & 0 \end{pmatrix}, \tag{3.2.10}$$

$$\widehat{ds} = (\widehat{dx}, \ \widehat{dy}), \quad \widehat{\omega} = (\widehat{\lambda}, \ \widehat{v}),$$

则线性方程组 (3.2.9) 可改写为

$$Q_k \begin{pmatrix} \widehat{ds} \\ \widehat{\omega} \end{pmatrix} = \begin{pmatrix} H_k & G_k^{\mathrm{T}} \\ G_k & 0 \end{pmatrix} \begin{pmatrix} \widehat{ds} \\ \widehat{\omega} \end{pmatrix} = - \begin{pmatrix} 0_{(n+m+|I_k|) \times 1} \\ \Phi(t^k + dt^k, \mu_k) \end{pmatrix}. \tag{3.2.11}$$

基于以上分析和讨论, 下面给出本节算法的具体步骤.

算法 3.2.1

初始步　选取参数 $\overline{c}$, ε_{-1}, δ, δ', $\alpha_{-1} > 0$, $0 < \sigma$, $\beta < 1$, 数列 $\{\mu_k\}_{k=0}^{\infty}$ 使得对某个给定的常数 $\gamma \in [1, 2)$, 有

$$\mu_k > 0, \ \mu_{k+1} < \mu_k, \ \lim_{k \to \infty} \mu_k = 0, \ \lim_{k \to \infty} \frac{\mu_{k+1}}{\mu_k^{\gamma}} = \eta \in (0, 1). \tag{3.2.12}$$

再取初始点 $z^0 = (x^0, y^0, w^0) \in X_o$, 一个结构如 (3.2.5) 的对称矩阵 B_0, 使得由 (3.2.6) 生成的矩阵 H_0 是正定阵. 令 $k = 0$.

步骤 1 (计算主搜索方向 dz^k) 计算 $\Phi(y^k, w^k, \mu_k)$. 如果 $\Phi(y^k, w^k, \mu_k) = 0$, 则选取一个新参数 $\mu_k' \in (\mu_{k+1}, \mu_k)$, 令 $\mu_k = \mu_k'$. 解 QP 子问题 (3.2.7) 得 (唯一) 最优解 $ds^k = (dx^k, dy^k)$ 以及对应的 Lagrangian 乘子 (λ^k, v^k). 令

$$dw^k = Ndx^k + Mdy^k, \quad dz^k = (ds^k, dw^k). \tag{3.2.13}$$

步骤 2 如果 z^k 满足某个给定的终止原则 (参见后面 (3.4.1)), 则算法终止; 否则, 进入步骤 3.

步骤 3 (更新罚参数) α_k 的更新公式为

$$\alpha_k = \begin{cases} \alpha_{k-1}, & \text{如果 } \alpha_{k-1} \geqslant \|v^k\|_\infty + \delta, \\ \max\{\|v^k\|_\infty + \delta, \ \alpha_{k-1} + \delta'\}, & \text{其他.} \end{cases}$$

步骤 4 (试探步) 如果

$$\theta(z^k + dz^k, \alpha_k, \mu_k) \leqslant \theta(z^k, \alpha_k, \mu_k) + \sigma\varphi(z^k, dz^k, \alpha_k, \mu_k), \tag{3.2.14}$$

即在 z^k 处沿方向 dz^k 不发生 Maratos 效应, 则令步长 $\tau_k = 1$, 修正方向 $\widehat{dz}^k = 0$, 转入步骤 7; 否则进入步骤 5.

步骤 5 (计算高阶修正方向 $\widehat{dz}^k$)
　　步骤 5.1 (作转轴运算产生指标集 I_k) (a) 令 $\varepsilon = \varepsilon_{k-1}$; (b) 计算 $\bar{I} = \{j \in I \mid -\varepsilon \leqslant a_j x^k - b_j \leqslant 0\}$, $A_{\bar{I}} = (a_j, \ j \in \bar{I})$ 和 $\det(A_{\bar{I}} A_{\bar{I}}^T)$. 如果 $\bar{I} = \varnothing$ 或 $\det(A_{\bar{I}} A_{\bar{I}}^T) \geqslant \varepsilon$, 则令 $I_k = \bar{I}$, $\varepsilon_k = \varepsilon$, 转入步骤 5.2; 否则, 令 $\varepsilon := \frac{1}{2}\varepsilon$, 重复 (b).
　　步骤 5.2 (产生高阶修正方向 $\widehat{dz}^k$) 解线性方程组 (3.2.9), 亦即 (3.2.11), 得解 $\widehat{ds}^k = (\widehat{dx}^k, \widehat{dy}^k)$, 并令

$$\widehat{dw}^k = N\widehat{dx}^k + M\widehat{dy}^k, \quad \widehat{dz}^k = (\widehat{ds}^k, \widehat{dw}^k).$$

如果 $\|\widehat{dz}^k\| \geqslant \bar{c}\|dz^k\|$, 则令 $\widehat{dz}^k = 0$. 进入步骤 6.

步骤 6 (曲线搜索) 令步长 τ_k 为序列 $\{1, \beta, \beta^2, \cdots\}$ 中满足如下不等式的最大数 τ:

$$\theta(z^k + \tau dz^k + \tau^2 \widehat{dz}^k, \alpha_k, \mu_k) \leqslant \theta(z^k, \alpha_k, \mu_k) + \sigma\tau\varphi(z^k, dz^k, \alpha_k, \mu_k), \tag{3.2.15}$$

$$\tau a_j dx^k + \tau^2 a_j \widehat{dx}^k \leqslant b_j - a_j x^k, \quad \forall j \notin I_k. \tag{3.2.16}$$

步骤 7 令 $z^{k+1} = z^k + \tau_k dz^k + \tau_k^2 \widehat{dz}^k$, 并通过适当的方法更新矩阵 B_k 以产生 B_{k+1}, 要求 B_{k+1} 具有形式 (3.2.5), 且使得由 (3.2.6) 定义的矩阵 H_{k+1} 对称正定. 令 $k := k+1$, 转回步骤 1.

下面分析算法 3.2.1 的适定性. 为此, 需对矩阵序列 $\{H_k\}$ 作一致正定性假设.

假设 3.2.2　　存在正常数 ρ_1 和 ρ_2, 使得

$$\rho_1\|u\|^2 \leqslant u^{\mathrm{T}}H_k u \leqslant \rho_2\|u\|^2, \quad \forall\, u \in \mathbb{R}^{n+m}, \, \forall\, k = 0, 1, 2, \cdots. \tag{3.2.17}$$

注 3.2.1　　如果矩阵 C_k 正定, D_k 半正定, 则由 (3.2.6) 知矩阵 H_k 是正定的. 进一步地, 若 C_k 满足 (3.2.17), $\{D_k\}$ 有界且半正定, 则假设 3.2.2 成立.

根据广义互补函数 $\phi(a, b, \mu)$ 的性质以及假设 3.2.1 (2) 可证明下面结论成立:

引理 3.2.1　　(1) 算法 3.2.1 之步骤 1 中所得到的 QP 子问题 (3.2.7) 的解 $ds^k \neq 0$;

(2) 在假设 3.2.1 (2) 下, 步骤 5.1 不会无限重复; 而且, 如果序列 $\{z^k\}$ 有界, 则存在一个常数 $\varepsilon > 0$, 使得 $\varepsilon_k \geqslant \varepsilon, \forall\, k = 0, 1, 2, \cdots$.

引理 3.2.2　　若假设 3.2.1–3.2.2 成立, 则对于任意 $\mu_k > 0$, QP 子问题 (3.2.7) 和线性方程组 (3.2.11) 均有唯一解.

证明　　易知

$$0 < \phi_a'(a, b, \mu) < 2, \quad \forall\, \mu > 0. \tag{3.2.18}$$

故对角阵 Γ_y^k 和 Γ_w^k 都是正定的. 结合 M 是 P_0 阵, 由文献 [84, 引理 4.1] 可知矩阵 $\begin{pmatrix} M & -I \\ \Gamma_y^k & \Gamma_w^k \end{pmatrix}$ 非奇异, 从而矩阵 $(\Gamma_y^k + \Gamma_w^k M)$ 也非奇异. 进而知

$$dx = 0, \quad dy = -(\Gamma_y^k + \Gamma_w^k M)^{-1}\Phi(t^k, \mu_k)$$

是 QP 子问题 (3.2.7) 的一个可行解. 而其可行集为闭凸集, 于是由文献 [13, 推论 3.4.2] 即知 QP 子问题 (3.2.7) 有唯一最优解.

由 A_k 行满秩和 $(\Gamma_y^k + \Gamma_w^k M)$ 非奇异知, 由 (3.2.10) 定义的矩阵 G_k 行满秩, 进而结合 H_k 正定可知, 由 (3.2.10) 定义的矩阵 Q_k 非奇异. 因此线性方程组 (3.2.11) 有唯一解. □

为分析算法步骤 6 中的曲线搜索是可执行的, 需对效益函数 $\theta(\cdot, \alpha, \mu_k)$ 在点 z^k 沿方向 dz^k 的方向导数 $\theta'(z^k, \alpha, \mu_k; dz^k)$ 进行分析. 根据方向导数的定义、(3.2.8) 式以及 ds^k 满足 QP 子问题 (3.2.7) 的等式约束可推导得

$$\theta'(z^k, \alpha, \mu_k; dz^k) = \nabla f(s^k)^{\mathrm{T}} ds^k - \alpha\|\Phi(t^k, \mu_k)\|_1, \tag{3.2.19}$$

$$\varphi(z^k, dz^k, \alpha, \mu_k) = \theta'(z^k, \alpha, \mu_k; dz^k) + \frac{1}{2}(ds^k)^{\mathrm{T}} H_k ds^k. \tag{3.2.20}$$

基于以上两式, 可证明算法 3.2.1 的适定性等相关结论.

引理 3.2.3 若假设 3.2.1–3.2.2 成立, 且 $\alpha \geqslant \|v^k\|_\infty$, 则
(1) 以下不等式成立:

$$\theta'(z^k, \alpha, \mu_k; dz^k) \leqslant -(ds^k)^{\mathrm{T}} H_k ds^k, \tag{3.2.21}$$

$$\varphi(z^k, dz^k, \alpha, \mu_k) \leqslant -\frac{1}{2}(ds^k)^{\mathrm{T}} H_k ds^k; \tag{3.2.22}$$

(2) 当 $\tau > 0$ 足够小时, 曲线搜索不等式 (3.2.15)–(3.2.16) 满足; 进而, 步骤 6 在有限次计算后完成, 从而算法 3.2.1 是适定的;

(3) 对所有 k, 迭代点 $z^k \in X_o$.

证明 (1) 由于 QP 子问题 (3.2.7) 的约束是线性的, 故其最优解 $ds^k = (dx^k, dy^k)$ 满足 KKT 条件:

$$\nabla f(s^k) + H_k ds^k + (\Gamma_w^k N \quad \Gamma_y^k + \Gamma_w^k M)^{\mathrm{T}} v^k + (A_{\mathcal{J}_k} \quad 0)^{\mathrm{T}} \lambda_{\mathcal{J}_k}^k = 0, \tag{3.2.23a}$$

$$\begin{pmatrix} A_{\mathcal{J}_k} & 0 \\ \Gamma_w^k N & \Gamma_y^k + \Gamma_w^k M \end{pmatrix} \begin{pmatrix} dx^k \\ dy^k \end{pmatrix} = -\begin{pmatrix} A_{\mathcal{J}_k} x^k - b_{\mathcal{J}_k} \\ \Phi(t^k, \mu_k) \end{pmatrix}, \quad \lambda_{\mathcal{J}_k}^k \geqslant 0, \tag{3.2.23b}$$

其中

$$\mathcal{J}_k = \{j \in I \mid a_j dx^k = b_j - a_j x^k\}, \quad A_{\mathcal{J}_k} = (a_j, j \in \mathcal{J}_k),$$
$$b_{\mathcal{J}_k} = (b_j, \ j \in \mathcal{J}_k), \quad \lambda_{\mathcal{J}_k}^k = (\lambda_j^k, \ j \in \mathcal{J}_k).$$

利用 (3.2.23), 得

$$\nabla f(s^k)^{\mathrm{T}} ds^k = -(ds^k)^{\mathrm{T}} H_k ds^k + \sum_{i \in I_c} v_i^k \phi(t_i^k, \mu_k) + (A_{\mathcal{J}_k} x^k - b_{\mathcal{J}_k})^{\mathrm{T}} \lambda_{\mathcal{J}_k}^k$$
$$\leqslant -(ds^k)^{\mathrm{T}} H_k ds^k + \|v^k\|_\infty \|\Phi(t^k, \mu_k)\|_1.$$

将上式代入 (3.2.19), 并注意到 $\alpha \geqslant \|v^k\|_\infty$ 和 (3.2.20), 即知不等式 (3.2.21) 和 (3.2.22) 成立.

(2) 对于 $j \notin I_k$, 有 $b_j - a_j x^k > \varepsilon_k > 0$, 故当 $\tau > 0$ 足够小时 (3.2.16) 满足. 如果结论 (2) 不真, 则由 (3.2.15) 和 (3.2.20) 得

$$\theta'(z^k, \alpha_k, \mu_k; dz^k) \geqslant \sigma\varphi(z^k, dz^k, \alpha_k, \mu_k) = \sigma\theta'(z^k, \alpha_k, \mu_k; dz^k) + \frac{\sigma}{2}(ds^k)^{\mathrm{T}} H_k ds^k.$$

此结合 (3.2.22) 和 (3.2.17) 知 $ds^k = 0$, 这与引理 3.2.1 (1) 矛盾. 故结论 (2) 获证.

(3) 由 QP 子问题 (3.2.7) 的不等式约束以及 (3.2.9), 有

$$a_j dx^k \leqslant b_j - a_j x^k, \quad a_j \widehat{dx}^k = 0, \ \forall j \in I_k,$$

因此，

$$a_j x^{k+1} - b_j = (a_j x^k - b_j) + \tau_k a_j dx^k \leqslant (1-\tau_k)(a_j x^k - b_j) \leqslant 0, \ \forall \, j \in I_k. \quad (3.2.24)$$

而由线搜索不等式 (3.2.16) 知：

$$a_j x^{k+1} = a_j x^k + \tau_k a_j dx^k + \tau_k^2 a_j \widehat{dx}^k \leqslant b_j, \quad \forall \, j \notin I_k. \quad (3.2.25)$$

又由于 z^{k+1} 满足 $w = Nx + My + q$, 于是结合 (3.2.24)–(3.2.25) 即知 $z^{k+1} \in X_o$.
$\square$

3.2.2　全局收敛性

本节不妨假设算法 3.2.1 产生一个无穷点列 $\{z^k\}$. 我们将证明在较温和的条件下算法 3.2.1 是全局收敛的, 即 $\{z^k\}$ 的每一个聚点 z^* 都是 MPEC (3.0.1) 的稳定点. 为此本节也要求假设 3.1.3 满足.

下面设 z^* 是 $\{z^k\}$ 的任一聚点, 则存在无限子集 $K \subseteq \{0,1,2,\cdots\}$, 使得

$$\lim_{k \in K} z^k = z^* = (x^*, y^*, w^*), \quad s^* = (x^*, y^*), \quad t^* = (y^*, w^*).$$

由集合 X_o 的闭性和 $z^k \in X_o$ 知 $z^* \in X_o$, 即 $Ax^* \leqslant b$, $w^* = Nx^* + My^* + q$. 于是, 由假设 3.1.3 (2)、$\mu_k \to 0$、(3.1.11) 以及 (3.1.15), 有

$$\Gamma_y^k \to \Gamma_y := \Gamma_y(y^*, w^*, 0), \quad \Gamma_w^k \to \Gamma_w := \Gamma_w(w^*, y^*, 0), \quad k \in K. \quad (3.2.26)$$

定义指标集：

$$J := \{i \in I_c \mid (\Gamma_y)_{ii} = \phi_a'(y_i^*, w_i^*, 0) = 0\}. \quad (3.2.27)$$

引理 3.2.4　若假设 3.1.3, 3.2.1–3.2.2 均成立, 则
(1) 存在一常数 $c > 0$, 使得

$$\|(\Gamma_y^k + \Gamma_w^k M)^{-1}\| \leqslant c, \quad \forall \, k = 0,1,2,\cdots;$$

(2) 方向序列 $\{dz^k\}$, $\{\widehat{dz}^k\}$ 和乘子序列 $\{v^k\}$ 均有界；
(3) 存在一个正整数 k_0, 使得 $\alpha_k \equiv \alpha \triangleq \alpha_{k_0}, \ \forall \, k \geqslant k_0$.

证明　(1) (反证) 设结论不成立, 由于对每个固定的 k, 矩阵 $(\Gamma_y^k + \Gamma_w^k M)$ 均非奇异, 故存在无穷指标集 $\mathcal{K}$, 使得 $\|(\Gamma_y^k + \Gamma_w^k M)^{-1}\| \xrightarrow{\mathcal{K}} +\infty$. 注意到 $\{z^k\}$ 的有界性, 为简便, 不妨设 $\mathcal{K}$ 即为上面所设的无穷指标集 K. 注意到 $J = J^* := \{i \in I_c \mid w_i^* = 0\}$, 由假设 3.1.3 (1) 可知主子阵 $M_{J^*J^*}$ 是非退化的, 因此, 由文献 [66, 命题 3.2] 可知矩阵 $(\Gamma_y + \Gamma_w M)$ 非奇异, 进而 $\|(\Gamma_y^k + \Gamma_w^k M)^{-1}\| \xrightarrow{K} \|(\Gamma_y + \Gamma_w M)^{-1}\| < +\infty$, 矛盾.

(2) 考虑 QP 子问题 (3.2.7) 的一个特殊可行点 $\widetilde{ds}^k = (\widetilde{dx}^k, \widetilde{dy}^k)$:

$$\widetilde{dx}^k = 0, \quad \widetilde{dy}^k = -(\Gamma_y^k + \Gamma_w^k M)^{-1}\Phi(t^k, \mu_k).$$

由结论 (1) 及 $\{z^k\}$ 的有界性知序列 $\{\widetilde{ds}^k\}$ 有界. 进而, 由 ds^k 是 QP 子问题 (3.2.7) 的一个最优解和给定的假设可知, 存在常数 $\rho_3,\ \rho_4 > 0$, 使得

$$-\rho_4\|ds^k\| + \frac{1}{2}\rho_1\|ds^k\|^2 \leqslant \nabla f(s^k)^{\mathrm{T}}ds^k + \frac{1}{2}(ds^k)^{\mathrm{T}}H_k ds^k$$
$$\leqslant \nabla f(s^k)^{\mathrm{T}}\widetilde{ds}^k + \frac{1}{2}(\widetilde{ds}^k)^{\mathrm{T}}H_k\widetilde{ds}^k \leqslant \rho_3, \quad \forall\, k.$$

此关系式表明 $\{ds^k\}$ 有界. 进而, 由 $dw^k = (N\ \ M)ds^k$ 可得 $\{dz^k\}$ 的有界性. 另一方面, 由步骤 4 和步骤 5.2 有 $\|\widehat{dz}^k\| \leqslant \bar{c}\|dz^k\|$, 由此立知 $\{\widehat{dz}^k\}$ 有界.

为证 $\{v^k\}$ 的有界性, 令 $\widetilde{H}_k$ 为 H_k 的 $m \times (n+m)$ 子矩阵, 它的行对应于变量 dy, 于是由 (3.2.23) 可得

$$v^k = -(\Gamma_y^k + \Gamma_w^k M)^{-1}(\nabla f_y(s^k) + \widetilde{H}_k ds^k),$$

结合结论 (1) 和假设 3.2.2 (隐含 $\{H_k\}$ 有界) 即知 $\{v^k\}$ 是有界的.

(3) 基于乘子序列 $\{v^k\}$ 的有界性和 α_k 的更新方式 (见步骤 3), 易知结论 (3) 成立. $\qquad\square$

下面两个命题将在算法的收敛性分析证明中起重要作用, 其证明可参阅文献 [68, 命题 4.2-4.3] 或文献 [13, 命题 11.2.9-11.2.10].

命题 3.2.1　对任意的 $\mu > \widehat{\mu} > 0$ 和任意 $(a,b) \in \mathbb{R}^2$, 有

$$|\phi(a,b,\widehat{\mu})| \leqslant |\phi(a,b,\mu)| + \frac{\mu}{2\sqrt{\widehat{\mu}}}.$$

命题 3.2.2　若数列 $\{r_k\}$ 和 $\{\gamma_k\}$ 满足

$$r_{k+1} \leqslant r_k + \gamma_k, \quad \gamma_k \geqslant 0,\ k = 1, 2, \cdots, \quad \sum_{k=1}^{\infty}\gamma_k < \infty, \qquad (3.2.28)$$

则

(1) 数列 $\{r_k\}$ 有上界, 即上极限 $\overline{\lim\limits_{k\to\infty}}\, r_k < \infty$;

(2) 整个数列 $\{r_k\}$ 收敛 (包括有限极限和无限极限).

由以上两命题可得如下结论, 详证可参考文献 [68, 引理 4.2].

引理 3.2.5　若假设 3.1.3, 3.2.1–3.2.2 均成立, 则

$$\lim_{k\to\infty}\theta(z^k, \alpha_k, \mu_k) = \lim_{k\to\infty}\theta(z^{k+1}, \alpha_k, \mu_k) = \theta(z^*, \alpha, 0), \qquad (3.2.29)$$

$$\lim_{k\to\infty}\|z^{k+1} - z^k\| = 0. \qquad (3.2.30)$$

基于引理 3.2.4 (2), 在下述分析中不妨设

$$dz^k \xrightarrow{K} \widetilde{dz} = (\widetilde{dx}, \widetilde{dy}, \widetilde{dw}), \quad \widehat{dz}^k \xrightarrow{K} \widehat{dz} = (\widehat{dx}, \widehat{dy}, \widehat{dw}), \quad v^k \xrightarrow{K} \tilde{v}^*,$$

且记 $\widetilde{ds} = (\widetilde{dx}, \widetilde{dy})$. 由方向导数的定义及 $\{(dz^k, \widehat{dz}^k)\}$ 的有界性可知下面引理成立:

引理 3.2.6　对极限为 0 的任意正数序列 $\{\xi_k\}_K$, 有

$$\lim_{k \in K} \frac{\theta(z^k + \zeta_k dz^k + \zeta_k^2 \widehat{dz}^k, \alpha, \mu_k) - \theta(z^k, \alpha, \mu_k)}{\zeta_k} = \nabla f(s^*)^{\mathrm{T}} \widetilde{ds} - \alpha \|\Phi(t^*, 0)\|_1.$$

引理 3.2.7　若假设 3.1.3, 3.2.1–3.2.2 均成立, 则序列 $\{dz^k\}_K$ 和 $\{\widehat{dz}^k\}_K$ 均收敛于 0, 即 $\lim_{k \in K} dz^k = \widetilde{dz} = 0$, $\lim_{k \in K} \widehat{dz}^k = \widehat{dz} = 0$.

证明　由 $\|\widehat{dz}^k\| < \bar{c}\|dz^k\|$ 可得 $\|\widehat{dz}\| \leqslant \bar{c}\|\widetilde{dz}\|$, 故只需证明 $\widetilde{dz} = 0$. 用反证法, 假设 $\widetilde{dz} \neq 0$. 接下来将证明分两步完成.

第一步　证明 $\bar{\tau} := \inf\{\tau_k : k \in K\} > 0$.

对于 $j \notin I_k$ 和 $\tau > 0$ 充分小, 由引理 3.2.1 (2), 有

$$a_j(x^k + \tau dx^k + \tau^2 \widehat{dx}^k) - b_j = (a_j x^k - b_j) + \tau(a_j dx^k + \tau a_j \widehat{dx}^k) < -\varepsilon + O(\tau) \leqslant 0.$$

所以存在 $\bar{\delta} > 0$, 使得不等式 (3.2.16) 对所有 $\tau \leqslant \bar{\delta}$ 和所有的 k 总成立.

现用反证法, 假设 $\bar{\tau} = 0$. 不失一般性进一步假设 $\lim_{k \in K} \tau_k = 0$ (必要时可再取 K 的一个子列). 考虑到步骤 6 的曲线搜索, 可知不等式 (3.2.15) 对于 $\tau = \zeta_k \triangleq \beta^{-1}\tau_k$ 和 $k \in K$ (充分大) 不成立, 即

$$\frac{\theta(z^k + \zeta_k dz^k + \zeta_k^2 \widehat{dz}^k, \alpha, \mu_k) - \theta(z^k, \alpha, \mu_k)}{\zeta_k} > \sigma\varphi(z^k, dz^k, \alpha, \mu_k).$$

令 $k\ (\in K) \to \infty$, 对上式取极限, 并结合引理 3.2.6 以及 (3.2.8) 和 (3.2.17), 可得

$$(1 - \sigma)\left(\nabla f(s^*)^{\mathrm{T}} \widetilde{ds} - \alpha \|\Phi(t^*, 0)\|_1\right) \geqslant \frac{1}{2}\rho_1 \sigma \|\widetilde{ds}\|^2.$$

另外, 由 (3.2.22), (3.2.8) 和 (3.2.17), 又有

$$\nabla f(s^k)^{\mathrm{T}} ds^k - \alpha \|\Phi(t^k, \mu_k)\|_1 \leqslant -\rho_1 \|ds^k\|^2, \ \forall\, k,$$

令 $k\ (\in K) \to \infty$, 得

$$\nabla f(s^*)^{\mathrm{T}} \widetilde{ds} - \alpha \|\Phi(t^*, 0)\|_1 \leqslant -\rho_1 \|\widetilde{ds}\|^2.$$

因此, $-\rho_1(1-\sigma)\|\widetilde{ds}\|^2 \geqslant \frac{1}{2}\rho_1\sigma\|\widetilde{ds}\|^2$. 此表明 $\|\widetilde{ds}\| = 0$. 结合 $\widetilde{dw} = N\widetilde{dx} + M\widetilde{dy}$ 和 $\widetilde{dz} = (\widetilde{ds}, \widetilde{dw})$ 即知 $\widetilde{dz} = 0$, 这与 $\widetilde{dz} \neq 0$ 矛盾. 故在假设条件 $\widetilde{dz} \neq 0$ 下, $\bar{\tau} = \inf\{\tau_k : k \in K\} > 0$ 成立.

第二步 由 $\widetilde{dz} \neq 0$ 和 $\bar{\tau} > 0$ 导出最终矛盾. 综合 (3.2.14), (3.2.15), (3.2.22) 以及 (3.2.17), 有

$$\theta(z^{k+1}, \alpha, \mu_k) - \theta(z^k, \alpha, \mu_k) \leqslant \sigma\tau_k\varphi(z^k, dz^k, \alpha, \mu_k) \leqslant -\frac{1}{2}\sigma\bar{\tau}\rho_1\|ds^k\|^2, \quad \forall\, k \in K.$$

令 $k\ (\in K) \to \infty$ 取极限, 并利用 (3.2.29), 可得 $\|\widetilde{ds}\|^2 = 0$, 进而 $\widetilde{dz} = 0$, 这与 $\widetilde{dz} \neq 0$ 的假设矛盾. $\qquad\square$

定理 3.2.1 若假设 3.1.3, 3.2.1–3.2.2 均成立, 则由算法 3.2.1 生成的序列 $\{z^k\}$ 的每一个聚点 $z^* = (x^*, y^*, w^*)$ 都是 MPEC (3.0.1) 的稳定点, 即算法 3.2.1 是全局收敛的. 此外, 存在一个无限子集 $K' \subseteq K$, 使得 $\lim_{k\in K'}(\lambda^k, v^k) = (\lambda^*, \widetilde{v}^*)$, 且 (z^*, λ^*, v^*) 满足稳定点的 (3.1.3) 条件, 其中

$$v_i^* = \begin{cases} \widetilde{v}_i^*/w_i^*, & i \in I_{cy}(z^*), \\ \widetilde{v}_i^*/y_i^*, & i \in I_{cw}(z^*). \end{cases} \tag{3.2.31}$$

证明 由引理 3.2.7 可知, 当 $k \in K$ 充分大时, 有

$$\mathcal{J}_k := \{j \in I \mid a_j dx^k = b_j - a_j x^k\} \subseteq I(z^*). \tag{3.2.32}$$

于是, 由线性无关性假设 3.2.1 (2)、(3.2.23) 式以及引理 3.2.4 (2) 易证, 数列 $\{\lambda_{\mathcal{J}_k}^k\}_K$ 和 $\{\lambda^k\}_K$ 都是有界的. 故存在 $K' \subseteq K$, 使得

$$v^k \to \widetilde{v}^*, \quad \lambda^k \to \lambda^*, \quad \mathcal{J}_k \equiv \mathcal{J}_* \subseteq I(z^*), \quad k \in K'.$$

因此, 令 $k\ (\in K') \to \infty$, 对 (3.2.23) 式取极限, 并结合引理 3.2.7, 可得

$$\nabla f(s^*) + \begin{pmatrix} (\Gamma_w N)^{\mathrm{T}} \\ (\Gamma_y + \Gamma_w M)^{\mathrm{T}} \end{pmatrix}\widetilde{v}^* + \begin{pmatrix} A_{\mathcal{J}_*}^{\mathrm{T}} \\ 0 \end{pmatrix}\lambda_{\mathcal{J}_*}^* = \begin{pmatrix} 0 \\ 0 \end{pmatrix}, \tag{3.2.33}$$

$$\lambda^* \geqslant 0, \quad A_{\mathcal{J}_*} x^* = b_{\mathcal{J}_*}, \quad \Phi(y^*, w^*, 0) = 0. \tag{3.2.34}$$

于是, 由 (3.2.34) 的第二个等式以及定义 3.1.2 之 (1), 得 $0 \leqslant y^* \perp w^* \geqslant 0$. 又由于 $z^* \in X_o$, 所以 $z^* \in X$. 进而, 综合 (3.2.33)–(3.2.34) 和 (3.2.31), 易见 (z^*, λ^*, v^*) 满足稳定点条件 (3.1.3), 故 z^* 是 MPEC (3.0.1) 的一个稳定点. $\qquad\square$

3.2.3 超线性收敛速度

本小节首先在二阶充分条件等假设条件下证明算法 3.2.1 具有强收敛性, 然后证明步长为 1 能被算法所接受, 从而算法能克服 Maratos 效应; 最后证明算法是超线性收敛的.

为使算法 3.2.1 具有强收敛性和超线性收敛性, 需如下强二阶充分条件:

假设 3.2.3   由算法 3.2.1 生成的序列 $\{z^k\}$ 至少有一个聚点 z^* (从而由定理 3.2.1 知, 存在 $\{(\lambda^k, v^k)\}$ 的聚点 $(\lambda^*, \widetilde{v}^*)$, 使得 (z^*, λ^*, v^*) (v^* 由 (3.2.31) 产生) 满足稳定点条件 (3.1.3)), 使得

$$(ds)^{\mathrm{T}} \nabla^2 f(x^*, y^*) ds > 0, \quad \forall\, ds \in \Omega,\ ds \neq 0$$

成立, 其中

$$\Omega = \{ds \in \mathbb{R}^{n+m} \mid N_{I_{cw}^*} dx + M_{I_{cw}^* I_{cw}^*} dy_{I_{cw}^*} = 0, A_{I_*^+} dx = 0,\ dy_{I_{cy}^*} = 0\}, \quad (3.2.35)$$

$$I_{cy}^* = I_{cy}(z^*), \quad I_{cw}^* = I_{cw}(z^*), \quad I_*^+ = \{j \in I \mid \lambda_j^* > 0\},$$
$$I^* = I(z^*), \quad A_{I_*^+} = (a_j,\ j \in I_*^+), \quad (3.2.36)$$

并记 $N_{I_{cw}^*}$ 为矩阵 N 中取行标号在 I_{cw}^* 的行向量组成的子矩阵. 由 (3.2.1) 和 (3.2.31) 可知

$$\overline{v}^* = \widetilde{v}^*. \quad (3.2.37)$$

令 $u^* = Y^* v^*$, 由引理 3.1.1 和引理 3.2.1 可知, z^* 与乘子 $\widehat{u}^* := (\lambda^*, u^*, \overline{v}^* = \widetilde{v}^*)$ 构成问题 (3.1.12) (对于 $\mu = 0$, 下同) 的 KKT 点对, 而且以下结论成立 (详证见文献 [13, 命题 11.2.16]).

命题 3.2.3   (1) 假设 3.2.3 等价于问题 (3.1.12) 在其 KKT 点对 $(z^*, \widehat{u}^*)$ 处的强二阶充分条件:

$$dz^{\mathrm{T}} \nabla_{zz}^2 L(z^*, \widehat{u}^*, 0) dz = dz^{\mathrm{T}} H(z^*, \widetilde{v}^*, 0) dz > 0, \quad \forall\, dz \in \Omega^+, dz \neq 0,$$

其中

$$\Omega^+ = \{dz \in \mathbb{R}^{n+2m} \mid A_{I_*^+} dx = 0,\ (N\ M) ds = dw,\ (\Gamma_y\ \Gamma_w) dt = 0\}; \quad (3.2.38)$$

(2) 问题 (3.1.12) 在其 KKT 点 z^* 处满足线性无关约束规格.

定理 3.2.2   若假设 3.1.3, 3.2.1–3.2.3 均成立, 则

(1) 算法 3.2.1 产生的序列 $\{z^k\}$ 整列收敛到 MPEC (3.0.1) 的稳定点 z^*, 即算法 3.2.1 强收敛;

(2) $\lim\limits_{k \to \infty} dz^k = \lim\limits_{k \to \infty} \widehat{dz}^k = 0$;

(3) 乘子序列 $\{(\lambda^k, v^k)\}$ 整列收敛于 $(\lambda^*, \widetilde{v}^*)$, 使得 (λ^*, v^*) (其中 v^* 由 (3.2.31) 定义) 是相应于 MPEC (3.0.1) 的稳定点 z^* 的乘子, $(\lambda^*, u^*, \bar{v}^*) = (\lambda^*, Y^* v^*, \widetilde{v}^*)$ 是对应于问题 (3.1.12) 的 KKT 点 z^* 的 KKT 乘子.

证明   (1) 首先, 基于命题 3.2.3, 由文献 [13, 推论 1.4.3] 知 z^* 是问题 (3.1.12) 的一个孤立 KKT 点. 进而, 结合定理 3.2.1 和引理 3.1.1 可知 z^* 是序列 $\{z^k\}$ 的一个孤立聚点. 最后, 结合 (3.2.30), 利用文献 [13, 推论 1.1.8] 可知 $\lim\limits_{k\to\infty} z^k = z^*$, 即算法 3.2.1 强收敛.

(2) 利用结论 (1) 和引理 3.2.7 可知结论 (2) 成立.

(3) 首先, 由命题 3.2.3 (2) 可知, 问题 (3.1.12) 的相应于 KKT 点 z^* 的 KKT 乘子是唯一的, 进而, 由定理 3.2.1 及引理 3.1.1 易知结论 (3) 成立.   □

引理 3.2.8   若假设 3.1.3, 3.2.1–3.2.3 均成立, 则由线性方程组 (3.2.11) 的解 $\widehat{ds}^k$ 生成的高阶修正方向 $\widehat{dz}^k$ 满足

$$\|\widehat{dz}^k\| = O(\|dz^k\|^2), \tag{3.2.39}$$

$$\Phi(t^k + dt^k + \widehat{dt}^k, \mu_k) = O(\|dz^k\|^3), \tag{3.2.40}$$

从而当 k 充分大时, 算法 3.2.1 之步骤 6 中的高阶修正方向 $\widehat{dz}^k$ 均由线性方程组 (3.2.11) 的解 $\widehat{ds}^k$ 生成.

证明   利用 (3.1.9), (3.2.23b) 和 (3.2.11) 即可证明. 详细证明也可参阅文献 [68, 引理 5.1] 或文献 [13, 引理 11.2.18].   □

为了证明步长 1 能被算法所接受, 需作如下二阶逼近假设:

假设 3.2.4 $\|(H(z^k, v^k, \mu_k) - B_k)dz^k\| = o(\|dz^k\|)$.

由定理 3.2.2 可知, 假设 3.2.4 等价于

$$\|(H(z^*, \widetilde{v}^*, 0) - B_k) dz^k\| = \|(H(z^*, \bar{v}^*, 0) - B_k) dz^k\| = o(\|dz^k\|).$$

定理 3.2.3   若假设 3.1.3, 3.2.1–3.2.4 均成立, 则当 k 充分大时, 步长 1 能被算法 3.2.1 接受, 即步长 $\tau_k \equiv 1$.

以上定理的证明比较复杂, 有兴趣的读者可参阅文献 [68, 定理 5.1] 或文献 [13, 引理 11.2.20].

需要指出的是: 尽管算法 3.2.1 在解附近的步长恒等于 1, 但其产生方向的 QP 子问题 (3.2.7) 及线性方程组 (3.2.11) 均是一系列含参数 μ_k 的逼近问题, 一般说来, 算法的收敛速度与 $\{\mu_k\}$ 的性质有关, 因此不能直接套用标准非线性规划的有关结果获得算法 3.2.1 的超线性收敛性, 需另行分析证明. 为此, 定义如下矩阵:

$$R_* := \begin{pmatrix} A_{I^*}^{\mathrm{T}} & N^{\mathrm{T}} & 0 \\ 0 & M^{\mathrm{T}} & \Gamma_y \\ 0 & -E_m & \Gamma_w \end{pmatrix}, \quad R(z, \mu_k) := \begin{pmatrix} A_{\mathcal{J}_k}^{\mathrm{T}} & N^{\mathrm{T}} & 0 \\ 0 & M^{\mathrm{T}} & \Gamma(y, w, \mu_k) \\ 0 & -E_m & \Gamma(w, y, \mu_k) \end{pmatrix}, \tag{3.2.41}$$

其中 $I_* := I(z^*)$. 由引理 3.2.4 (1) 和命题 3.2.3 (2) 可证矩阵 R_* 列满秩, 又由于 $\mathcal{J}_k \subseteq I^*$, 所以 $\{R(z^k, \mu_k)\}$ 的每个聚点均是列满秩的. 进而, 当 k 充分大时, $R(z^k, \mu_k)$ 亦列满秩, 故可定义投影阵:

$$P_k := E_{n+2m} - R_k(R_k^{\mathrm{T}} R_k)^{-1} R_k^{\mathrm{T}}, \tag{3.2.42}$$

其中 $R_k = R(z^k, \mu_k)$, E_{n+2m} 为 $n+2m$ 阶单位矩阵.

基于命题 3.2.3, 并利用文献 [13, 定理 1.1.10 (2)], 可得下面结论成立.

命题 3.2.4　当 k 充分大时, 矩阵

$$U_k := \begin{pmatrix} P_k H(z^*, \widetilde{v}^*, 0) & R_k \\ R_k^{\mathrm{T}} & 0 \end{pmatrix} \tag{3.2.43}$$

非奇异, 且存在一个常数 $\bar{\mu} > 0$, 使得 $\quad \|U_k^{-1}\| \leqslant \bar{\mu}$.

基于以上准备, 下面给出算法 3.2.1 的超线性收敛性结果及证明.

定理 3.2.4　若假设 3.1.3, 3.2.1–3.2.4 均成立, 如果 $\mu_k = o(\|dz^k\|)$ (等价于 $\mu_k = o(\|ds^k\|)$), 则算法 3.2.1 是 (一步) 超线性收敛的, 即其产生的点列 $\{z^k\}$ 满足 $\|z^{k+1} - z^*\| = o(\|z^k - z^*\|)$.

证明　为获得结论, 只需证明对任何无限子集 $\mathcal{K} \subseteq \{0, 1, 2, \cdots\}$, 存在一个子集 $\mathcal{K}' \subseteq \mathcal{K}$, 使得 $\|z^{k+1} - z^*\| = o(\|z^k - z^*\|)$ $(k \in \mathcal{K}')$ 成立. 对给定的无限子集 $\mathcal{K}$, 由于 $\mathcal{J}_k$ 仅有有限种取法, 故存在一个无限子集 $\mathcal{K}' \subseteq \mathcal{K}$, 使得 $\mathcal{J}_k \equiv \widetilde{\mathcal{J}}$, $\forall\, k \in \mathcal{K}'$. 定义

$$u^k := D_k(N\ M)ds^k + \Gamma_w^k v^k, \quad g(z, \mu_k) := \begin{pmatrix} \nabla f(s) \\ 0 \end{pmatrix} + R(z, \mu_k)\widetilde{u}^*, \tag{3.2.44}$$

$$\widetilde{u}^k := \begin{pmatrix} \lambda_{\widetilde{\mathcal{J}}}^k \\ u^k \\ v^k \end{pmatrix}, \quad \widetilde{u}^* := \begin{pmatrix} \lambda_{\widetilde{\mathcal{J}}}^* \\ u^* \\ \widetilde{v}^* \end{pmatrix}, \quad h(z, \mu_k) := \begin{pmatrix} A_{\widetilde{\mathcal{J}}}x - b_{\widetilde{\mathcal{J}}} \\ Nx + My - w + q \\ \Phi(y, w, \mu_k) \end{pmatrix}, \tag{3.2.45}$$

其中 u^* 和 $\widetilde{v}^*$ 由定理 3.2.2 (3) 定义. 综合 (3.2.5)–(3.2.6), (3.2.41)–(3.2.42) 和 (3.2.44)–(3.2.45), KKT 条件 (3.2.23) 可改写为

$$\left(\nabla f(s^k)^{\mathrm{T}}, 0\right)^{\mathrm{T}} + B_k dz^k + R_k \widetilde{u}^k = 0, \quad R_k^{\mathrm{T}} dz^k + h(z^k, \mu_k) = 0. \tag{3.2.46}$$

由定理 3.2.2 (3) 知 $(z^*, \lambda^*, u^*, \widetilde{v}^*)$ 是标准非线性规划 (3.1.12) 的 KKT 点对, 且 $I_*^+ \subseteq \widetilde{\mathcal{J}} \subseteq I^*$, 故 $g(z^*, 0) = 0$. 于是, 由 Taylor 展式和 (3.2.2) 及 (3.2.44), 有

$$g(z^*, \mu_k) = g(z^*, 0) + O(\mu_k) = O(\mu_k), \quad H(z^*, \widetilde{v}^*, \mu_k) = H(z^*, \widetilde{v}^*, 0) + O(\mu_k),$$

$$
\begin{aligned}
g(z^k, \mu_k) &= g(z^*, \mu_k) + \nabla_z g(z^*, \mu_k)^{\mathrm{T}}(z^k - z^*) + o(\|z^k - z^*\|) \\
&= H(z^*, \widetilde{v}^*, \mu_k)(z^k - z^*) + o(\|z^k - z^*\|) + O(\mu_k) \\
&= H(z^*, \widetilde{v}^*, 0)(z^k - z^*) + o(\|z^k - z^*\|) + O(\mu_k).
\end{aligned}
$$

由 (3.2.46) 和 (3.2.44), 并结合以上式子, 可得

$$
\begin{aligned}
-B_k dz^k - R_k \widetilde{u}^k &= \begin{pmatrix} \nabla f(s^k) \\ 0 \end{pmatrix} \\
&= g(z^k, \mu_k) - R_k \widetilde{u}^* \\
&= H(z^*, \widetilde{v}^*, 0)(z^k - z^*) - R_k \widetilde{u}^* + o(\|z^k - z^*\|) + O(\mu_k).
\end{aligned}
$$

注意到 $P_k R_k = 0$ 及 (3.2.39) 式和假设 3.2.4, 由上式有

$$
P_k H(z^*, \widetilde{v}^*, 0)(z^k - z^*) = -P_k B_k dz^k + o(\|z^k - z^*\|) + O(\mu_k).
$$

因此,

$$
\begin{aligned}
&P_k H(z^*, \widetilde{v}^*, 0)(z^{k+1} - z^*) = P_k H(z^*, \widetilde{v}^*, 0)(z^k + dz^k + \widehat{dz}^k - z^*) \\
&= P_k (H(z^*, \widetilde{v}^*, 0) - B_k) dz^k + o(\|dz^k\|) + o(\|z^k - z^*\|) + O(\mu_k) \\
&= o(\|dz^k\|) + o(\|z^k - z^*\|) + O(\mu_k).
\end{aligned} \tag{3.2.47}
$$

再者, 由 Taylor 展式 和 $h(z^*, 0) = 0$, 有

$$
\begin{aligned}
O(\mu_k) &= h(z^*, 0) + O(\mu_k) = h(z^*, \mu_k) \\
&= h(z^k, \mu_k) + \nabla_z h(z^k, \mu_k)^{\mathrm{T}}(z^* - z^k) + o(\|z^k - z^*\|) \\
&= h(z^k, \mu_k) + R_k^{\mathrm{T}}(z^* - z^k) + o(\|z^k - z^*\|).
\end{aligned}
$$

故

$$
R_k^{\mathrm{T}}(z^k - z^*) = h(z^k, \mu_k) + O(\mu_k) + o(\|z^k - z^*\|).
$$

注意到步长 $\tau_k \equiv 1$ 和 $\|\widehat{dz}^k\| = o(\|dz^k\|^2)$, 于是结合上式以及 (3.2.46), 可得

$$
\begin{aligned}
R_k^{\mathrm{T}}(z^{k+1} - z^*) &= R_k^{\mathrm{T}}(z^k + dz^k + \widehat{dz}^k - z^*) \\
&= R_k^{\mathrm{T}} dz^k + h(z^k, \mu_k) + o(\|dz^k\|) + o(\|z^k - z^*\|) + O(\mu_k) \\
&= o(\|dz^k\|) + o(\|z^k - z^*\|) + O(\mu_k).
\end{aligned} \tag{3.2.48}
$$

因此, 综合 (3.2.47)–(3.2.48) 以及 (3.2.43), 可得

$$
\begin{aligned}
&\begin{pmatrix} P_k H(z^*, \widetilde{v}^*, 0) & R_k \\ R_k^{\mathrm{T}} & 0 \end{pmatrix} \begin{pmatrix} z^{k+1} - z^* \\ 0 \end{pmatrix} \\
&= U_k \begin{pmatrix} z^{k+1} - z^* \\ 0 \end{pmatrix} = o(\|dz^k\|) + o(\|z^k - z^*\|) + O(\mu_k).
\end{aligned}
$$

结合命题 3.2.4 和 $\mu_k = o(\|dz^k\|)$, 由上式可得

$$\|z^{k+1} - z^*\| = o(\|z^k - z^*\|) + o(\|dz^k\|),$$

再注意到 $z^{k+1} = z^k + dz^k + \widehat{dz}^k$ 和 $\|\widehat{dz}^k\| = O(\|dz^k\|^2) = o(\|dz^k\|)$, 于是由文献 [13, 定理 1.1.31] 即得 $\|z^{k+1} - z^*\| = o(\|z^k - z^*\|)$.   □

3.3   超线性收敛的 SSLE 算法

上一节给出的超线性收敛 SQP 算法仍存在值得进一步改进的地方, 例如: 算法要求初始点必须满足约束中的 $Ax \leqslant b$, $w = Nx + My + q$; 算法每次迭代需解一个 QP 子问题以确定主搜索方向, 因此算法计算量较大, 不易求解大规模问题. 本节将使用序列线性方程组技术研究并建立 MPEC (3.0.1) 的一个超线性收敛的序列线性方程组 (SSLE) 算法. 该算法的主要特点为: ① 初始点只需满足约束中的 $w = Nx + My + q$ (如取 $x = 0$, $y = 0$, $w = q$ 即可); ② 算法使用了一个特殊的罚函数作为效益函数; ③ 每次迭代的主搜索方向通过求解两个具有相同系数的线性方程组产生; ④ 罚参数由算法自动更新, 且仅需更新有限次.

本节主要内容取自著者的工作 [69] 和文献 [13] 的 11.3 节.

3.3.1   算法导出及适定性

除本章开头约定的通用记号外, 为方便起见, 本节新引进如下记号:

$$X_e := \{z = (x, y, w) \in \mathbb{R}^{n+m+m} \mid w = Nx + My + q\}, \tag{3.3.1}$$

$$\varphi(z) := \varphi(x) = \max_{j \in I}\{0;\ a_j x - b_j,\ z \in X_e\}, \tag{3.3.2}$$

$$I_0(z) := \{j \in I \mid \varphi(x) = a_j x - b_j,\ z \in X_e\}. \tag{3.3.3}$$

由于本节算法的迭代是在 X_e 中进行的, 故需将假设 3.2.1 加强为以下形式:

假设 3.3.1   (1) MPEC (3.0.1) 中的矩阵 M 是一个 P_0 阵, 即所有主子式非负;

(2) 对任意 $z \in X_e$, 矩阵 A 的行向量组 $\{a_j \mid j \in I_0(z)\}$ 线性无关.

在 MPEC (3.0.1) 的扰动问题 (3.1.4) 中, 本节选用广义互补函数 (3.1.7), 即

$$\phi(a, b, \mu) = a + b - \sqrt{a^2 + b^2 + \lambda ab + (2 - \lambda)\mu}, \quad \lambda \in (-2, 2).$$

此时

$$\phi_a'(a, b, \mu) = \frac{\partial \phi(a, b, \mu)}{\partial a} = 1 - \frac{2a + \lambda b}{2\sqrt{a^2 + b^2 + \lambda ab + (2 - \lambda)\mu}}, \tag{3.3.4}$$

$$\phi_b'(a, b, \mu) = \frac{\partial \phi(a, b, \mu)}{\partial b} = 1 - \frac{2b + \lambda a}{2\sqrt{a^2 + b^2 + \lambda ab + (2 - \lambda)\mu}}, \qquad (3.3.5)$$

由此可见, (3.1.15) 中的关系式在本节仍成立; 此外, (3.1.13) 有如下具体形式:

$$\bar{v}_i^* = \begin{cases} \dfrac{2}{2 - \lambda} w_i^* v_i^*, & \text{若 } i \in I_{cy}(z^*), \\ \dfrac{2}{2 - \lambda} y_i^* v_i^*, & \text{若 } i \in I_{cw}(z^*). \end{cases} \qquad (3.3.6)$$

与前两节类似, 借助于广义互补函数 Φ, 可将扰动问题 (3.1.4) 转化为等价的标准非线性规划 (3.1.12), 亦即

$$\begin{aligned} \min \ & f(x, y) \\ \text{s.t. } & Ax \leqslant b, \\ & w = Nx + My + q, \\ & \Phi(y, w, \mu) = 0. \end{aligned} \qquad (3.3.7)$$

对于问题 (3.3.7) 的近似解 z^k, 为产生改进方向, 考虑解线性方程组:

$$\begin{pmatrix} B_k & U_k^{\mathrm{T}} \\ U_k & 0 \end{pmatrix} \begin{pmatrix} dz \\ \omega \end{pmatrix} = - \begin{pmatrix} \nabla f(s^k) \\ 0_{m \times 1} \\ A_{J_k} x^k - b_{J_k} \\ Nx^k + My^k + q - w^k \\ \Phi(t^k, \mu_k) \end{pmatrix}, \qquad (3.3.8)$$

其中 $B_k \in \mathbb{R}^{(n+2m) \times (n+2m)}$, $\omega = (\lambda, u, v) \in \mathbb{R}^{|J_k|} \times \mathbb{R}^m \times \mathbb{R}^m$, J_k 为按某种方法产生的 I 的子集 (见后面算法的步骤 1), 以及

$$A_{J_k} = (a_j, \ j \in J_k), \quad b_{J_k} = (b_j, \ j \in J_k), \quad U_k := U(z^k, \mu_k) = \begin{pmatrix} A_{J_k} & 0 & 0 \\ N & M & -E_m \\ 0 & \Gamma_y^k & \Gamma_w^k \end{pmatrix}.$$

根据 3.2.1 小节关于矩阵 B_k 选取的分析, 我们仍选取 B_k 为如下简便形式:

$$B_k = \begin{pmatrix} C_k & 0 \\ 0 & D_k \end{pmatrix}, \quad C_k \in \mathbb{R}^{(n+m) \times (n+m)}, \ D_k \in \mathbb{R}^{m \times m}. \qquad (3.3.9)$$

这样, 若 z^k 满足 $w^k = Nx^k + My^k + q$, 则线性方程组 (3.3.8) 可等价地转换为规模更小的线性方程组:

$$\begin{pmatrix} H_k & G_k^{\mathrm{T}} \\ G_k & 0 \end{pmatrix} \begin{pmatrix} ds \\ \varpi \end{pmatrix} = - \begin{pmatrix} \nabla f(s^k) \\ h(z^k, \mu_k) \end{pmatrix}, \qquad (3.3.10)$$

其中

$$H_k := C_k + (N \quad M)^{\mathrm{T}} D_k (N \quad M), \tag{3.3.11}$$

$$G_k := \begin{pmatrix} A_{J_k} & 0 \\ \Gamma_w^k N & \Gamma_y^k + \Gamma_w^k M \end{pmatrix}, \quad \widetilde{h}(z^k, \mu_k) := \begin{pmatrix} A_{J_k} x^k - b_{J_k} \\ \Phi(t^k, \mu_k) \end{pmatrix}. \tag{3.3.12}$$

记线性方程组 (3.3.10) 的解为 ds_0^k 及 $\varpi_0^k := \begin{pmatrix} \lambda_{0,J_k}^k \\ v_0^k \end{pmatrix}$. 如果直接将 ds_0^k 作为搜索方向, 则既不能保证算法的收敛性, 也不能保证克服 Maratos 效应. 为此本节采用与 (3.3.10) 具有同系数矩阵的两个线性方程组对其进行修正, 一个是

$$\begin{pmatrix} H_k & G_k^{\mathrm{T}} \\ G_k & 0 \end{pmatrix} \begin{pmatrix} ds \\ \varpi \end{pmatrix} = - \begin{pmatrix} \nabla f(s^k) \\ \widetilde{h}(z^k, \mu_k) - \eta^k \end{pmatrix}, \tag{3.3.13}$$

其中 η^k 的分量为

$$\eta_j^k = \begin{cases} (\lambda_{0,j}^k)^3, & \text{如果 } \lambda_{0,j}^k \leqslant 0 \text{ 且 } j \in J_k; \\ 0, & \text{其他,} \end{cases} \tag{3.3.14}$$

另一个是

$$\begin{pmatrix} H_k & G_k^{\mathrm{T}} \\ G_k & 0 \end{pmatrix} \begin{pmatrix} ds \\ \varpi \end{pmatrix} = - \begin{pmatrix} \nabla f(s^k) \\ \widetilde{h}(z^k + dz^k, \mu_k) + \widetilde{h}(z^k, \mu_k) \end{pmatrix}, \tag{3.3.15}$$

上式中 dz^k 由线性方程组 (3.3.13) 的解 ds^k 生成.

另一方面, 根据 (3.3.4)–(3.3.5), 不难验证下面不等式成立:

$$0 < \phi_a'(a, b, \mu), \quad \phi_b'(b, a, \mu) < 2, \quad \forall (a, b, \mu) \in \mathbb{R} \times \mathbb{R} \times \mathbb{R}_{++}. \tag{3.3.16}$$

引理 3.3.1　假设 M 是 P_0 矩阵, $z^k \in X_e$, 参数 $\mu_k > 0$, 矩阵 H_k 正定, 下标集 J_k 使得矩阵 A_{J_k} 行满秩, 则

(1) 线性方程组 (3.3.10), (3.3.13) 以及 (3.3.14) 均有唯一解;

(2) 矩阵 $G_k H_k^{-1} G_k^{\mathrm{T}}$ 是对称正定的.

证明　(1) 因线性方程组 (3.3.10), (3.3.13) 及 (3.3.14) 的系数矩阵均相同, 所以只需证明线性方程组 (3.3.10) 的系数矩阵非奇异即可. 由 (3.3.16) 立知对角阵 Γ_y^k 及 Γ_w^k 均是正定的. 又因 M 是 P_0 阵, 所以由引理 3.2.2 的证明过程可知矩阵 $\Gamma_y^k + \Gamma_w^k M$ 是非奇异的. 又 A_{J_k} 是行满秩的, 故由 (3.3.12) 知 G_k 也是行满秩的. 再注意到 H_k 是正定的, 易推知线性方程组 (3.3.10) 的系数矩阵是非奇异的, 于是线性方程组 (3.3.10), (3.3.13) 及 (3.3.14) 均有唯一解.

(2) 由 G_k 的行满秩及 H_k 的正定性易知矩阵 $G_k H_k^{-1} G_k^{\mathrm{T}}$ 的正定性. □

本节算法采用如下特殊形式的罚函数作为效益函数用于步长搜索:

$$
\begin{aligned}
\theta(z, \alpha, \mu) &= f(x, y) + \alpha \varphi(x) + \alpha \sum_{i \in I_c} |\phi(y_i, w_i, \mu)| \\
&= f(s) + \alpha \varphi(x) + \alpha \|\Phi(t, \mu)\|_1,
\end{aligned}
\tag{3.3.17}
$$

其中 $\alpha > 0$ 为罚函数, 在算法中自动调整. 该罚函数对于线性等式约束并不惩罚, 而且不等式约束 $Ax \leqslant b$ 用的是惩罚项 $\varphi(x)$, 而不是通常的 $\sum_{j \in I} \max\{0, a_j x - b_j\}$.

下面详细描述算法的具体步骤.

算法 3.3.1

初始步 选取参数 $\widehat{\varepsilon} > 0$ 充分小, $\lambda \in (-2, 2)$, α_{-1}, δ, $\varepsilon_{-1} > 0$, $0 < \beta$, $\sigma < 1$; 选取参数列 $\{\mu_i\}$ 满足

$$
\mu_i > 0, \quad \mu_{i+1} < \mu_i, \quad \lim_{i \to \infty} \mu_i = 0, \quad \lim_{i \to \infty} \frac{\mu_{i+1}}{\mu_i^\gamma} = \overline{\eta} \in (0, 1), \quad \gamma \in (1, 2); \tag{3.3.18}
$$

选取初始点 $z^0 = (x^0, y^0, w^0) \in X_e$, 选取形如 (3.3.9) 的且使得由 (3.3.11) 定义的 H_0 正定的对称矩阵 B_0. 令 $k = 0$.

步骤 1 转轴运算产生 J_k. (1) 令 $i = 0$, $\varepsilon_{k,i} = \varepsilon_{k-1}$;

(2) 计算集合及矩阵

$$
J_{k,i} = \{j \in I \mid 0 \leqslant \varphi(x^k) - (a_j x^k - b_j) \leqslant \varepsilon_{k,i}\}, \quad A_{J_{k,i}} = (a_j, \ j \in J_{k,i});
$$

(3) 若 $\det(A_{J_{k,i}} A_{J_{k,i}}^{\mathrm{T}}) \geqslant \varepsilon_{k,i}$, 则令 $J_k = J_{k,i}$, $\varepsilon_k = \varepsilon_{k,i}$, 进入步骤 2, 否则, 令 $i := i+1$, $\varepsilon_{k,i} = \frac{1}{2}\varepsilon_{k,i-1}$, 返回 (2).

步骤 2 计算 $\Phi(y^k, w^k, \mu_k)$. 若 $\Phi(y^k, w^k, \mu_k) \neq 0$, 或 $\Phi(y^k, w^k, \mu_k) = 0$ 且 $\mu_k < \widehat{\varepsilon}$, 则转步骤 3; 否则, 取 $\mu_k' \in (\mu_{k+1}, \mu_k)$, 令 $\mu_k = \mu_k'$, 重新计算 $\Phi(y^k, w^k, \mu_k)$ (此时 $\Phi(y^k, w^k, \mu_k) \neq 0$, 见后面引理 3.3.2), 进入步骤 3.

步骤 3 计算搜索方向.

步骤 3.1 解线性方程组 (3.3.10) 得解 ds_0^k 及 $\varpi_0^k := \begin{pmatrix} \lambda_{0,J_k}^k \\ v_0^k \end{pmatrix}$, 其中 $\lambda_{0,J_k}^k = (\lambda_{0,j}^k, j \in J_k)$, $v_0^k = (v_{0,i}^k, \ i \in I_c)$. 计算

$$
dw_0^k = N dx_0^k + M dy_0^k, \quad dz_0^k = (ds_0^k, dw_0^k). \tag{3.3.19}
$$

如果 $ds_0^k = 0$, $\lambda_{0,j}^k \geqslant 0$, $\forall j \in J_k$, 则 z^k 是问题 (3.3.7) ($\mu = \mu_k$) 的 KKT 点, 且此时 $\mu_k < \widehat{\varepsilon}$, 因此, z^k 是 MPEC (3.0.1) 可接受的近似稳定点, 算法终止; 否则转入步骤 3.2.

步骤 3.2　解线性方程组 (3.3.13) 得解 ds^k 及 $\varpi^k := \begin{pmatrix} \lambda_{J_k}^k \\ v^k \end{pmatrix}$. 计算

$$dw^k = Ndx^k + Mdy^k, \quad dz^k = (ds^k, dw^k). \tag{3.3.20}$$

步骤 3.3　解线性方程组 (3.3.15) 得解 $\widehat{ds}^k$ 及 $\widehat{\varpi}^k := \begin{pmatrix} \widehat{\lambda}_{J_k}^k \\ \widehat{v}^k \end{pmatrix}$. 令

$$\widehat{dw}^k = N\widehat{dx}^k + M\widehat{dy}^k, \quad \widehat{dz}^k = (\widehat{ds}^k, \widehat{dw}^k). \tag{3.3.21}$$

若 $\|\widehat{dz}^k - dz^k\| > \|dz^k\|$, 则重置 $\widehat{dz}^k = dz^k$.

步骤 4　更新罚参数. 记 $\lambda_0^k = (\lambda_{0,j}^k, \ j \in I)$, $\lambda^k = (\lambda_j^k, \ j \in I)$, 其中

$$\lambda_{0,j}^k = \begin{cases} \lambda_{0,j}^k, & j \in J_k, \\ 0, & j \notin J_k; \end{cases} \qquad \lambda_j^k = \begin{cases} \lambda_j^k, & j \in J_k, \\ 0, & j \notin J_k. \end{cases}$$

定义

$$\xi_k = \max \left\{ \|\lambda_0^k\|_1, \|\lambda^k\|_1, \|v_0^k\|_1, \|v^k\|_1, \|2\lambda_0^k - \lambda^k\|_1, \|2v_0^k - v^k\|_1 \right\}, \tag{3.3.22}$$

罚参数 α_k 的更新公式如下:

$$\alpha_k = \begin{cases} \alpha_{k-1}, & \text{如果 } \alpha_{k-1} \geqslant \xi_k + \delta, \\ \max\{\xi_k + \delta, \ \alpha_{k-1} + 2\delta\}, & \text{其他}. \end{cases} \tag{3.3.23}$$

步骤 5　曲线搜索. 令步长 τ_k 为数列 $\{1, \beta, \beta^2, \cdots\}$ 中满足下式的最大值 τ:

$$\theta(z^k + \tau dz^k + \tau^2(\widehat{dz}^k - dz^k), \alpha_k, \mu_k) \leqslant \theta(z^k, \alpha_k, \mu_k) + \sigma\tau\psi(z^k, dz^k, \alpha_k, \mu_k), \tag{3.3.24}$$

其中下降量

$$\psi(z^k, dz^k, \alpha_k, \mu_k) = \nabla f(s^k)^{\mathrm{T}} ds^k - \alpha_k\varphi(x^k) - \alpha_k\|\Phi(t^k, \mu_k)\|_1 + \frac{1}{2}(ds_0^k)^{\mathrm{T}} H_k ds_0^k. \tag{3.3.25}$$

步骤 6　产生新的迭代点 $z^{k+1} = z^k + \tau_k dz^k + \tau_k^2(\widehat{dz}^k - dz^k)$, 用某种方法产生新的形如 (3.3.9) 的对称阵 B_{k+1}, 并使得由 (3.3.11) 定义的矩阵 H_{k+1} 正定. 令 $k := k+1$, 返回步骤 1.

下面两个引理阐述了算法 3.3.1 的基本性质及适定性, 其详细证明可参阅文献 [69].

引理 3.3.2 若假设 3.3.1 成立, 则

(1) 算法 3.3.1 产生的点列 $\{z^k\}$ 满足 $w^k = Nx^k + My^k + q$, 即 $z^k \in X_e$;

(2) 对于每个迭代点 z^k, 步骤 1 中的转轴运算可有限步终止, 且如果算法 3.3.1 产生的点列 $\{z^k\}$ 有界, 则存在常数 $\bar{\varepsilon} > 0$, 使得 $\varepsilon_k \geqslant \bar{\varepsilon}$, $\forall k$;

(3) 若 $\Phi(y^k, w^k, \mu_k) = 0$, 则当 $\mu'_k < \mu_k$ 时 $\Phi(y^k, w^k, \mu'_k) \neq 0$.

通过简单计算可得到线性方程组 (3.3.10) 和 (3.3.13) 的解满足以下关系式:

$$ds_0^k = -Q_k \nabla f(s^k) - \Lambda_k \widetilde{h}(z^k, \mu_k), \tag{3.3.26a}$$

$$\varpi_0^k = -\Lambda_k^{\mathrm{T}} \nabla f(s^k) + (G_k H_k^{-1} G_k^{\mathrm{T}})^{-1} \widetilde{h}(z^k, \mu_k), \tag{3.3.26b}$$

$$ds^k = ds_0^k + \Lambda_k \eta_k, \quad \varpi^k = \varpi_0^k - (G_k H_k^{-1} G_k^{\mathrm{T}})^{-1} \eta_k, \tag{3.3.26c}$$

其中

$$Q_k := H_k^{-1} - H_k^{-1} G_k^{\mathrm{T}} (G_k H_k^{-1} G_k^{\mathrm{T}})^{-1} G_k H_k^{-1}, \tag{3.3.27}$$

$$\Lambda_k := H_k^{-1} G_k^{\mathrm{T}} (G_k H_k^{-1} G_k^{\mathrm{T}})^{-1}. \tag{3.3.28}$$

引理 3.3.3 若假设 3.3.1 成立, 且 H_k 正定, 则

(1) 对任意的正整数 k, 下降量 $\psi(z^k, dz^k, \alpha_k, \mu_k) < 0$;

(2) 对充分小的正数 τ, 曲线搜索不等式 (3.3.24) 恒成立, 从而算法 3.3.1 是适定的.

证明 (1) 由 (3.3.25)–(3.3.26), 有

$$\psi(z^k, dz^k, \alpha_k, \mu_k)$$
$$= \nabla f(s^k)^{\mathrm{T}} ds^k - \alpha_k \varphi(x^k) - \alpha_k \|\Phi(t^k, \mu_k)\|_1 + \frac{1}{2}(ds_0^k)^{\mathrm{T}} H_k ds_0^k$$
$$= \nabla f(s^k)^{\mathrm{T}} (ds_0^k + \Lambda_k \eta_k) - \alpha_k \varphi(x^k) - \alpha_k \|\Phi(t^k, \mu_k)\|_1 + \frac{1}{2}(ds_0^k)^{\mathrm{T}} H_k ds_0^k$$
$$= \nabla f(s^k)^{\mathrm{T}} ds_0^k + (\Lambda_k^{\mathrm{T}} \nabla f(s^k))^{\mathrm{T}} \eta_k - \alpha_k \varphi(x^k) - \alpha_k \|\Phi(t^k, \mu_k)\|_1$$
$$\quad + \frac{1}{2}(ds_0^k)^{\mathrm{T}} H_k ds_0^k. \tag{3.3.29}$$

由 (3.3.10), 得

$$\nabla f(s^k)^{\mathrm{T}} ds_0^k = -(ds_0^k)^{\mathrm{T}} H_k ds_0^k - (\lambda_{0,J_k}^k)^{\mathrm{T}} (A_{J_k} \ \ 0) ds_0^k - (v_0^k)^{\mathrm{T}} (\Gamma_w^k N \ \ \Gamma_y^k + \Gamma_w^k M) ds_0^k. \tag{3.3.30}$$

而由 (3.3.26), 并结合 (3.3.12), 有

$$\Lambda_k^{\mathrm{T}} \nabla f(s^k) = (G_k H_k^{-1} G_k^{\mathrm{T}})^{-1} \begin{pmatrix} A_{J_k} x^k - b_{J_k} \\ \Phi(t^k, \mu_k) \end{pmatrix} - \varpi_0^k, \tag{3.3.31}$$

将 (3.3.30) 和 (3.3.31) 代入 (3.3.29), 并结合 (3.3.26) 与 (3.3.14), 可得

$$
\begin{aligned}
&\psi(z^k, dz^k, \alpha_k, \mu_k) \\
&= -\frac{1}{2}(ds_0^k)^{\mathrm{T}} H_k ds_0^k + \sum_{j \in J_k}(2\lambda_{0,j}^k - \lambda_j^k)(a_j x^k - b_j) + \sum_{i \in I_c}(2v_{0,i}^k - v_i^k)\phi(t_i^k, \mu_k) \\
&\quad -\alpha_k \varphi(x^k) - \alpha_k \|\Phi(t^k, \mu_k)\|_1 - \sum_{j \in J_k, \lambda_{0,j}^k < 0}(\lambda_{0,j}^k)^4 \\
&\leqslant -\frac{1}{2}(ds_0^k)^{\mathrm{T}} H_k ds_0^k - \left(\alpha_k \varphi(x^k) - \sum_{j \in J_k}(2\lambda_{0,j}^k - \lambda_j^k)(a_j x^k - b_j)\right) \\
&\quad + \sum_{i \in I_c}\left((|2v_{0,i}^k - v_i^k| - \alpha_k)|\phi(t_i^k, \mu_k)|\right) - \sum_{j \in J_k, \lambda_{0,j}^k < 0}(\lambda_{0,j}^k)^4.
\end{aligned}
$$

从而, 由 (3.3.23) 及 $\varphi(x^k)$ 的定义 (见 (3.3.2) 式) 即知

$$
\psi(z^k, dz^k, \mu_k) \leqslant -\frac{1}{2}(ds_0^k)^{\mathrm{T}} H_k ds_0^k - \sum_{j \in J_k, \lambda_{0,j}^k < 0}(\lambda_{0,j}^k)^4 < 0. \tag{3.3.32}
$$

(2) 为方便起见, 令

$$
\begin{aligned}
T_1 &:= f(s^k + \tau ds^k + \tau^2(\widehat{ds}^k - ds^k)) - f(s^k), \\
T_2 &:= \varphi(x^k + \tau dx^k + \tau^2(\widehat{dx}^k - dx^k)) - \varphi(x^k), \\
T_3 &:= \sum_{i \in I_c}\left(|\phi(t_i^k + \tau dt_i^k + \tau^2(\widehat{dt}_i^k - dt_i^k), \mu_k)| - |\phi(t_i^k, \mu_k)|\right).
\end{aligned}
$$

于是由 (3.3.17), 可知

$$
\begin{aligned}
&\theta(z^k + \tau dz^k + \tau^2(\widehat{dz}^k - dz^k), \alpha_k, \mu_k) - \theta(z^k, \alpha_k, \mu_k) \\
&= T_1 + \alpha_k T_2 + \alpha_k T_3.
\end{aligned} \tag{3.3.33}
$$

为证明结论 (2), 需证明对充分小的正数 τ, 有 $T_1 + \alpha_k T_2 + \alpha_k T_3 \leqslant 0$. 显然, 对充分小的 τ, 有 $\widehat{I}(\tau) := I_0(z^k + \tau dz^k + \tau^2(\widehat{dz}^k - dz^k)) \subseteq I_0(z^k)$, 从而有

$$
\begin{aligned}
T_2 &= \max\{0; \ a_j(x^k + \tau dx^k + \tau^2(\widehat{dx}^k - dx^k)) - b_j, \ j \in I\} \\
&\quad - \max\{0; \ a_j x^k - b_j, \ j \in I\} \\
&= \max\{0; \ a_j(x^k + \tau dx^k + \tau^2(\widehat{dx}^k - dx^k)) - b_j, \ j \in \widehat{I}(\tau)\} \\
&\quad - \max\{0; \ a_j x^k - b_j, \ j \in I_0(z^k)\} \\
&\leqslant \max\{0; \ a_j(x^k + \tau dx^k + \tau^2(\widehat{dx}^k - dx^k)) - b_j, \ j \in I_0(z^k)\} \\
&\quad - \max\{0; \ a_j x^k - b_j, \ j \in I_0(z^k)\}
\end{aligned}
$$

$$= \max\{0;\ (a_j x^k - b_j) + \tau a_j dx^k,\ j \in I_0(z^k)\}$$
$$- \max\{0;\ a_j x^k - b_j,\ j \in I_0(z^k)\} + o(\tau). \qquad (3.3.34)$$

注意到 $\widetilde{g}_k(\tau) := \max\{0;\ (a_j x^k - b_j) + \tau a_j dx^k,\ j \in I_0(z^k)\}$ 是 τ 的凸函数, 故有

$$\begin{aligned}
\widetilde{g}_k(\tau) &= \widetilde{g}_k((1-\tau)0 + \tau \times 1) \\
&\leqslant (1-\tau)\widetilde{g}_k(0) + \tau \widetilde{g}_k(1) \\
&\leqslant (1-\tau)\max\{0;\ a_j x^k - b_j,\ j \in I_0(z^k)\ \} \\
&\quad + \tau \max\{0;\ a_j x^k - b_j + a_j dx^k,\ j \in I_0(z^k)\}.
\end{aligned}$$

将上式代入 (3.3.34), 得

$$\begin{aligned}
T_2 &\leqslant -\tau \max\{0;\ a_j x^k - b_j,\ j \in I_0(z^k)\} \\
&\quad + \tau \max\{0;\ a_j x^k - b_j + a_j dx^k,\ j \in I_0(z^k)\} + o(\tau) \\
&= -\tau \varphi(x^k) + \tau \max\{0;\ a_j x^k - b_j + a_j dx^k,\ j \in I_0(z^k)\} + o(\tau).
\end{aligned}$$

另一方面, 由 (3.3.13) 知 $a_j x^k - b_j + a_j dx^k = \eta_j^k \leqslant 0,\ j \in I_0(z^k) \subseteq J_k$, 于是

$$T_2 \leqslant -\tau \varphi(x^k) + o(\tau). \qquad (3.3.35)$$

关于 T_1 及 T_3, 分别利用 Taylor 展开式, 可得

$$T_1 = f(s^k + \tau ds^k + \tau^2(\widehat{ds}^k - ds^k)) - f(s^k) = \tau \nabla f(s^k)^{\mathrm{T}} ds^k + o(\tau), \qquad (3.3.36)$$

$$\begin{aligned}
T_3 &= \sum_{i \in I_c}(|\phi(t_i^k + \tau dt_i^k + \tau^2(\widehat{dt}_i^k - dt_i^k), \mu_k)| - |\phi(t_i^k, \mu_k)|) \\
&= \sum_{i \in I_c}(|\phi(t_i^k, \mu_k) + \tau \nabla\phi(t_i^k, \mu_k)dt_i^k + o(\tau)| - |\phi(t_i^k, \mu_k)|) \\
&\leqslant \sum_{i \in I_c}(|\phi(t_i^k, \mu_k) + \tau \nabla\phi(t_i^k, \mu_k)dt_i^k| - |\phi(t_i^k, \mu_k)|) + o(\tau)
\end{aligned}$$

又由 (3.3.13) 知 $\nabla\phi(t_i^k, \mu_k)dt_i^k = -\phi(t_i^k, \mu_k)$, 进而有

$$\begin{aligned}
T_3 &\leqslant \sum_{i \in I_c}\left((1-\tau)|\phi(t_i^k, \mu_k)| - |\phi(t_i^k, \mu_k)|\right) + o(\tau) \\
&= \sum_{i \in I_c}(-\tau)|\phi(t_i^k, \mu_k)| + o(\tau) \qquad (3.3.37)
\end{aligned}$$

因此, 由 (3.3.35)–(3.3.37) 及 (3.3.25), 有

$$T_1 + \alpha_k T_2 + \alpha_k T_3 \leqslant \tau(\nabla f(s^k)^{\mathrm{T}} ds^k - \alpha_k \varphi(x^k) - \alpha_k \sum_{i \in I_c}|\phi(t_i^k, \mu_k)|) + o(\tau)$$

$$\leqslant \tau \psi(z^k, dz^k, \alpha_k, \mu_k) + o(\tau). \tag{3.3.38}$$

此结合 $\psi(z^k, dz^k, \alpha_k, \mu_k) < 0$ 可知, $T_1 + \alpha_k T_2 + \alpha_k T_3 \leqslant 0$ 对充分小的正数 τ 成立, 从而结论 (2) 获证. □

3.3.2　算法的收敛性与收敛速度

在适当的假设条件下, 可以获得算法 3.3.1 的全局收敛性、强收敛性以及超线性收敛速度. 下面略列主要结论, 不再给出其分析论证过程, 有兴趣的读者可详阅文献 [69] 或文献 [13]11.3 节.

定理 3.3.1　若假设 3.1.3, 3.2.2 及 3.3.1 成立. 则算法 3.3.1 具有以下性质:
(1) 存在一个正整数 k_0, 使得 $\alpha_k \equiv \alpha_{k_0}, \forall k \geqslant k_0$;
(2) 数列 $\{\theta(z^k, \alpha, \mu_k)\}$ 和 $\{\theta(z^{k+1}, \alpha, \mu_k)\}$ 均收敛, 且收敛到同一极限;
(3) 算法 3.3.1 产生的点列 $\{z^k\}$ 的任意极限点都是 MPEC (3.0.1) 的稳定点. 为获得算法 3.3.1 的强收敛性和超线性收敛性, 需要以下二阶假设条件.

假设 3.3.2　算法 3.3.1 产生的序列 $\{z^k\}$ 存在一个聚点 z^*, 使得满足 (3.1.3) 的稳定点对 (z^*, λ^*, v^*) 满足假设 3.2.3 的二阶充分条件成立, 且 (上层) 严格互补条件成立, 即 $\lambda_j^* > 0, \forall j \in I(z^*)$.

算法 3.3.1 产生的序列具有以下重要性质.

定理 3.3.2　若假设 3.1.3, 3.2.2, 3.3.1–3.3.2 均成立, 则以下结论成立:
(1) $\lim\limits_{k\to\infty} dz_0^k = \lim\limits_{k\to\infty} dz^k = 0.$
(2) $\lim\limits_{k\to\infty} \|z^{k+1} - z^k\| = 0.$
(3) $\lim\limits_{k\to\infty} z^k = z^*$, 即算法 3.3.1 是强收敛的.
(4) 当 k 充分大时, 算法步骤 2 产生的指标集 $J_k \equiv I(z^*)$.
(5) 若假设 3.2.4 的二阶逼近条件 (此时的 v^k 对应于算法 3.3.1 中的 v_0^k) 亦成立, 则

(5a) 当 k 充分大时, 算法 3.3.1 的步长 $\tau_k \equiv 1$;
(5b) 如 $\mu_k = o(\|dz^k\|)$, 则 $\|z^{k+1} - z^*\| = o(\|z^k - z^*\|)$, 从而算法 3.3.1 是超线性收敛的.

3.4　数　值　试　验

本节对本章所介绍的 3 个求解线性互补约束优化 MPEC (3.0.1) 的算法 3.1.1、算法 3.2.1 和算法 3.3.1 进行初步的数值试验, 并对其数值结果进行了比较. 使用 MATLAB 编程, 并在 Pentium III PC 上运行.

3.4.1　测试问题

测试的 4 个问题选自文献 [66].

例 3.4.1

$$\min f(x,y) = \frac{1}{2}x^2 + \frac{1}{2}xy - 95x$$
$$\text{s.t.}\ \ 0 \leqslant x \leqslant 200,$$
$$w = \frac{1}{2}x + 2y - 100,$$
$$0 \leqslant y \perp w \geqslant 0.$$

该问题的近似最优值为 $f(x^*, y^*) = -3.2666666666 \times 10^3$.

例 3.4.2　目标函数 $f(x,y) = \frac{1}{2}\left[(x_1 + x_2 + y_1 - 15)^2 + (x_1 + x_2 + y_2 - 15)^2\right]$, 约束条件中的各数据分别为

$$A = \begin{pmatrix} 1 & 0 \\ -1 & 0 \\ 0 & 1 \\ 0 & -1 \end{pmatrix}, \quad b = \begin{pmatrix} 10 \\ 0 \\ 10 \\ 0 \end{pmatrix},$$

$$M = \begin{pmatrix} 2 & \dfrac{8}{3} \\ \dfrac{5}{4} & 2 \end{pmatrix}, \quad N = \begin{pmatrix} \dfrac{8}{3} & 2 \\ 2 & \dfrac{5}{4} \end{pmatrix}, \quad q = \begin{pmatrix} -36 \\ -25 \end{pmatrix}.$$

该问题的最优值是 0, 且在有些最优解处非退化条件 (3.1.1) 不成立, 但利用算法 3.1.1、算法 3.2.1、算法 3.3.1 仍能求解该问题.

例 3.4.3　该问题选自文献 [70] 中的问题 10. 问题的下层约束中有一个严格凸二次规划, 这个二次规划可转化为等价的线性互补约束, 从而导出一个 $n = 4$, $m = 12$ 的线性互补约束优化问题. 详细数据见文献 [70].

例 3.4.4　目标函数为

$$f(x,y) = \frac{1}{2}x^{\mathrm{T}}x + \mathscr{E}^{\mathrm{T}}y, \quad \mathscr{E} = (1, \cdots, 1)^{\mathrm{T}} \in \mathbb{R}^m,$$

约束中的矩阵 M 是严格对角占优的 (即各对角线上的元素的绝对值大于它所在行其他非对角线上元素的绝对值之和, 从而是 P 阵, 即其所有主子式大于零). M 的非对角线上的元素随机产生, 介于 0 和 1 之间, 约束中的矩阵 N, A 及向量 q, b 的元素随机产生, 而且 q 和 b 是非负向量, (A, b) 满足 $A\mathscr{E} \leqslant b$. 这类问题的最优解为 $(x^*, y^*) = (0, 0)$.

3.4.2　参数和矩阵 B_k 的选取

在数值试验中各参数的选取如下:

$$\delta = 1, \quad \delta' = 2, \quad \alpha_{-1} = 10, \quad \beta = 0.5, \quad \sigma = 0.1, \quad \rho = 0.9, \quad \varepsilon_{-1} = 1,$$

$$\mu_{k+1} = 0.5\mu_k^\gamma, \quad \mu_0 = 0.6, \quad \bar{c} = 100, \quad \widehat{\varepsilon} = 10^{-8}, \quad \lambda = 0,$$

在具体试验中分别取 $\gamma = 1$ 及 $\gamma = 1.5$ 进行比较.

算法 3.1.1 和算法 3.2.1 的终止原则:

$$\|\Phi(y^k, w^k, 0)\|_\infty + \|dz^k\|_\infty \leqslant 10^{-8}. \tag{3.4.1}$$

算法 3.3.1 的终止原则:

$$\|ds_0^k\| < 10^{-8} \quad \text{且} \quad \lambda_{0,J_k}^k \geqslant 0. \tag{3.4.2}$$

为检验算法 3.2.1 和算法 3.3.1 的灵敏度和有效性, 依据 B_k 的计算公式 (3.2.5), 在测试中分别按如下 3 种形式选取矩阵 C_k 和 D_k:

$$C_k = \begin{pmatrix} \nabla_{xx}^2 f(s^k) & \nabla_{xy}^2 f(s^k) \\ \nabla_{yx}^2 f(s^k) & \nabla_{yy}^2 f(s^k) + \operatorname{diag}\left(v_i^{k-1}\dfrac{\partial^2 \phi(t_i^k, \mu_k)}{\partial a^2}\right) \end{pmatrix}, \tag{3.4.3a}$$

$$D_k = \operatorname{diag}\left(v_i^{k-1}\dfrac{\partial^2 \phi(t_i^k, \mu_k)}{\partial b^2}\right), \tag{3.4.3b}$$

$$C_k \equiv \begin{pmatrix} E_n & 0 \\ 0 & 0 \end{pmatrix}, \quad D_k \equiv 0, \tag{3.4.4}$$

$$C_k \equiv E_{n+m}, \quad D_k \equiv 0, \tag{3.4.5}$$

其中 $v^{-1} = (-1, \cdots, -1)^{\mathrm{T}} \in \mathbb{R}^m$.

注 3.4.1　(3.4.4) 和 (3.4.5) 的选取虽然不满足 B_k(一致) 的正定性要求, 但相应算法仍能有效执行, 且降低存储量和计算量, 达到满意的数值效果.

3.4.3　数值结果

数值结果列于表 3.4.1, 其中

• $Iter_A$, $Iter_B$ 和 $Iter_C$ 分别表示算法 3.1.1、算法 3.2.1 和算法 3.3.1 的总迭代次数;

• $\mathcal{N}$ 表示算法 3.2.1 迭代中进入步骤 5 (即修正步) 的次数;

• "fails" 表示迭代次数较多或在给定的精度内得不出近似解.

表 3.4.1 3 个算法的数值结果

问题	(p,m,n)	(x^0,y^0)	γ	B_k的计算	$\mathcal{N}$	$Iter_B$	$Iter_C$	$Iter_A$
例 3.4.1	(2,1,1)	(0,0)	1.0	(3.4.3)	0	23	19	23
				(3.4.4)	3	23	20	23
				(3.4.5)	1	23	18	23
			1.5	(3.4.3)	0	8	5	8
				(3.4.4)	17	29	23	34
				(3.4.5)	10	25	20	32
例 3.4.2	(4,2,2)	(0,0)	1.0	(3.4.3)	0	28	fails	28
				(3.4.4)	1	38	fails	48
				(3.4.5)	0	300	42	310
			1.5	(3.4.3)	0	8	fails	8
				(3.4.4)	1	31	fails	340
				(3.4.5)	0	297	18	302
例 3.4.4	(30,30,50)	(1,0)	1.0	(3.4.3)	0	27	37	28
				(3.4.4)	4	29	36	50
				(3.4.5)	4	28	35	30
			1.5	(3.4.3)	0	8	7	12
				(3.4.4)	1	8	7	11
				(3.4.5)	1	8	7	11
	(50,60,50)	(1,0)	1.0	(3.4.3)	0	29	38	30
				(3.4.4)	1	30	41	50
				(3.4.5)	4	29	39	31
			1.5	(3.4.3)	0	9	7	11
				(3.4.4)	1	9	7	12
				(3.4.5)	1	9	7	11
	(100,70,70)	(1,0)	1.0	(3.4.3)	0	29	40	31
				(3.4.4)	1	30	38	51
				(3.4.5)	3	29	38	32
			1.5	(3.4.3)	0	9	7	11
				(3.4.4)	1	9	7	11
				(3.4.5)	1	9	7	12
	(150,100,100)	(1,0)	1.0	(3.4.3)	0	28	40	38
				(3.4.4)	6	31	42	50
				(3.4.5)	1	31	44	38
			1.5	(3.4.3)	0	8	7	11
				(3.4.4)	2	9	7	11
				(3.4.5)	2	8	7	11

3.4.4 数值结果分析

表 3.4.1 的数值结果表明:

(1) 根据算法的迭代次数, 对于所有的测试例子, 算法 3.2.1 和算法 3.3.1 要比算法 3.1.1 好. 当然, 由于在一些迭代中算法 3.2.1 要进入步骤 5, 所以算法 3.2.1 的计算成本要比算法 3.1.1 稍高.

(2) 矩阵 C_k 和 D_k 的选取对于算法的实际数值表现有着明显的影响. 表 3.4.1 的数值结果表明选取法 (3.4.3) 和 (3.4.4) 比 (3.4.5) 更为有效, 尤其是对例 3.4.4 的后两种情形. 另外, 我们还测试了其他问题, 结果也显示选取法 (3.4.3) 和 (3.4.4) 比 (3.4.5) 有效、稳定.

(3) μ_k 的更新方式对算法的数值表现也有明显影响. 数值结果表明选择 $\mu_{k+1} = 0.5\mu_k^{1.5}$ (即 $\gamma = 1.5$) 要比 $\mu_{k+1} = 0.5\mu_k$ (即 $\gamma = 1.0$) 更为有效.

第 4 章　非线性互补约束优化的光滑算法

本章将讨论如下带非线性互补约束的 MPEC:

$$
\begin{aligned}
\min\ &f(x,y)\\
\text{s.t.}\ &g(x,y)\leqslant 0,\\
&0\leqslant F(x,y)\perp y\geqslant 0,
\end{aligned}
\tag{4.0.1}
$$

其中 $x\in\mathbb{R}^n$, $y\in\mathbb{R}^m$, 函数 $f:\mathbb{R}^{n+m}\mapsto\mathbb{R}, g=(g_1,\cdots,g_l)^{\mathrm{T}}:\mathbb{R}^{n+m}\mapsto\mathbb{R}^l$ 和 $F=(F_1,\cdots,F_m)^{\mathrm{T}}:\mathbb{R}^{n+m}\mapsto\mathbb{R}^m$ 至少是一阶连续可微函数.

多年来非线性互补约束优化的研究备受国内外学者的关注, 并提出了一批有效的方法, 如光滑化方法、松弛方法、罚函数法、增广 Lagrangian 方法等, 详见文献 [32, 66, 67, 70–80]. 本章主要介绍光滑化方法, 下面先简要介绍光滑化方法的基本思想.

首先, 通过引进向量 $w=F(x,y)$ 和扰动参数 $\mu>0$, 将 MPEC (4.0.1) 扰动为问题

$$
\begin{aligned}
\min_{x,y,w}\ &f(x,y)\\
\text{s.t.}\ &g(x,y)\leqslant 0,\ F(x,y)-w=0,\\
&y_iw_i=\tau\mu^\kappa,\ y_i\geqslant 0, w_i\geqslant 0, i=1,\cdots,m,
\end{aligned}
\tag{4.0.2}
$$

或

$$
\begin{aligned}
\min_{x,y,w,\mu}\ &f(x,y)\\
\text{s.t.}\ &g(x,y)\leqslant 0,\ F(x,y)-w=0,\\
&y_iw_i=\tau\mu^\kappa,\ y_i\geqslant 0, w_i\geqslant 0, i=1,\cdots,m,\\
&1-e^\mu=0,
\end{aligned}
\tag{4.0.3}
$$

其中 e 是 Euler 常数, τ 和 κ 是正的常数. 在问题 (4.0.2) 中, μ 是作为趋向于 0 的参变量, 且在算法的迭代中不断修正; 而在问题 (4.0.3) 中, μ 是作为独立的决策变量.

其次, 通过选择合适的广义互补函数 $\psi(a,b,\mu):\mathbb{R}^3\mapsto\mathbb{R}$, 将问题 (4.0.2) 或 (4.0.3) 分别等价转化为如下光滑非线性规划:

$$
\begin{aligned}
\min_{x,y,w}\ &f(x,y)\\
\text{s.t.}\ &g(x,y)\leqslant 0,\ F(x,y)-w=0,\\
&\Psi(y,w,\mu)=0,
\end{aligned}
\tag{4.0.4}
$$

或

$$
\begin{aligned}
&\min_{x,y,w,\mu} \ f(x,y) \\
&\text{s.t.} \quad g(x,y) \leqslant 0, \ F(x,y) - w = 0, \\
&\qquad \Psi(y,w,\mu) = 0, \ 1 - e^{\mu} = 0,
\end{aligned}
\tag{4.0.5}
$$

其中向量值函数 $\Psi(y,w,\mu): \mathbb{R}^m \times \mathbb{R}^m \times \mathbb{R}_+ \mapsto \mathbb{R}^m$ 定义如下:

$$
\Psi(y,w,\mu) := (\psi(y_1, w_1, \mu), \cdots, \psi(y_m, w_m, \mu))^{\mathrm{T}}.
$$

基于问题 (4.0.4) 或 (4.0.5), 结合标准光滑非线性规划的求解方法, 人们提出了求解 MPEC (4.0.1) 的两种有效算法: 一种是将 μ 看作趋向于零的变参数的显式光滑方法 (如文献 [67]), 另一种是将 μ 作为变量的隐式光滑方法 (如文献 [81]). 4.2 节和 4.3 节分别给出了求解 MPEC (4.0.1) 的两个隐式光滑方法.

为简便起见, 本章仍记 $I = \{1, 2, \cdots, l\}$, $I_c = \{1, 2, \cdots, m\}$. 除此之外, 前 3 节使用下面通用记号:

$$
X = \{(x,y) \in \mathbb{R}^{n+m} \mid g(x,y) \leqslant 0, \ 0 \leqslant F(x,y) \perp y \geqslant 0\},
$$

$$
z = (x,y,w,\mu), \quad s = (x,y), \quad t = (y,w,\mu), \quad t_i = (y_i, w_i, \mu),
$$

$$
d_z = (d_x, d_y, d_w, d_\mu), \quad d_s = (d_x, d_y), \quad d_t = (d_y, d_w, d_\mu), \quad d_{t_i} = (d_{y_i}, d_{w_i}, d_\mu),
$$

$$
I(s) = I(x,y) = \{i \in I \mid g_i(x,y) = 0\},
$$

$$
g_i(z) \equiv g_i(s)(i \in I), \quad g_{l+1}(z) \equiv g_{l+1}(\mu) = 1 - e^{\mu}.
$$

4.1　问题等价转化

4.1.1　基本理论

类似于 3.1.1 节, 本小节先给出非线性互补约束问题 MPEC (4.0.1) 的稳定点等相关定义和结论. 由定理 2.2.6 知, 以下稳定点与最优解有着密切的联系.

定义 4.1.1　设 $s^* = (x^*, y^*) \in X$ 为 MPEC (4.0.1) 的可行点. 若

$$
\nabla f(s^*)^{\mathrm{T}} d_s \geqslant 0, \quad \forall \, d_s = (d_x, d_y) \in T(X; s^*),
$$

则称 s^* 为 MPEC (4.0.1) 的一个原始稳定点或 B-稳定点, 其中 $T(X; s^*)$ 是可行集 X 在 s^* 处的切锥.

定义 4.1.2　设可行点 $s^* = (x^*, y^*) \in X$ 满足下层非退化条件:

$$
(y_i^*, F_i(s^*)) \neq (0,0), \quad \forall \, i \in I.
\tag{4.1.1}
$$

如果存在 KKT 乘子 $(\lambda_F^*, \lambda_c^{0,*}, \lambda_{g,I}^*) \in \mathbb{R}^{m+m+l}$, 使得

$$\nabla f(s^*) + \nabla g(s^*)\lambda_{g,I}^* + \nabla F(s^*)\lambda_F^* + \begin{pmatrix} 0_{n \times m} \\ E_m \end{pmatrix} \lambda_c^{0,*} = 0, \qquad (4.1.2\text{a})$$

$$0 \leqslant -g(s^*) \perp \lambda_{g,I}^* \geqslant 0; \text{ 当 } F_i(s^*) > 0 \text{ 时} \lambda_{F,i}^* = 0; \text{ 当 } y_i^* > 0 \text{ 时} \lambda_{c,i}^{0,*} = 0. \quad (4.1.2\text{b})$$

则称 s^* 为 MPEC (4.0.1) 的一个 KKT 稳定点, 称向量 $(s^*, \lambda_F^*, \lambda_c^{0,*}, \lambda_{g,I}^*)$ 为 MPEC (4.0.1) 的一个 KKT 稳定点对.

命题 4.1.1 假设 $s^* = (x^*, y^*) \in X$ 满足下层非退化条件 (4.1.1), $w^* = F(s^*)$, 则 $(s^*, \lambda_F^*, \lambda_c^{0,*}, \lambda_{g,I}^*)$ 是 MPEC (4.0.1) 的 KKT 稳定点对当且仅当向量 $(s^*, \lambda_F^*, \lambda_c^*, \lambda_{g,I}^*)$ 满足

$$\begin{pmatrix} \nabla_x f(s^*) \\ \nabla_y f(s^*) \\ 0 \end{pmatrix} + \begin{pmatrix} \nabla_x g(s^*) \\ \nabla_y g(s^*) \\ 0 \end{pmatrix} \lambda_{g,I}^* + \begin{pmatrix} \nabla_x F(s^*) \\ \nabla_y F(s^*) \\ -E_m \end{pmatrix} \lambda_F^* + \begin{pmatrix} 0 \\ W^* \\ Y^* \end{pmatrix} \lambda_c^* = 0,$$

$$(4.1.3\text{a})$$

$$0 \leqslant -g(s^*) \perp \lambda_{g,I}^* \geqslant 0, \qquad (4.1.3\text{b})$$

其中

$$\lambda_c^* = (\lambda_{c,i}^*, i \in I_c) \in \mathbb{R}^m, \quad \lambda_{c,i}^* = \begin{cases} \lambda_{c,i}^{0,*}/w_i^*, & \text{若 } y_i^* = 0, \\ \lambda_{F,i}^*/y_i^*, & \text{若 } y_i^* > 0, \end{cases} \qquad (4.1.4)$$

对角矩阵 $W^* = \text{diag}(w_i^*, i \in I_c)$, $Y^* = \text{diag}(y_i^*, i \in I_c)$.

值得一提的是, 在下层非退化条件 (4.1.1) 下, 在 KKT 稳定点 s^* 的充分小邻域内, MPEC (4.0.1) 的可行集 X 可简化为不含互补条件的一般约束集:

$$\widetilde{X} = \{(x,y) \in \mathbb{R}^{n+m} \mid g(x,y) \leqslant 0, \ F_{I_{cy}^*}(x,y) \geqslant 0 = y_{I_{cy}^*}, \ F_{I_{cF}^*}(x,y) = 0 \leqslant y_{I_{cF}^*}\},$$

其中

$$I_{cy}^* := \{i \in I_c \mid y_i^* = 0\}, \quad I_{cF}^* := \{i \in I_c \mid F_i(s^*) = 0\}.$$

下面结果给出了 MPEC (4.0.1) 的 B-稳定点与 KKT 稳定点之间的关系, 其证明可参见文献 [1] 或 [67].

引理 4.1.1 假设在 $s^* = (x^*, y^*) \in X$ 处下层非退化条件 (4.1.1) 成立. 如果 s^* 是 MPEC (4.0.1) 的 KKT 稳定点, 则它是 MPEC (4.0.1) 的 B-稳定点. 反之, 如果 s^* 是 MPEC (4.0.1) 的 B-稳定点, 并且集合 $\widetilde{X}$ 在 s^* 处的 LICQ 或 MFCQ 成立, 则 s^* 是 MPEC (4.0.1) 的 KKT 稳定点.

通过对集合 $\widetilde{X}$ 中的约束函数作进一步分析, 并对 $\widetilde{X}$ 中的约束函数的梯度矩阵作初等列变换, 不难发现集合 $\widetilde{X}$ 上的 LICQ 和 MFCQ 分别有以下等价形式:

引理 4.1.2　假设在 $s^* = (x^*, y^*) \in X$ 处下层非退化条件 (4.1.1) 成立, 且矩阵 $\nabla_{y_{\mathcal{J}}} F_{\mathcal{J}}(s^*)$ 是非奇异的, 其中指标集 $\mathcal{J} := I_{cF}^*$. 则

(1) $\widetilde{X}$ 在 s^* 处的 LICQ 成立当且仅当矩阵

$$\mathscr{H} := \mathscr{H}(s^*) = \nabla_x g_{I(s^*)}(s^*) - \nabla_x F_{\mathcal{J}}(s^*) \left(\nabla_{y_{\mathcal{J}}} F_{\mathcal{J}}(s^*) \right)^{-1} \nabla_{y_{\mathcal{J}}} g_I(s^*)$$

是列满秩;

(2) $\widetilde{X}$ 在 s^* 处的 MFCQ 成立当且仅当存在 $dx \in \mathbb{R}^n$, 使得 $\mathscr{H}(s^*)^{\mathrm{T}} dx < 0$.

4.1.2　问题等价转化

下面先讨论带等式及不等式约束的非线性规划的一种等价转化, 它是本章接下来两节算法构建的基础. 考虑如下一般约束非线性规划:

$$\begin{aligned}
\min\ & f_0(x) \\
\text{s.t.}\ & f_i(x) \leqslant 0,\ i \in \mathcal{I}, \\
& f_i(x) = 0,\ i \in \mathcal{E}
\end{aligned} \tag{4.1.5}$$

及其等价转化形式

$$\begin{aligned}
\min\ & \widehat{f}_\zeta(x) := f_0(x) - \zeta \sum_{j \in \mathcal{E}_1} f_i(x) \\
\text{s.t.}\ & f_i(x) \leqslant 0,\ i \in \mathcal{I}, \\
& f_i(x) \leqslant 0,\ i \in \mathcal{E}_1\ (\subseteq \mathcal{E}), \\
& f_i(x) = 0,\ i \in \mathcal{E}_2 := \mathcal{E} \backslash \mathcal{E}_1,
\end{aligned} \tag{4.1.6}$$

其中 $\zeta > 0$ 是罚参数. 分别记问题 (4.1.5) 和 (4.1.6) 的部分可行集以及积极约束集为

$$\mathcal{X}_P = \{ x \in \mathbb{R}^n \mid f_i(x) \leqslant 0,\ i \in \mathcal{I} \}, \quad \mathcal{I}(x) = \{ i \in \mathcal{I} \mid f_i(x) = 0 \}. \tag{4.1.7}$$

假设问题 (4.1.5) 的 LICQ 在每个 $x \in \mathcal{X}_P$ 成立, 则问题 (4.1.6) 的 LICQ 在 $x \in \mathcal{X}_P$ 也成立. 取指标集 J 满足 $\mathcal{I}(x) \subseteq J \subseteq \mathcal{I}$, 使得梯度矩阵 $\nabla f_J(x) = (\nabla f_i(x),\ i \in J \cup \mathcal{E})$ 列满秩, 故可定义乘子向量

$$\varrho(x, \zeta) := - \left(\nabla f_J(x)^{\mathrm{T}} \nabla f_J(x) \right)^{-1} \nabla f_J(x)^{\mathrm{T}} \nabla_x \widehat{f}_\zeta(x), \quad \varrho(x) := \varrho(x, 0). \tag{4.1.8}$$

记 $\varpi = (\varpi_i, i \in J \cup \mathcal{E}) \in \mathbb{R}^{|J \cup \mathcal{E}|}$，其中若 $i \in \mathcal{E}_1$，则 $\varpi_i = 1$；若 $i \in (J \cup \mathcal{E}) \backslash \mathcal{E}_1$，则 $\varpi_i = 0$. 可验证以下关系式成立：

$$\varrho(x, \zeta) = \varrho(x, 0) + \zeta\varpi = \varrho(x) + \zeta\varpi, \tag{4.1.9}$$

$$\varrho_i(x, \zeta) = \varrho_i(x) + \zeta\varpi_i = \begin{cases} \varrho_i(x) + \zeta, & \text{若 } i \in \mathcal{E}_1, \\ \varrho_i(x), & \text{若 } i \in (J \cup \mathcal{E}) \backslash \mathcal{E}_1. \end{cases} \tag{4.1.10}$$

下面结果刻划了问题 (4.1.5) 和问题 (4.1.6) 之间的等价关系.

定理 4.1.1 设 $x \in \mathcal{X}_P$，且问题 (4.1.5) 的 LICQ 在 x 处成立. 则

(1) 如果 x 是问题 (4.1.5) 的 KKT 点，则 $\varrho(x)$ 是其唯一的 KKT 乘子向量;

(2) 如果 x 是问题 (4.1.6) 的 KKT 点，则 $\varrho(x, \zeta)$ 是其唯一的 KKT 乘子向量;

(3) 如果罚参数 $\zeta > \max\{-\varrho_i(x), i \in \mathcal{E}_1\}$，则 x 是问题 (4.1.6) 的 KKT 点当且仅当 x 是问题 (4.1.5) 的 KKT 点.

证明 结论 (1) 和 (2) 可由 KKT 点的定义得到，而结论 (3) 则由文献 [13, 引理 5.4.11] 推知. $\qquad\square$

下面给出关于广义互补函数 ψ 的假设条件. 为方便起见，记

$$\mathcal{S} := \{(a, b, \mu) \in \mathbb{R}^3 \mid \mu \neq 0 \text{ 或 } a \neq b\},$$

$$\psi_p'(a, b, \mu) := \frac{\partial\psi(a, b, \mu)}{\partial p}, \quad \text{其中 } p = a, \text{ 或 } b, \text{ 或 } \mu.$$

假设 4.1.1 广义互补函数 $\psi(a, b, \mu): \mathbb{R}^3 \to \mathbb{R}$ 满足以下条件:

(1) 存在两个常数 $\bar{p} > 0$ 和 $\bar{q} > 0$，使得

$$\psi(a, b, \mu) = 0 \iff a + b \geqslant 0, \ ab = \bar{p}|\mu|^{\bar{q}} \ (\iff a \geqslant 0, b \geqslant 0, ab = \bar{p}|\mu|^{\bar{q}});$$

(2) $\psi(a, b, \mu)$ 在 $\mathcal{S}$ 上连续可微，且其偏导数满足

$$\psi_a'(a, b, \mu)\psi_b'(a, b, \mu) > 0, \quad \text{若 } \mu \neq 0,$$

$$(\psi_a'(a, b, 0))^2 + (\psi_b'(a, b, 0))^2 > 0, \quad \text{若 } a \neq b;$$

(3) 如果 $\psi(a, b, 0) = 0$ 且 $a \neq b$，则

$$\psi_a'(a, b, 0) = 0, \quad \psi_b'(a, b, 0) \neq 0, \quad \text{若 } a > 0,$$

$$\psi_a'(a, b, 0) \neq 0, \quad \psi_b'(a, b, 0) = 0, \quad \text{若 } b > 0.$$

相比定义 3.1.2 中关于广义互补函数的条件，上述假设条件稍强些.

由假设 4.1.1 (1) 可推知

$$\psi(a, b, 0) = 0 \iff a \geqslant 0, \ b \geqslant 0, \ ab = 0. \tag{4.1.11}$$

若 $\psi(a, b, 0) = 0$ 且 $a \neq b$, 则由 (4.1.11) 式及假设 4.1.1(3) 可推知

$$\psi_a'(a, b, 0)\psi_b'(a, b, 0) = 0. \tag{4.1.12}$$

对于给定的参数 $\gamma > 0$ 和 $\lambda \in (-2, 2)$, 下面定义的函数 ψ (见文献 [67, 70, 82, 83]) 均满足假设 4.1.1:

$$\psi(a, b, \mu) = a + b - \sqrt{a^2 + b^2 + \gamma\mu^2}, \tag{4.1.13}$$

$$\psi(a, b, \mu) = a + b - \sqrt{(a - b)^2 + \gamma\mu^2}, \tag{4.1.14}$$

$$\psi(a, b, \mu) = a + b - \sqrt{a^2 + b^2 + \lambda ab + \gamma\mu^2}. \tag{4.1.15}$$

定义矩阵 $A(t)$, $B(t)$ 及向量 $C(t)$ 如下:

$$A(t) = \mathrm{diag}(\psi_a'(t_i),\ i \in I_c), \quad B(t) = \mathrm{diag}(\psi_b'(t_i),\ i \in I_c),$$

$$C(t) = (\psi_\mu'(t_1), \cdots, \psi_\mu'(t_m)),$$

则向量值函数

$$\Psi(y, w, \mu) := (\psi(t_1), \cdots, \psi(t_m))^{\mathrm{T}}$$

的梯度矩阵可表示为

$$\nabla\Psi(y, w, \mu) = \begin{pmatrix} \nabla_y\Psi(y, w, \mu) \\ \nabla_w\Psi(y, w, \mu) \\ \nabla_\mu\Psi(y, w, \mu) \end{pmatrix} = \begin{pmatrix} A(t) \\ B(t) \\ C(t) \end{pmatrix}. \tag{4.1.16}$$

下面给出 MPEC (4.0.1) 与问题 (4.0.5) 的等价关系, 其证明可查阅文献 [81, 命题 3.1] 或 [13, 引理 11.4.8].

引理 4.1.3 (1) 如果假设 4.1.1(1) 成立, 则 $s = (x, y)$ 是 MPEC (4.0.1) 的可行解 (局部最优解、全局最优解) 当且仅当 $z = (x, y, w, \mu)$ (其中 $w = F(s)$, $\mu = 0$) 是问题 (4.0.5) 的可行解 (局部最优解、全局最优解);

(2) 如果假设 4.1.1 之 (1) 和 (3) 同时成立, 在 $s^* = (x^*, y^*)$ 处满足下层非退化条件 (4.1.1), 则 s^* 是 MPEC (4.0.1) 的 KKT 稳定点 (对应乘子为 $(\lambda_F^*, \lambda_c^*, \lambda_{g,I}^*)$) 当且仅当 $z^* = (x^*, y^*, w^*, \mu^*)$ (其中 $w^* = F(s^*)$, $\mu^* = 0$) 是问题 (4.0.5) 的 KKT 点, 且对应乘子为 $(\lambda_F^*, \widehat{\lambda}_c^*, \lambda_{g,I}^*, \lambda_{g,l+1}^*)$, 其中

$$\widehat{\lambda}_{c,i}^* = \begin{cases} \dfrac{y_i^* \lambda_{c,i}^*}{\psi_b'(t_i^*)}, & \text{若 } y_i^* > 0, \\[3mm] \dfrac{w_i^* \lambda_{c,i}^*}{\psi_a'(t_i^*)}, & \text{若 } y_i^* = 0; \end{cases} \qquad \lambda_{g,l+1}^* = -\sum_{i \in I_c} \psi_\mu'(t_i^*)\widehat{\lambda}_{c,i}^*. \tag{4.1.17}$$

证明 (1) 由假设 4.1.1(1) 可知结论 (1) 成立.

(2) (充分性) 假设 z^* 是问题 (4.0.5) 的 KKT 点, 则有 $w^* = F(s^*)$, $\mu^* = 0$ 和 $\psi(t_i^*) = \psi(y_i^*, w_i^*, 0) = 0$. 从而由假设 4.1.1(1) 知 s^* 是 MPEC (4.0.1) 的可行解. 且由 z^* 是问题 (4.0.5) 的 KKT 点知存在 KKT 乘子 $(\lambda_F^*, \widehat{\lambda}_c^*, \lambda_{g,I}^*, \lambda_{g,l+1}^*) \in \mathbb{R}^{l+m+m+1}$, 使得 $(z^*, \lambda_F^*, \widehat{\lambda}_c^*, \lambda_{g,I}^*, \lambda_{g,l+1}^*)$ 为问题 (4.0.5) 的 KKT 点对. 定义向量 $\lambda_c^* = (\lambda_{c,i}^*, i \in I_c)$, 其中

$$\lambda_{c,i}^* = \begin{cases} \dfrac{\psi_b'(t_i^*)\widehat{\lambda}_{c,i}^*}{y_i^*}, & \text{若 } y_i^* > 0, \\[3mm] \dfrac{\psi_a'(t_i^*)\widehat{\lambda}_{c,i}^*}{w_i^*}, & \text{若 } y_i^* = 0. \end{cases}$$

于是, 根据假设 4.1.1(3) 和问题 (4.0.5) 在 $(z^*, \lambda_F^*, \widehat{\lambda}_c^*, \lambda_{g,I}^*, \lambda_{g,l+1}^*)$ 处的 KKT 条件, 可证 (4.1.3) 对于乘子 $(\lambda_F^*, \lambda_c^*, \lambda_{g,I}^*)$ 成立, 因此, 由命题 4.1.1 知 s^* 是 MPEC (4.0.1) 的 KKT 稳定点.

(必要性) 假设 s^* 是 MPEC (4.0.1) 的 KKT 稳定点, 令 $w^* = F(s^*)$, $\mu^* = 0$, 则由结论 (1) 知 $z^* = (s^*, w^*, \mu^*)$ 是问题 (4.0.5) 的可行解, 且由命题 4.1.1 知存在乘子 $(\lambda_F^*, \lambda_c^*, \lambda_{g,I}^*)$, 使得 (4.1.3) 成立. 定义向量 $\widehat{\lambda}_c^* = (\widehat{\lambda}_{c,i}^*, i \in I_c)$, 其中

$$\widehat{\lambda}_{c,i}^* = \begin{cases} \dfrac{y_i^*\lambda_{c,i}^*}{\psi_b'(t_i^*)}, & \text{若 } y_i^* > 0, \\[3mm] \dfrac{w_i^*\lambda_{c,i}^*}{\psi_a'(t_i^*)}, & \text{若 } y_i^* = 0; \end{cases} \qquad \lambda_{g,l+1}^* = -\sum_{i \in I_c} \psi_\mu'(t_i^*)\widehat{\lambda}_{c,i}^*. \tag{4.1.18}$$

于是, 利用假设 4.1.1(3) 以及 (4.1.3), 不难验证 $(z^*, \lambda_F^*, \widehat{\lambda}_c^*, \lambda_{g,I}^*, \lambda_{g,l+1}^*)$ 满足问题 (4.0.5) 的 KKT 系统, 因此, z^* 是问题 (4.0.5) 的 KKT 点. $\square$

为分析问题 (4.0.5) 的 LICQ, 分别定义映射 $R_J : \mathbb{R}^{n+2m+1} \mapsto \mathbb{R}^{2m+|J|+1}$, $\widehat{R}_{J'} : \mathbb{R}^{n+2m+1} \mapsto \mathbb{R}^{2m+|J'|}$ 如下:

$$R_J(z) = \begin{pmatrix} F(x,y) - w \\ \Psi(y,w,\mu) \\ g_J(x,y) \\ 1 - e^\mu \end{pmatrix}, \quad \widehat{R}_{J'}(z) = \begin{pmatrix} F(x,y) - w \\ \Psi(y,w,\mu) \\ g_{J'}(z) \end{pmatrix},$$

其中下标子集 $J \subseteq I$ 及 $J' \subseteq (I \cup \{l+1\})$. 易见 $R_J(z)$ 的梯度矩阵为

$$\nabla R_J(z) = \begin{pmatrix} \nabla_x F(x,y) & 0_{n \times m} & \nabla_x g_J(x,y) & 0 \\ \nabla_y F(x,y) & A(t) & \nabla_y g_J(x,y) & 0 \\ -E_m & B(t) & 0_{m \times |J|} & 0 \\ 0_{1 \times m} & C(t) & 0_{1 \times |J|} & -e^\mu \end{pmatrix}. \tag{4.1.19}$$

记集合

$$X_g = \{(x,y) \in \mathbb{R}^{n+m} | \ g(x,y) \leqslant 0\}, \tag{4.1.20}$$

$$X_\mu = \{z = (x,y,w,\mu) \,|\, (x,y) \in X_g \ \text{且} \ \mu^2 + \min_{i \in I_c} |y_i - w_i| > 0\}. \tag{4.1.21}$$

为构建 MPEC (4.0.1) 的具有超线性收敛性的 SQP 算法或 QP-free 算法, 下面给出一个基本假设:

假设 4.1.2　对于每个 $z \in X_\mu$,

(1) 矩阵 $\nabla_y F(x,y)$ 是 P_0 矩阵, 即其所有主子式均非负.

(2) 广义互补函数 ψ 使得矩阵 $\nabla_y F(x,y)$ 的主子矩阵 $(\nabla_y F(x,y))_{\widehat{J}\widehat{J}}$ 非奇异, 其中 $\widehat{J} = \{j \in I_c \,|\, \psi_a'(y_j, w_j, 0) = 0\}$.

对于 (4.1.13), (4.1.14) 及 (4.1.15) 定义的常用互补函数 ψ, 易见 $\widehat{J}$ 分别为

$$\widehat{J}_1 = \{j \in I_c \,|\, y_j \geqslant 0, \ w_j = 0\},$$
$$\widehat{J}_2 = \{j \in I_c \,|\, y_j - w_j > 0\},$$
$$\widehat{J}_3 = \{j \in I_c \,|\, w_j = 0\}.$$

下面命题给出了梯度矩阵 $\nabla R_{I(s)}(z)$ 在 X_μ 上列满秩的一个充分条件, 其证明可查阅文献 [66, 67, 84, 85].

命题 4.1.2　(1) 如果矩阵

$$U = U(z) := \begin{pmatrix} \nabla_y F(x,y) & A(t) \\ -E_m & B(t) \end{pmatrix}$$

是非奇异的, 并记

$$U^{-1} := \begin{pmatrix} (U^{-1})_{yy} & (U^{-1})_{yw} \\ (U^{-1})_{wy} & (U^{-1})_{ww} \end{pmatrix},$$

则梯度矩阵 $\nabla R_{I(s)}(z)$ 在 X_μ 上列满秩当且仅当矩阵

$$\mathcal{G}_{I(s)}(z) := \nabla_x g_{I(s)}(x,y) - \nabla_x F(x,y)(U^{-1})_{yy} \nabla_y g_{I(s)}(x,y)$$

列满秩.

(2) 如果假设 4.1.2 成立, 则对任意 $z \in X_\mu$, 矩阵 $U(z)$ 是非奇异的.

基于上述命题, 下面给出本章的另一个基本假设.

假设 4.1.3　对任意 $z \in X_\mu$, 矩阵

$$\mathcal{G}_{I(s)}(z) := \nabla_x g_{I(s)}(x,y) - \nabla_x F(x,y)(U^{-1})_{yy} \nabla_y g_{I(s)}(x,y)$$

列满秩.

另一方面, 根据定理 4.1.1 知问题 (4.0.5) 与下面非线性规划是等价的:

$$\begin{aligned}
\min_{x,y,w,\mu} \quad & f(x,y) - \zeta g_{l+1}(\mu) \\
\text{s.t.} \quad & F(x,y) - w = 0,\ \Psi(y,w,\mu) = 0, \\
& g(x,y) \leqslant 0,\ g_{l+1}(\mu) = 1 - e^{\mu} \leqslant 0.
\end{aligned} \tag{4.1.22}$$

对于 $z^* \in X_\mu$, 选取下标子集 J^* 满足 $I(s^*) \subseteq J^* \subseteq I$, 且矩阵 $\nabla R_{J^*}(z^*)$ 列满秩. 定义乘子:

$$\xi_{J^*}(z^*) = -\left[(\nabla R_{J^*}(z^*))^{\mathrm{T}} \nabla R_{J^*}(z^*)\right]^{-1} \nabla R_{J^*}(z^*)^{\mathrm{T}} \begin{pmatrix} \nabla f(s^*) \\ 0_{(m+1)\times 1} \end{pmatrix},$$

于是, 由定理 4.1.1 和引理 4.1.3(2) 即得问题 (4.1.22) 和问题 (4.0.5) 之间的如下等价关系:

定理 4.1.2 设假设 4.1.1 之 (1) 和 (3) 成立, $z^* = (x^*, y^*, w^*, \mu^*) \in X_\mu$, 在 (x^*, y^*) 处下层非退化条件 (4.1.1) 成立. 如果罚参数 $\zeta > -\xi_{l+1}(z^*)$, 则 z^* 是问题 (4.0.5) 的 KKT 点当且仅当 z^* 是问题 (4.1.22) 的 KKT 点, 其中 $w^* = F(s^*)$, $\mu^* = 0$.

4.2 超线性收敛的隐式光滑 SQP 算法

在假设 4.1.1–4.1.3 下, 由引理 4.1.3 和定理 4.1.2 知, 在一定条件下, 问题 (4.0.1), (4.0.5) 以及 (4.1.22) 三者是等价的, 而且当 $\mu \neq 0$ 时, 问题 (4.0.5) 和 (4.1.22) 是光滑非线性规划, 且 LICQ 在集合 X_μ 上成立. 这些性质使得我们可以利用光滑非线性规划的一些有效方法通过求解问题 (4.0.5) 或问题 (4.1.22) 来求解 MPEC (4.0.1). 本节介绍基于问题 (4.1.22) 求解 MPEC (4.0.1) 的一个隐式光滑 SQP 算法, 内容取材于著者工作 [81] 以及 [13] 的 11.4 节.

4.2.1 算法

设 $z^k \in X_{\mu^k}$ 是一个当前迭代点, 且 $\mu^k \neq 0$, 首先通过转轴运算产生一个下标子集 I_k, 使得 $I(s^k) \subseteq I_k$, 且由 (4.1.19) 定义的矩阵 $\nabla R_{I_k}(z^k)$ 列满秩.

转轴运算 4.2.1

步骤 1 选取初始参数 $\varepsilon_k' > 0$, 令 $\varepsilon = \varepsilon_k'$.

步骤 2 计算 ε-积极约束集 $I(s^k, \varepsilon)$:

$$I(s^k, \varepsilon) = \{i \in I \mid -\varepsilon \leqslant g_i(s^k) \leqslant 0\}.$$

步骤 3 如果 $I(s^k, \varepsilon) = \varnothing$, 或者 $\det\left((\nabla R_{I(s^k,\varepsilon)}(z^k))^{\mathrm{T}} \nabla R_{I(s^k,\varepsilon)}(z^k)\right) \geqslant \varepsilon$, 则令 $I_k = I(s^k, \varepsilon)$, $\varepsilon_k = \varepsilon$, 算法终止. 否则, 令 $\varepsilon := \dfrac{1}{2}\varepsilon$, 重复步骤 2, 其中矩阵 $\nabla R_{I_k}(z^k)$ 由 (4.1.19) 定义.

基于假设 4.1.2–4.1.3, 由文献 [13] 的定理 1.5.4 (1) 立知上述转轴运算是适定的, 即当 ε 充分小时 $I_k = \varnothing$ 或 $\det\big((\nabla R_{I_k}(z^k))^{\mathrm{T}}\nabla R_{I_k}(z^k)\big) \geqslant \varepsilon$ 成立. 对于当前迭代点 $z^k \in X_{\mu^k}$ 及由转轴运算 4.2.1 产生的下标子集 I_k, 为产生搜索方向, 考虑基于问题 (4.1.22) 的以 $d_z = (d_x, d_y, d_w, d_\mu) \in \mathbb{R}^{n+2m+1}$ 为变量的二次规划 (QP) 子问题:

$$
\begin{aligned}
\min\ & \nabla f(s^k)^{\mathrm{T}}d_s - \zeta g'_{l+1}(\mu^k)d\mu + \frac{1}{2}(d_z)^{\mathrm{T}}H_k d_z \\
\text{s.t.}\ & \nabla_x F(s^k)^{\mathrm{T}}d_x + \nabla_y F(s^k)^{\mathrm{T}}d_y - d_w + (F(s^k) - w^k) = 0, \\
& A(t^k)d_y + B(t^k)d_w + C(t^k)^{\mathrm{T}}d_\mu + \Psi(t^k) = 0, \\
& g_{I_k}(s^k) + \nabla g_{I_k}(s^k)^{\mathrm{T}}d_s \leqslant 0, \\
& g_{l+1}(\mu^k) + g'_{l+1}(\mu^k)d_\mu \leqslant 0.
\end{aligned}
\tag{4.2.1}
$$

根据 (4.1.16), 上述 QP 子问题亦可表述为

$$
\begin{aligned}
\min\ & \nabla f(s^k)^{\mathrm{T}}d_s - \zeta g'_{l+1}(\mu^k)d_\mu + \frac{1}{2}(d_z)^{\mathrm{T}}H_k d_z \\
\text{s.t.}\ & \nabla F(s^k)^{\mathrm{T}}d_s + F(s^k) - w^k - d_w = 0, \\
& \nabla\Psi(t^k)^{\mathrm{T}}d_t + \Psi(t^k) = 0, \\
& g_{I_k}(s^k) + \nabla g_{I_k}(s^k)^{\mathrm{T}}d_s \leqslant 0, \\
& g_{l+1}(\mu^k) + g'_{l+1}(\mu^k)d_\mu \leqslant 0.
\end{aligned}
\tag{4.2.2}
$$

注 4.2.1　QP 子问题 (4.2.1) 有以下特点:

(1) 由于子问题 (4.2.1) 总有可行解 (见后面引理 4.2.2), 因此它不需任何人工变量和与之对应的罚参数;

(2) 引进了一个 ε-积极约束集 I_k, 它在确保算法的全局收敛性和超线性收敛性中起着重要的作用;

(3) 子问题 (4.2.1) 的最后一个约束是不等式, 而不是诸如文献 [67] 中的等式约束 $g'_{l+1}(\mu^k)d_\mu + g_{l+1}(\mu^k) = 0$, 它在保证迭代点 z^k 中分量 $\mu^k > 0$ 起着重要作用.

令 $\bar d_z^k = (\bar d_x^k, \bar d_y^k, \bar d_w^k, \bar d_\mu^k)$ 是 QP 子问题 (4.2.1) 的一个最优解, 对应的 KKT 乘子为 $\omega_{I_k}^k := (\lambda_F^k, \lambda_c^k, \lambda_{g,I_k}^k, \lambda_{g,l+1}^k) \in \mathbb{R}^{2m+|I_k|+1}$, 并记 $\bar d_s^k = (\bar d_x^k, \bar d_y^k)$, $\bar d_t^k = (\bar d_y^k, \bar d_w^k, \bar d_\mu^k)$. 于是, 由 KKT 条件和 (4.1.19) 得

$$
\begin{pmatrix} \nabla f(s^k) \\ 0_{m\times 1} \\ -\zeta g'_{l+1}(\mu^k) \end{pmatrix} + H_k \bar d_z^k + \nabla R_{I_k}(z^k)\omega_{I_k}^k = 0,
\tag{4.2.3a}
$$

$$
\nabla F(s^k)^{\mathrm{T}}\bar d_s^k + F(s^k) - w^k - \bar d_w^k = 0, \quad \nabla\Psi(t^k)^{\mathrm{T}}\bar d_t^k + \Psi(t^k) = 0,
\tag{4.2.3b}
$$

$$0 \leqslant - \left(g_{I_k}(s^k) + \nabla g_{I_k}(s^k)^{\mathrm{T}} \overline{d}_s^k \right) \perp \lambda_{g,I_k}^k \geqslant 0, \tag{4.2.3c}$$

$$0 \leqslant - \left(g_{l+1}(\mu^k) + g_{l+1}'(\mu^k) \overline{d}_\mu^k \right) \perp \lambda_{g,l+1}^k \geqslant 0. \tag{4.2.3d}$$

令 I_k^0 是对应于 QP 子问题 (4.2.1) 中不等式约束的积极约束集, 即

$$\left. \begin{array}{l} I_k^0 = I_k^g \cup I_k^\mu, \quad I_k^g = \{ i \in I_k \mid g_i(s^k) + \nabla g_i(s^k)^{\mathrm{T}} \overline{d}_s^k = 0 \}, \\[2mm] I_k^\mu = \left\{ \begin{array}{ll} \varnothing, & \text{如果 } g_{l+1}(\mu^k) + g_{l+1}'(\mu^k) \overline{d}_\mu^k < 0, \\ \{l+1\}, & \text{如果 } g_{l+1}(\mu^k) + g_{l+1}'(\mu^k) \overline{d}_\mu^k = 0. \end{array} \right. \end{array} \right\} \tag{4.2.4}$$

于是结合 (4.1.19), KKT 条件 (4.2.3) 可改写为

$$\begin{pmatrix} \nabla f(s^k) \\ 0_{m \times 1} \\ -c g_{l+1}'(\mu^k) \end{pmatrix} + H_k \overline{d}_z^k + \nabla \widehat{R}_{I_k^0}(z^k) \omega_{I_k^0}^k = 0, \tag{4.2.5a}$$

$$\nabla \widehat{R}_{I_k^0}(z^k)^{\mathrm{T}} \overline{d}_z^k + \widehat{R}_{I_k^0}(z^k) = 0, \quad \lambda_{g,I_k^0}^k = (\lambda_{g,j}^k, \ j \in I_k^0) \geqslant 0, \tag{4.2.5b}$$

其中乘子 $\omega_{I_k^0}^k := (\lambda_F^k, \lambda_c^k, \lambda_{g,I_k^0}^k)$. 由上式有

$$\nabla f(s^k)^{\mathrm{T}} \overline{d}_s^k - c g_{l+1}'(\mu^k) \overline{d}_\mu^k = -(\overline{d}_z^k)^{\mathrm{T}} H_k \overline{d}_z^k + \widehat{R}_{I_k^0}(z^k)^{\mathrm{T}} \omega_{I_k^0}^k. \tag{4.2.6}$$

一般说来, KKT 方向 $\overline{d}_z^k$ 不能成为不等式约束可行集 X_g 的可行方向, 因此必须通过某个恰当的技术对之进行修正. 本节通过如下显式公式

$$d_z^k = \overline{d}_z^k - \delta(z^k, \zeta) N_k (N_k^{\mathrm{T}} N_k)^{-1} \widehat{\varpi}_k \tag{4.2.7}$$

对 $\overline{d}_z^k$ 进行修正, 其中

$$\widehat{\varpi}_k = \begin{pmatrix} 0_{2m \times 1} \\ \widetilde{\varpi}_k \end{pmatrix}, \quad \widetilde{\varpi}_k = (1, \cdots, 1)^{\mathrm{T}} \in \mathbb{R}^{|I_k|+1}, \tag{4.2.8}$$

$$N_k = N_{I_k}(z^k) = \nabla R_{I_k}(z^k), \quad \delta(z^k, \zeta) = \frac{\|\overline{d}_z^k\| (\overline{d}_z^k)^{\mathrm{T}} H_k \overline{d}_z^k}{2 |\xi_{I_k}(z^k, \zeta)^{\mathrm{T}} \widetilde{\varpi}_k| \cdot \|\overline{d}_z^k\| + 1}, \tag{4.2.9}$$

$$\xi_{I_k}(z^k, \zeta) = -(N_k^{\mathrm{T}} N_k)^{-1} N_k^{\mathrm{T}} \begin{pmatrix} \nabla f(s^k) \\ 0_{m \times 1} \\ -\zeta g_{l+1}'(\mu^k) \end{pmatrix}. \tag{4.2.10}$$

显然, 如果矩阵 H_k 是正定的, 则 $\delta(z^k, \zeta) = 0$ 当且仅当 $\overline{d}_z^k = 0$. 而且, 利用 (4.2.6)–(4.2.10), 不难推知

$$\nabla f(s^k)^{\mathrm{T}} d_s^k - \zeta g_{l+1}'(\mu^k) d_\mu^k \leqslant -\frac{1}{2} (\overline{d}_z^k)^{\mathrm{T}} H_k \overline{d}_z^k + \widehat{R}_{I_k^0}(z^k)^{\mathrm{T}} \omega_{I_k^0}^k. \tag{4.2.11}$$

因本节算法产生的迭代点 z^k 满足 $g(s^k) \leqslant 0$ 和 $g_{l+1}(\mu^k) \leqslant 0$, 所以在本节算法中引进如下半罚函数作为问题 (4.1.22) 的效益函数用于线搜索:

$$\theta_{(\alpha,\zeta)}(z) = f(s) - \zeta g_{l+1}(\mu) + \alpha \left(\|F(s) - w\|_1 + \|\Psi(t)\|_1 \right), \tag{4.2.12}$$

其中 $\alpha > 0$ 为罚参数.

由 (4.2.5b) 及 (4.2.7)–(4.2.11) 可推导出函数 $\theta_{(\alpha,\zeta)}(z)$ 在点 z^k 处沿方向 d_z^k 的方向导数 $\theta'_{(\alpha,\zeta)}(z^k; d_z^k)$ 有如下计算公式和估计式:

$$\begin{aligned}
&\theta'_{(\alpha,\zeta)}(z^k; d_z^k) \\
&= \nabla f(s^k)^{\mathrm{T}} d_s^k - \zeta g'_{l+1}(\mu^k) d_\mu^k - \alpha \left(\|F(s^k) - w^k\|_1 + \|\Psi(t^k)\|_1 \right) \\
&\leqslant -\frac{1}{2} (\overline{d}_z^k)^{\mathrm{T}} H_k \overline{d}_z^k + \widehat{R}_{I_k^0}(z^k)^{\mathrm{T}} \omega_{I_k^0}^k - \alpha \left(\|F(s^k) - w^k\|_1 + \|\Psi(t^k)\|_1 \right).
\end{aligned}$$

不难证明以下引理成立.

引理 4.2.1　(1) 以下关系式成立:

$$\begin{aligned}
& N_k^{\mathrm{T}} d_z^k = N_k^{\mathrm{T}} \overline{d}_z^k - \delta(z^k, \zeta) \widetilde{\omega}_k, \\
& \nabla g_j(s^k)^{\mathrm{T}} d_s^k = \nabla g_j(s^k)^{\mathrm{T}} \overline{d}_s^k - \delta(z^k, \zeta) \leqslant -g_j(s^k) - \delta(z^k, \zeta), j \in I_k, \\
& g'_{l+1}(\mu^k) d_\mu^k = g'_{l+1}(\mu^k) \overline{d}_\mu^k - \delta(z^k, \zeta) \leqslant -g_{l+1}(\mu^k) - \delta(z^k, \zeta), \\
& \theta'_{(\alpha,\zeta)}(z^k; d_z^k) \leqslant -\frac{1}{2} (\overline{d}_z^k)^{\mathrm{T}} H_k \overline{d}_z^k, \text{ 如果 } \alpha \geqslant \max_{j \in I_c} \{|\lambda_{F,j}^k|, |\lambda_{c,j}^k|\}.
\end{aligned}$$

(2) 如果 H_k 是正定矩阵, 且 $\overline{d}_z^k \neq 0$, 则 d_s^k 和 d_μ^k 分别是集合 X_g 在 s^k 处和集合 $\mathcal{S}_\mu := \{\mu \mid g_{l+1}(\mu) \leqslant 0\}$ 在 μ^k 处的可行方向, 最优解 d_z^k 是罚函数 $\theta_{(\alpha,\zeta)}(z)$ 在 z^k 处的一个下降方向.

为了克服 Maratos 效应, 使算法达到超线性收敛速度, 通常需引进高阶修正方向. 本节算法的高阶修正方向由下面显式公式产生:

$$\widetilde{d}_z^k = -N_k(N_k^{\mathrm{T}} N_k)^{-1}(\|\overline{d}_z^k\|^\rho \widehat{\omega}_k + \widetilde{R}_{I_k}(z^k + d_z^k)), \tag{4.2.13}$$

其中参数 $\rho \in (2,3)$, 以及

$$\widetilde{R}_{I_k}(z^k + d_z^k) = \begin{pmatrix} F(s^k + d_s^k) - (w^k + d_w^k) \\ \Psi(t^k + d_t^k) \\ \widetilde{g}_{I_k}(s^k + d_s^k) \\ \widetilde{g}_{l+1}(\mu^k + d_\mu^k) \end{pmatrix}, \tag{4.2.14}$$

$$\widetilde{g}_i(s^k + d_s^k) := g_i(s^k + d_s^k) - g_i(s^k) - \nabla g_i(s^k)^{\mathrm{T}} d_s^k, \quad i \in I_k, \tag{4.2.15}$$

$$\widetilde{g}_{l+1}(\mu^k + d_\mu^k) := g_{l+1}(\mu^k + d_\mu^k) - g_{l+1}(\mu^k) - g'_{l+1}(\mu^k) d_\mu^k. \tag{4.2.16}$$

基于以上准备, 下面给出求解 MPEC (4.0.1) 的隐式光滑 SQP 算法的具体步骤.

算法 4.2.1

初始步 选取参数 α_{-1}, ζ_{-1}, ε_{-1}, $\bar{c}$, $\eta > 0$, $\rho \in (2,3)$, $\beta \in (0,1)$, $\widetilde{\beta} \in \left(0, \dfrac{1}{2}\right)$. 选择初始点 $z^0 = (x^0, y^0, w^0, \mu^0) \in X_\mu$, 其中 $(x^0, y^0) \in X_g$ 且 $\mu^0 > 0$. 选取对称正定矩阵 $H_0 \in \mathbb{R}^{n+2m+1}$. 令 $k := 0$.

步骤 1 (转轴运算) 令 $\varepsilon_k' = \varepsilon_{k-1}$, 由转轴运算 4.2.1 产生指标集 I_k 及参数 ε_k.

步骤 2 (更新罚参数 ζ_k) 由 (4.2.10) 式计算 $\xi^k := \xi_{I_k}(z^k, 0)$, 参数 ζ_k 的更新公式如下:

$$\zeta_k = \begin{cases} \zeta_{k-1}, & \text{如果 } \zeta_{k-1} \geqslant |\xi_{l+1}^k| + \eta, \\ \max\{|\xi_{l+1}^k|, \zeta_{k-1}\} + \eta, & \text{其他}. \end{cases} \tag{4.2.17}$$

步骤 3 (解 QP 子问题) 解 QP 子问题 (4.2.1) (其中 $\zeta = \zeta_k$) 得唯一最优解

$$\vec{d}_z^k = (\vec{d}_x^k, \vec{d}_y^k, \vec{d}_w^k, \vec{d}_\mu^k)$$

和对应的 KKT 乘子 $\omega_{I_k}^k := (\lambda_F^k, \lambda_c^k, \lambda_{g,I_k}^k, \lambda_{g,l+1}^k)$. 如果 $\vec{d}_z^k = 0$, 则算法终止; 否则, 记 $\vec{d}_s^k = (\vec{d}_x^k, \vec{d}_y^k)$, $\vec{d}_t^k = (\vec{d}_y^k, \vec{d}_w^k, \vec{d}_\mu^k)$, 转步骤 4.

步骤 4 (产生主搜索方向) 根据 (4.2.7)–(4.2.10) (其中 $\zeta = \zeta_k$) 计算主搜索方向 d_z^k.

步骤 5 (产生高阶修正方向) 利用 (4.2.13)–(4.2.16) 计算高阶修正方向 $\widetilde{d}_z^k$. 如果 $\|\widetilde{d}_z^k\| > \bar{c}\|d_z^k\|$, 则令 $\widetilde{d}_z^k = 0$.

步骤 6 (更新罚参数) 令 $\gamma_k = \max\limits_{j \in I_c}\{|\lambda_{F,j}^k|, |\lambda_{c,j}^k|\}$, 根据以下公式产生新的罚参数 α_k:

$$\alpha_k = \begin{cases} \alpha_{k-1}, & \text{若 } \alpha_{k-1} \geqslant \gamma_k + \eta, \\ \gamma_k + \eta, & \text{若 } \alpha_{k-1} < \gamma_k + \eta. \end{cases} \tag{4.2.18}$$

步骤 7 (曲线搜索) 令步长 τ_k 为序列 $\{1, \beta, \beta^2, \cdots\}$ 中满足以下不等式的最大数 τ:

$$\theta_{(\alpha_k, \zeta_k)}(z^k + \tau dz^k + \tau^2 \widetilde{d}_z^k) \leqslant \theta_{(\alpha_k, \zeta_k)}(z^k) + \widetilde{\beta}\tau\theta'_{(\alpha_k, \zeta_k)}(z^k; d_z^k), \tag{4.2.19}$$

$$g_j(s^k + \tau d_s^k + \tau^2 \widetilde{d}_s^k) \leqslant 0, \quad j \in I, \tag{4.2.20}$$

$$g_{l+1}(\mu^k + \tau d_\mu^k + \tau^2 \widetilde{d}_\mu^k) < 0. \tag{4.2.21}$$

步骤 8 产生新的迭代点 $z^{k+1} = z^k + \tau_k d_z^k + \tau_k^2 \widetilde{d}_z^k$, 并利用适当的方法更新矩阵 H_k 为 H_{k+1}, 且 H_{k+1} 为对称正定矩阵. 令 $k := k + 1$, 返回步骤 1.

下面结论表明 QP 子问题 (4.2.1) 解的性质和算法的适定性.

引理 4.2.2　　若假设 4.1.1–4.1.2 成立, 矩阵 H_k 正定, 则

(1) QP 子问题 (4.2.1) 有唯一最优解, 且最优解与 KKT 点等同;

(2) 如果 $\bar{d}_z^k = 0$, 则当前迭代点 $z^k = (x^k, y^k, w^k, \mu^k)$ 是问题 (4.0.5) 的 KKT 点; 进一步, 如果下层非退化条件 (4.1.1) 在 $s^k (= (x^k, y^k))$ 处成立, 则 s^k 是 MPEC (4.0.1) 的 KKT 稳定点和 B-稳定点;

(3) 当 $\tau > 0$ 充分小时, 不等式 (4.2.19)–(4.2.21) 恒成立, 从而算法 4.2.1 是适定的;

(4) 序列 $\{\mu^k\}$ 是严格正的, 即对任意的 k, 有 $\mu^k > 0$, 从而确保了问题 (4.0.5) 的光滑性.

证明　　(1) 因为矩阵 $N_k = \nabla R_{I_k}(z^k)$ 是列满秩的, 所以向量

$$\hat{d}_z^k := -N_k(N_k^{\mathrm{T}} N_k)^{-1} R_{I_k}(z^k)$$

是 QP 子问题 (4.2.1) 的一个可行解. 因此, 由文献 [13, 推论 3.4.2] 立知严格凸二次规划 (4.2.1) 有唯一最优解. 由于 (4.2.1) 是线性约束凸规划, 于是由最优性条件立知其最优解与 KKT 点等同.

(2) 如果 $\bar{d}_z^k = 0$, 则由 QP 子问题 (4.2.1) 及 KKT 条件 (4.2.3) 可知 z^k 不仅是问题 (4.1.22) 的可行点, 而且是 KKT 点. 故由定理 4.1.1 (3) 可知 z^k 是问题 (4.0.5) 的一个 KKT 点, 而且, 由引理 4.1.3 (2) 和引理 4.1.1 可知结论 (2) 的余下部分也成立.

(3) 利用引理 4.2.1(2) 即可证结论 (3) 成立.

(4) 由 $g_{l+1}(\mu^k) = 1 - e^{\mu^k} < 0$ 即知 $\mu^k > 0$, 因此结论 (4) 成立.　　□

4.2.2　全局收敛性和强收敛性

如果算法 4.2.1 在 $z^k (= (x^k, y^k, w^k, \mu^k))$ 处终止, 且在 z^k 处下层非退化条件 (4.1.1) 成立, 则由引理 4.2.2 知 $s^k (= (x^k, y^k))$ 是 MPEC (4.0.1) 的一个 KKT 稳定点. 不失一般性, 下面不妨假设算法 4.2.1 产生一个无穷点列 $\{z^k\}$. 本小节将证明算法 4.2.1 的全局收敛性和强收敛性, 为此需作进一步假设.

假设 4.2.1　　由算法 4.2.1 产生的点列 $\{z^k\}$ 有界, 矩阵序列 $\{H_k\}$ 一致正定, 即存在正常数 a 和 b, 使得对任意 k, 有

$$a\|d_z\|^2 \leqslant d_z^{\mathrm{T}} H_k d_z \leqslant b\|d_z\|^2, \quad \forall\, d_z \in \mathbb{R}^{n+2m+1}. \tag{4.2.22}$$

假设 4.2.2　　点列 $\{z^k\}$ 的每个聚点 $z^* = (x^*, y^*, w^*, \mu^*)$ 满足 $\min_{i \in I_c} |y_i^* - w_i^*| > 0$.

显然, 假设 4.2.2 表明 z^* 属于由 (4.1.21) 定义的集合 X_μ. 由假设 4.1.2–4.1.3 可知 LICQ 在点 z^* 处成立. 此外, 由于 $w^* = F(s^*)$, 故由假设 4.2.2 知下层非退化条件 (4.1.1) 在 $s^* (= (x^*, y^*))$ 处成立.

下面引理将在全局收敛性的分析证明中用到, 其证明可查阅文献 [13, 引理 11.4.19].

引理 4.2.3 若假设 4.1.1–4.1.3, 4.2.1–4.2.2 均成立, 则

(1) 存在一个正整数 k_0, 使得参数 ε_k, ζ_k 和 α_k 满足

$$\varepsilon_k \equiv \varepsilon := \varepsilon_{k_0}, \quad \zeta_k \equiv \zeta := \zeta_{k_0}, \quad \alpha_k \equiv \alpha := \alpha_{k_0}, \quad \forall\, k \geqslant k_0;$$

(2) 方向序列 $\{\overline{d}_z^k\}$, $\{d_z^k\}$ 及 $\{\widetilde{d}_z^k\}$ 均有界;

(3) $\lim\limits_{k\to\infty} \overline{d}_z^k = 0$, $\lim\limits_{k\to\infty} d_z^k = 0$, $\lim\limits_{k\to\infty} \|z^{k+1} - z^k\| = 0$.

基于引理 4.2.3, 下面给出算法 4.2.1 的全局收敛性结果.

定理 4.2.1 若假设 4.1.1–4.1.3, 4.2.1–4.2.2 均成立, 则

(1) 由算法 4.2.1 产生的点列 $\{z^k\}$ 的每一个聚点 $z^* = (x^*, y^*, w^*, \mu^*)$ 都是问题 (4.0.5) 和问题 (4.1.22) 的 KKT 点 (此时 $\mu^* = 0$), 且 $s^*(=(x^*,y^*))$ 是 MPEC (4.0.1) 的 KKT 稳定点和 B-稳定点;

(2) 对于每一个使得 $z^k \xrightarrow{K'} z^*$ 的无穷指标集 K', 存在 $K \subseteq K'$, 使得乘子序列 $\{\omega^k := (\omega_{I_k}^k, 0_{I\setminus I_k})\}_K$ 收敛于问题 (4.1.22) 的 KKT 点 z^* 所对应的 KKT 乘子 $\omega^* := (\lambda_F^*, \widehat{\lambda}_c^*, \lambda_{g,I}^*, \widehat{\lambda}_{g,l+1}^*)$, 向量 $(s^*, \lambda_F^*, \lambda_c^*, \lambda_{g,I}^*)$ 构成 MPEC (4.0.1) 的一个 KKT 稳定点对, 其中 $\lambda_c^* = (\lambda_{c,i}^*, i \in I_c)$ 的分量 $\lambda_{c,i}^*$ 定义如下:

$$\lambda_{c,i}^* = \begin{cases} \dfrac{\psi_b'(t_i^*)\widehat{\lambda}_{c,i}^*}{y_i^*}, & \text{若 } y_i^* > 0, \\[2mm] \dfrac{\psi_a'(t_i^*)\widehat{\lambda}_{c,i}^*}{w_i^*}, & \text{若 } y_i^* = 0. \end{cases} \tag{4.2.23}$$

证明 (1) 设 z^* 是 $\{z^k\}$ 的聚点, 则存在无穷子列 $K' \subseteq \{1, 2, \cdots\}$, 使得 $z^k \xrightarrow{K'} z^*$. 又注意到指标集 I_k 的有限选取性以及 $\{H_k\}_{K'}$ 的有界性 ((4.2.22) 保证), 则存在无穷子集 $K \subseteq K'$, 使得下面关系式成立:

$$\lim_{k\in K} z^k = z^*, \quad \lim_{k\in K} H_k = H_*, \quad I_k \equiv I', \quad \forall\, k \in K.$$

于是, 由 (4.2.3a) 以及引理 4.2.3, 有

$$\omega_{I'}^k = -\left(N_k^{\mathrm{T}} N_k\right)^{-1} N_k^{\mathrm{T}} \left(\begin{pmatrix} \nabla f(s^k) \\ 0_{m\times 1} \\ -\zeta g_{l+1}'(\mu^k) \end{pmatrix} + H_k \overline{d}_z^k\right)$$

$$\xrightarrow{K} \omega_{I'}^* := -\left(N_*^{\mathrm{T}} N_*\right)^{-1} N_*^{\mathrm{T}} \begin{pmatrix} \nabla f(s^*) \\ 0_{m\times 1} \\ -c g_{l+1}'(\mu^*) \end{pmatrix},$$

其中 $N_* = \nabla R_{I'}(z^*)$. 记 $\omega_{I'}^* := (\lambda_F^*, \widehat{\lambda}_c^*, \lambda_{g,I'}^*, \widehat{\lambda}_{g,l+1}^*)$, 在 (4.2.3) 中令 $k \xrightarrow{K} \infty$, 则得

$$
\begin{pmatrix} \nabla f(s^*) \\ 0_{m \times 1} \\ -\zeta g'_{l+1}(\mu^*) \end{pmatrix} + \nabla R_{I'}(z^*)\omega_{I'}^* = 0,
$$

$$
F(s^*) - w^* = 0, \quad \Psi(t^*) = 0, \quad 0 \leqslant -g_{I'}(s^*) \perp \lambda_{g,I'}^* \geqslant 0,
$$

$$
0 \leqslant -g_{l+1}(\mu^*) \perp \lambda_{g,l+1}^* \geqslant 0.
$$

上式结合 $s^* \in X_g$ 及 $g_{l+1}(\mu^*) \leqslant 0$, 则说明 z^* 是问题 (4.1.22) 的 KKT 点, 且乘子序列 $\{\omega^k\}_K$ 收敛到 z^* 对应的 KKT 乘子 $(\omega_{I'}^*, 0_{I \backslash I'})$. 另外, 注意到 $\zeta > \xi_{l+1}(z^*, 0) = \xi_{l+1}(z^*)$, 由定理 4.1.2 可知 z^* 也是问题 (4.0.5) 的 KKT 点, 进而 $\mu^* = 0$. 进一步地, 利用引理 4.1.3 和引理 4.1.1 可知, $s^*(= (x^*, y^*))$ 是 MPEC (4.0.1) 的 KKT 稳定点和 B-稳定点. 于是结论 (1) 成立.

(2) 由结论 (1) 以及引理 4.1.3 的证明过程即知结论 (2) 成立. □

为使算法 4.2.1 达到强收敛性和超线性收敛速度, 需要以下强二阶充分条件.

假设 4.2.3 假设函数 f, F, g 和 ψ 在 X_μ 上都是二阶连续可微的, 且算法 4.2.1 产生的序列 $\{z^k\}$ 至少存在一个聚点 $z^* = (x^*, y^*, w^*, \mu^*)$ (从而由定理 4.2.1 知 $s^*(= (x^*, y^*))$ 是 MPEC (4.0.1) 的 KKT 稳定点), 使得 MPEC (4.0.1) 的强二阶充分条件 (SSOSC) 在 KKT 稳定点对 $(s^*, \lambda_F^*, \lambda_c^*, \lambda_{g,I}^*)$ 处成立, 即

$$
d_s^{\mathrm{T}} \nabla_{ss}^2 L_{\mathrm{MPEC}}(s^*, \lambda_F^*, \lambda_{g,I}^*) d_s > 0, \quad \forall\, d_s \in \Omega_s \text{ 且 } d_s \neq 0, \tag{4.2.24}
$$

其中

$$
L_{\mathrm{MPEC}}(s, \lambda_F, \lambda_{g,I}) = f(x, y) + F(x, y)^{\mathrm{T}} \lambda_F + g(x, y)^{\mathrm{T}} \lambda_{g,I},
$$

$$
\Omega_s = \{d_s = (d_x, d_y) \mid (d_y)_{I_{cy}^*} = 0, \nabla g_{I^+}(s^*)^{\mathrm{T}} d_s = 0, \nabla F_{I_{cF}^*}(s^*)^{\mathrm{T}} d_s = 0\},
$$

$$
I^+ = \{i \in I \mid \lambda_{g,i}^* > 0\}, \quad I_{cy}^* = \{i \in I_c \mid y_i^* = 0\},
$$

$$
I_{cF}^* = \{i \in I_c \mid w_i^* = F_i(s^*) = 0\}.
$$

为将分析转换到问题 (4.1.22) 进行, 需要先讨论 MPEC (4.0.1) 在 KKT 稳定点对 $(s^*, \lambda_F^*, \lambda_c^*, \lambda_{g,I}^*)$ 处的 SSOSC 和问题 (4.1.22) 在 KKT 点对 $(z^*, \lambda_F^*, \widehat{\lambda}_c^*, \lambda_{g,I}^*, \lambda_{g,l+1}^*)$ 处的 SSOSC 之间的关系. 首先, 由 (4.1.19) 式和假设 4.1.1 (3), 经分析可知 $\mathbb{R}^{n+m}$ 中的零空间 Ω_s 和对应于问题 (4.1.22) 的 $\mathbb{R}^{n+2m+1}$ 中的如下定义的零空间等价:

$$
\Omega_z = \{d_z \in \mathbb{R}^{n+2m+1} \mid \nabla R_{I^+}(z^*)^{\mathrm{T}} d_z = 0\},
$$

即以下命题成立:

命题 4.2.1 (1) 如果 $d_s = (d_x, d_y) \in \Omega_s$, 则 $d_z = (d_s, d_w, d_\mu) \in \Omega_z$, 其中 $d_\mu = 0$, $(d_w)_{I_{Fw}^*} = 0$, $(d_w)_{I_{cy}^*} = \nabla F_{I_{cy}^*}(s^*)^{\mathrm{T}} d_s$;

(2) 如果 $d_z = (d_x, d_y, d_w, d_\mu) \in \Omega_z$, 则 $d_s = (d_x, d_y) \in \Omega_s$, 且 $d_\mu = 0$, $(d_w)_{I_{cF}^*} = 0$, $(d_w)_{I_{cy}^*} = \nabla F_{I_{cy}^*}(s^*)^{\mathrm{T}} d_s$.

其次, 需要对广义互补函数 $\psi(a, b, \mu)$ 的二阶偏导数作以下要求:

假设 4.2.4 如果 $\psi(a, b, 0) = 0$ 且 $a \neq b$, 则

$$当\ a > 0, b = 0\ 时,\quad \psi_a''(a, b, 0) = 0;$$
$$当\ a = 0, b > 0\ 时,\quad \psi_b''(a, b, 0) = 0.$$

容易证明由 (4.1.13)–(4.1.15) 给出的所有函数 ψ 都满足假设 4.2.4.

命题 4.2.2 若假设 4.1.1–4.1.2, 4.2.1–4.2.2 及 4.2.4 均成立, 则 MPEC (4.0.1) 的 SSOSC (即 (4.2.24)) 和问题 (4.1.22) 的 SSOSC:

$$d_z^{\mathrm{T}} \nabla_{zz}^2 L_{\mathrm{NLP1}}(z^*, \lambda_F^*, \widehat{\lambda}_c^*, \lambda_{g,I}^*, \widehat{\lambda}_{g,l+1}^*) d_z > 0, \quad \forall\ d_z \in \Omega_z,\ d_z \neq 0$$

是完全等价的, 其中 $L_{\mathrm{NLP1}}(z^*, \lambda_F^*, \widehat{\lambda}_c^*, \lambda_{g,I}^*, \widehat{\lambda}_{g,l+1}^*)$ 为问题 (4.1.22) 的 Lagrangian 函数:

$$
\begin{aligned}
&L_{\mathrm{NLP1}}(z, \lambda_F, \lambda_c, \lambda_{g,I}, \lambda_{g,l+1}) \\
&= f(x, y) - \zeta g_{l+1}(\mu) + (F(x, y) - w)^{\mathrm{T}} \lambda_F \\
&\quad + \Psi(y, w, \mu)^{\mathrm{T}} \lambda_c + g(x, y)^{\mathrm{T}} \lambda_{g,I} + \lambda_{g,l+1} g_{g,l+1}(\mu).
\end{aligned}
\tag{4.2.25}
$$

基于以上分析和讨论, 下面给出算法 4.2.1 的强收敛性结果.

定理 4.2.2 假设 4.1.1–4.1.3, 4.2.1–4.2.4 均成立, 则 $\lim\limits_{k \to \infty} z^k = z^*$, 即算法 4.2.1 是强收敛的; 而且, 乘子序列 $\{\omega^k\}$ 整列收敛于问题 (4.1.22) 的相应于 z^* 的 KKT 乘子.

证明 由于 $z^* \in X_\mu$, 问题 (4.1.22) 在 z^* 处的 SSOSC 和 LICQ 成立, 故由文献 [13, 推论 1.4.10] 知 z^* 是问题 (4.1.22) 的一个孤立 KKT 点. 进而, 由定理 4.2.1 可知 z^* 是 $\{z^k\}$ 的一个孤立聚点. 结合 $\lim\limits_{k \to \infty} \|z^{k+1} - z^k\| = 0$, 利用文献 [13, 推论 1.1.8] 立得 $\lim\limits_{k \to \infty} z^k = z^*$. 由引理 4.2.3 以及定理 4.2.1 (2) 即知余下的结论成立. □

4.2.3 超线性收敛性

利用引理 4.2.3 和定理 4.2.2 可推知方向 $\vec{d}_z^k$, d_z^k 和 $\widetilde{d}_z^k$ 的如下关系:

引理 4.2.4 若假设 4.1.1–4.1.2, 4.2.1–4.2.4 均成立, 则由 (4.2.1), (4.2.7) 及 (4.2.13) 分别计算的方向 $\vec{d}_z^k$, d_z^k 及 $\widetilde{d}_z^k$ 满足

$$\|d_z^k\| \sim \|\vec{d}_z^k\|, \quad \|d_z^k - \vec{d}_z^k\| = O(\|\vec{d}_z^k\|^3), \quad \|\widetilde{d}_z^k\| = O(\|\vec{d}_z^k\|^2).$$

由上述引理知, 算法 4.2.1 步骤 7 中的方向 $\tilde{d}_z^k$ 有限步迭代后均由 (4.2.13) 产生.

引理 4.2.5　若假设 4.1.1–4.1.2, 4.2.1–4.2.4 均成立, 则当 k 足够大时, 由 (4.2.4) 定义的积极集 I_k^g 和 I_k^μ 满足

$$I^+ \subseteq I_k^g \subseteq I_* := I(s^*) \subseteq I_k, \quad I_k^\mu \equiv \{l+1\}.$$

证明　首先, 由 $\varepsilon_k \equiv \varepsilon$ 和 $(s^k, \overline{d}_s^k) \to (s^*, 0)$ 可知, 对于充分大的 k, $I_k^g \subseteq I_* \subseteq I_k$ 成立. 进一步地, 由定理 4.2.2, 定理 4.1.1 和 (4.1.9)–(4.1.10) 可得

$$\lambda_{g,i}^k \to \lambda_{g,i}^* > 0, \quad i \in I^+ \subseteq I_*,$$

$$\lambda_{g,l+1}^k \to \widehat{\lambda}_{g,l+1}^* = \xi_{l+1}(z^*, \zeta) = \xi_{l+1}(z^*, 0) + \zeta.$$

故对于充分大的 k 有 $\lambda_{g,I^+}^k > 0$ 与 $I^+ \subseteq I_k^g$. 另外, 由 (4.2.17) 知 $\zeta \geqslant |\xi_{l+1}(z^*, 0)| + \eta > |\xi_{l+1}(z^*, 0)|$. 因此, $\lambda_{g,l+1}^k$ 的极限 $\xi_{l+1}(z^*, 0) + \zeta$ 是正数, 从而当 k 充分大时 $\lambda_{g,l+1}^k$ 是正数. 因此, 由 (4.2.4) 和 (4.2.3d) 即可得 $I_k^\mu \equiv \{l+1\}$ 成立. $\qquad\square$

为获得算法 4.2.1 的超线性收敛性, 需要下面的二阶逼近条件:

假设 4.2.5　　$\left\| \left(\nabla_{zz}^2 L_{\mathrm{NLP1}}(z^k, \omega^k) - H_k \right) d_z^k \right\| = o(\|d_z^k\|)$.

下面定理表明当 k 充分大时步长 1 能被算法接受, 且算法具有超线性收敛性. 定理的证明比较冗长, 从略, 有兴趣的读者可详阅文献 [81, 定理 5.8-5.9] 或文献 [13, 定理 11.4.29-11.4.30].

定理 4.2.3　若假设 4.1.1–4.1.2, 4.2.1–4.2.5 均成立, 则

(1) 当 k 充分大时算法 4.2.1 的步长恒等于 1, 即 $\tau_k \equiv 1$;

(2) 算法 4.2.1 产生的点列 $\{z^k\}$ 满足 $\|z^{k+1} - z^*\| = o(\|z^k - z^*\|)$, 即算法 4.2.1 是超线性收敛的.

本节介绍了求解 MPEC (4.0.1) 的一个隐式光滑 SQP 算法, 该算法具有以下特点:

(1) 借助于转轴运算, 在每次迭代中主搜索方向通过解一个二次规划产生, 且该二次规划与文献 [67] 中的二次规划有着本质的区别, 前者恒有可行解 (从而有最优解), 且不需要任何人工变量和罚参数;

(2) 克服 Maratos 效应的高阶修正方向是由显式公式产生的;

(3) 迭代点满足上层约束 $g(x,y) \leqslant 0$, 从而不需对此惩罚, 而且曲线搜索技术与效益函数也不同于文献 [67];

(4) 除全局收敛性外, 算法在不需上层严格互补的条件下仍具有超线性收敛性, 而文献 [67] 中的算法仅具有全局收敛性.

4.3 超线性收敛的隐式光滑原始对偶内点 QP-free 算法

在上一节我们介绍了基于问题 (4.1.22) 的求解 MPEC (4.0.1) 的一个隐式 SQP 算法, 该算法的主搜索方向需求解一个二次规划子问题, 因此结构复杂, 计算量较大. 本节将结合原始对偶内点法思想和序列线性方程组技术, 基于问题 (4.1.22), 提出 MPEC (4.0.1) 的一个隐式光滑原始对偶内点 QP-free 算法.

为简单起见, 本节将沿用本章开头的通用记号, 以及记号 $\mathcal{X}_P$ (见 (4.1.7) 式), X_g (见 (4.1.20) 式), X_μ (见 (4.1.21) 式). 除此之外, 本节还引进下面集合:

$$X_g^o = \{s \in \mathbb{R}^{n+m} \mid g(s) < 0\}.$$

由于本节算法属 QP-free 型算法, 而且不使用转轴运算, 因此需对 (4.1.8) 式定义的乘子向量作适当的修正.

假设对于任意 $x \in \mathcal{X}_P$, 问题 (4.1.5) 的线性无关约束规格 (LICQ) 成立, 即向量组 $\{\nabla f_i(x)(i \in \mathcal{I}(x)), \nabla f_i(x) \ (i \in \mathcal{E})\}$ 线性无关, 那么在 x 处问题 (4.1.6) 的 LICQ 也成立.

对任意 $x \in \mathcal{X}_P$, 令 $\mathcal{J}$ 为某个满足 $\mathcal{I}(x) \subseteq \mathcal{J} \subseteq \mathcal{I}$ 的指标集. 定义对角矩阵 $\mathcal{H}(x) = \text{diag}(\mathcal{H}_i(x), i \in \mathcal{J} \cup \mathcal{E})$:

$$\mathcal{H}_i(x) = \begin{cases} f_i(x), & i \in \mathcal{J}, \\ 0, & i \in \mathcal{E}. \end{cases}$$

显然, $\mathcal{H}_i(x) \leqslant 0$, $\forall i \in \mathcal{J} \cup \mathcal{E}$. 记 $f_{\mathcal{J}}(x) := (f_i(x), i \in \mathcal{J} \cup \mathcal{E})$, 则在 LICQ 条件下, 矩阵 $\nabla f_{\mathcal{J}}(x)^{\mathrm{T}} \nabla f_{\mathcal{J}}(x) - \mathcal{H}(x)$ 是正定的.

定义问题 (4.1.6) 的乘子向量如下:

$$\widetilde{\varrho}_{\mathcal{J}}(x,\zeta) := (\widetilde{\varrho}_j(x,\zeta), j \in \mathcal{J} \cup \mathcal{E}) = -[\nabla f_{\mathcal{J}}(x)^{\mathrm{T}} \nabla f_{\mathcal{J}}(x) - \mathcal{H}(x)]^{-1} \nabla f_{\mathcal{J}}(x)^{\mathrm{T}} \nabla_x \widehat{f}_\zeta(x).$$

令 $\widetilde{\varrho}_{\mathcal{J}}(x) := \widetilde{\varrho}_{\mathcal{J}}(x,0)$, 容易得到下面的关系式:

$$\widetilde{\varrho}_j(x,\zeta) = \begin{cases} \widetilde{\varrho}_j(x) + \zeta, & \text{若 } j \in \mathcal{E}_1, \\ \widetilde{\varrho}_j(x), & \text{其他}. \end{cases}$$

基于 $\widetilde{\varrho}_{\mathcal{I}}(x)$ 和 $\widetilde{\varrho}_{\mathcal{I}}(x,\zeta)$, 类似定理 4.1.1, 可得问题 (4.1.5) 和问题 (4.1.6) 的如下等价关系:

定理 4.3.1 假设问题 (4.1.5) 的 LICQ 条件在 $x \in \mathcal{X}_P$ 处成立, 则有

(1) 如果 x 是问题 (4.1.5) 的 KKT 点, 那么 $\widetilde{\varrho}_{\mathcal{I}}(x)$ 是唯一的 KKT 乘子向量;

(2) 如果 x 是问题 (4.1.6) 的 KKT 点, 那么 $\widetilde{\varrho}_{\mathcal{I}}(x,\zeta)$ 是唯一的 KKT 乘子向量;

(3) 如果参数 $\zeta > \max\{|\widetilde{\varrho}_j(x)|, j \in \mathcal{E}_1\}$, 那么 x 是问题 (4.1.5) 的 KKT 点当且仅当 x 是问题 (4.1.6) 的 KKT 点.

4.3.1 预备知识

本节我们不妨选取 (4.1.14) 定义的广义互补函数, 即

$$\psi(a,b,\mu) = a + b - \sqrt{(a-b)^2 + 4\mu}.$$

显然有

$$\nabla\psi(a,b,\mu) = \begin{pmatrix} \dfrac{\partial\psi(a,b,\mu)}{\partial a} \\[2mm] \dfrac{\partial\psi(a,b,\mu)}{\partial b} \\[2mm] \dfrac{\partial\psi(a,b,\mu)}{\partial\mu} \end{pmatrix} = \begin{pmatrix} 1 - \dfrac{a-b}{\sqrt{(a-b)^2+4\mu}} \\[2mm] 1 - \dfrac{b-a}{\sqrt{(a-b)^2+4\mu}} \\[2mm] -\dfrac{2}{\sqrt{(a-b)^2+4\mu}} \end{pmatrix}.$$

此时 (4.1.18) 式有如下具体表达式:

$$\widehat{\lambda}^*_{c,i} = \begin{cases} \dfrac{1}{2}y_i^*\lambda^*_{c,i}, & 若\ y_i^* > 0, \\[2mm] \dfrac{1}{2}w_i^*\lambda^*_{c,i}, & 若\ y_i^* = 0; \end{cases} \qquad \lambda^*_{g,l+1} = -\sum_{i=1}^m \psi'_\mu(t_i^*)\widehat{\lambda}^*_{c,i}. \qquad (4.1.18)'$$

类似于 4.2 节, 本节仍考虑问题 (4.1.22), 即

$$\begin{aligned} \min\ &\widetilde{f}_\zeta(z) = f(s) - \zeta g_{l+1}(\mu) \\ \text{s.t.}\ &F(s) - w = 0,\ \Psi(t) = 0, \\ &g(s) \leqslant 0,\ g_{l+1}(\mu) = 1 - e^\mu \leqslant 0. \end{aligned} \qquad (4.3.1)$$

由于本节算法产生的迭代点 z^k 是不等式约束的一个严格内点, 即 $g_i(s^k) < 0$, $i \in I$, 因此 $I(s^k) = \varnothing$. 令指标集 J 满足 $J \subseteq I$. 定义乘子向量 $\widehat{\varrho}: \mathbb{R}^{n+2m+1} \to \mathbb{R}^{2m+|J|+1}$ 为

$$\widehat{\varrho}_J(z^k,\zeta) = -[\nabla R_J(z^k)^{\mathrm{T}}\nabla R_J(z^k) - \widetilde{\mathcal{H}}(s^k)]^{-1}\nabla R_J(z^k)^{\mathrm{T}} \begin{pmatrix} \nabla f(s^k) \\ 0_{m\times 1} \\ -\zeta g'_{l+1}(\mu^k) \end{pmatrix}, \qquad (4.3.2)$$

其中 $R_J(z^k)$ 的定义见 (4.1.19), $\widetilde{\mathcal{H}}(s^k) = \mathrm{diag}(\widetilde{\mathcal{H}}_j(s^k))$ 是一个 $|J|+1+2m$ 阶的对角矩阵, 其中

$$\widetilde{\mathcal{H}}_j(s^k) = \begin{cases} g_j(s^k), & 若\ j \in J \cup \{l+1\}, \\ 0, & 其他. \end{cases}$$

注 4.3.1 在假设 4.1.2–4.1.3 下可证矩阵 $\nabla R_J(z^k)^{\mathrm{T}} \nabla R_J(z^k) - \widetilde{\mathcal{H}}(s^k)$ 是正定的.

记 $\widehat{\varrho}_J(z) := \widehat{\varrho}_J(z, 0)$. 经推导可得到下面的关系式:

$$\widehat{\varrho}_j(z^k, \zeta) = \begin{cases} \widehat{\varrho}_{l+1}(z^k) + \zeta, & \text{若 } j = l+1, \\ \widehat{\varrho}_j(z^k), & \text{其他.} \end{cases}$$

由定理 4.3.1 和引理 4.1.3 即可得 MPEC (4.0.1) 和问题 (4.3.1) 的等价关系:

定理 4.3.2 假设 $z^* = (x^*, y^*, w^*, \mu^*) \in X_\mu$, 参数 $\zeta > |\widehat{\varrho}_{l+1}(z^*)|$ 且在 $s^*(= (x^*, y^*))$ 处下层非退化条件 (4.1.1) 成立, 那么 s^* 是 MPEC (4.0.1) 的一个 KKT 稳定点当且仅当 z^* 是问题 (4.3.1) 的一个 KKT 点, 其中 $w^* = F(s^*)$ 且 $\mu^* = 0$.

4.3.2 算法描述

在本小节, 我们基于问题 (4.3.1) 提出一个全局收敛和超线性收敛的原始对偶内点 QP-free 算法. 为了降低线性方程组的规模, 我们引入一个新的工作集来估计问题 (4.0.5) 的积极集. 为此, 先定义函数 $\Phi : \mathbb{R}^{n+4m+l+2} \mapsto \mathbb{R}^{n+4m+l+2}$:

$$\Phi(z, \lambda_F, \lambda_c, \lambda_{g,I}, \lambda_{g,l+1}) = \begin{pmatrix} \nabla_z L_{\mathrm{NLP2}}(z, \lambda_F, \lambda_c, \lambda_{g,I}, \lambda_{g,l+1}) \\ \min\{-g(s), \lambda_{g,I}\} \\ 1 - e^\mu \\ F(s) - w \\ \Psi(t) \end{pmatrix}, \quad (4.3.3)$$

其中 $L_{\mathrm{NLP2}}(z, \lambda_F, \lambda_c, \lambda_{g,I}, \lambda_{g,l+1})$ 是问题 (4.0.5) 的 Lagrangian 函数:

$$L_{\mathrm{NLP2}}(z, \lambda_F, \lambda_c, \lambda_{g,I}, \lambda_{g,l+1})$$
$$= f(s) + g(s)^{\mathrm{T}} \lambda_{g,I} + g_{l+1}(\mu) \lambda_{g,l+1} + (F(s) - w)^{\mathrm{T}} \lambda_F + \Psi(t)^{\mathrm{T}} \lambda_c. \quad (4.3.4)$$

针对问题 (4.0.5), 定义最优识别函数 $\varphi : \mathbb{R}^{n+4m+l+2} \mapsto \mathbb{R}$:

$$\varphi(z, \lambda_F, \lambda_c, \lambda_{g,I}, \lambda_{g,l+1}) = \|\Phi(z, \lambda_F, \lambda_c, \lambda_{g,I}, \lambda_{g,l+1})\|^{\bar{\gamma}}, \quad (4.3.5)$$

其中 $\bar{\gamma} \in (0, 1)$, $\|\cdot\|$ 表示向量欧氏范数.

显然, $(z^*, \lambda_F^*, \widehat{\lambda}_c^*, \lambda_{g,I}^*, \lambda_{g,l+1}^*)$ 是问题 (4.0.5) 的一个 KKT 点对当且仅当

$$\varphi(z^*, \lambda_F^*, \widehat{\lambda}_c^*, \lambda_{g,I}^*, \lambda_{g,l+1}^*) = 0.$$

对于迭代点 $z^k \in X_{\mu^k}$, 对应的乘子向量 $(\lambda_F^k, \lambda_c^k, \lambda_{g,I}^k, \lambda_{g,l+1}^k)$ 选取如下:

$$\lambda_F^0 = 1, \ \lambda_c^0 = 1, \ (\lambda_{g,I}^0, \lambda_{g,l+1}^0) = q^0; \ \lambda_F^k = \bar{u}^{k-1}, \ \lambda_c^k = \bar{v}^{k-1}, \quad (4.3.6a)$$

$$(\lambda_{g,I}^k, \lambda_{g,l+1}^k) = (\bar{\lambda}_I^{k-1}, \ \bar{\lambda}_{l+1}^{k-1} - \zeta_{k-1}), \ k \geqslant 1, \quad (4.3.6b)$$

其中 $q^0 > 0$, 且 $\bar{\lambda}^{k-1}$, $\bar{u}^{k-1}$, $\bar{v}^{k-1}$ 由算法的第 $k-1$ 次迭代产生.

利用乘子向量 $(\lambda_F^k, \lambda_c^k, \lambda_{g,I}^k, \lambda_{g,l+1}^k)$, 定义本节的工作集如下:

$$I_k = \{ i \in I \mid g_i(z^k) + \varphi(z^k, \lambda_F^k, \lambda_c^k, \lambda_{g,I}^k, \lambda_{g,l+1}^k) \geqslant 0 \}. \tag{4.3.7}$$

文献 [61] 证明, 如果在 KKT 点对 $(z^*, \lambda_F^*, \widehat{\lambda}_c^*, \lambda_{g,I}^*, \lambda_{g,l+1}^*)$ 处 MFCQ 和二阶充分条件成立, 则当 $(z^k, \lambda_F^k, \lambda_c^k, \lambda_{g,I}^k, \lambda_{g,l+1}^k)$ 充分接近 $(z^*, \lambda_F^*, \widehat{\lambda}_c^*, \lambda_{g,I}^*, \lambda_{g,l+1}^*)$ 时, $I_k \equiv I(s^*)$. 基于此性质, 在构造线性方程组时不等式约束中仅考虑与工作集中对应的约束.

首先, 按如下方法产生线性方程组的系数矩阵:

$$M(z^k, H_k, Q_k) = \begin{pmatrix} H_k & A_k & B_k & C_k \\ Q_k A_k^{\mathrm{T}} & G_k & 0 & 0 \\ B_k^{\mathrm{T}} & 0 & 0 & 0 \\ C_k^{\mathrm{T}} & 0 & 0 & 0 \end{pmatrix}, \tag{4.3.8}$$

其中 H_k 是问题 (4.3.1) 的 Lagrangian 函数 $L_{\mathrm{NLP1}}(z, \lambda_F, \lambda_c, \lambda_{g,I}, \lambda_{g,l+1})$ (见 (4.2.25) 式) 的 Hessian 矩阵的近似阵,

$$A_k = \nabla_z g_{I_k \cup \{l+1\}}(s^k), \quad B_k = \nabla_z(F(s^k) - w^k), \quad C_k = \nabla_z \Psi(t^k),$$

$$Q_k = \mathrm{diag}(q_{I_k \cup \{l+1\}}^k), \quad G_k = \mathrm{diag}(g_{I_k \cup \{l+1\}}(s^k)).$$

注 4.3.2　由后面的定理 4.3.3 知, 迭代点列 $\{z^k\}$ 的聚点 $z^* = (x^*, y^*, w^*, \mu^*)$ 中的 $\mu^* = 0$, 这说明问题 (4.3.1) 的约束 $g_{l+1}(\mu) = 1 - e^\mu \leqslant 0$ 在 z^* 处是积极约束, 所以, 我们这里构造系数矩阵 $M(z^k, H_k, Q_k)$ 时考虑与 $I_k \cup \{l+1\}$ 对应的不等式约束和所有等式约束.

由于本节算法产生的迭代点 z^k 满足 $g(s^k) < 0$ 和 $g_{l+1}(\mu^k) < 0$, 所以本节仍采用罚函数 $\theta_{(\alpha,\varsigma)}(z)$ (定义见 (4.2.12) 式) 作为效益函数, 即

$$\theta_{(\alpha,\varsigma)}(z) = f(s) - \varsigma g_{l+1}(\mu) + \alpha \left(\|F(s) - w\|_1 + \|\Psi(t)\|_1 \right), \tag{4.3.9}$$

其中 $\alpha > 0$ 为罚参数.

下面给出本节算法的详细步骤.

算法 4.3.1

参数: $\rho \in \left(0, \dfrac{1}{2}\right)$, β, $\bar{\gamma}_1$, $\bar{\gamma}_2 \in (0,1)$, $\varepsilon_0 \in (2,3)$, ς_{-1}, $\alpha_{-1} > 0, \nu > 2$, $\rho_1 > 0$, $\rho_2 > 0$, $\bar{M} > 0$, $p > 0$ 和 $q_{\max} > q_{\min} > 0$.

数据: $(x^0, y^0) \in X_g^o$, $\mu^0 > 0$, $w^0 = F(x^0, y^0)$, $z^0 = (x^0, y^0, w^0, \mu^0)$, $q^0 = (q_j^0, j \in I \cup \{l+1\})$, $q_j^0 \in (q_{\min}, q_{\max}]$, $j \in I \cup \{l+1\}$. 令 $k = 0$.

步骤 1 (产生工作集) 通过 (4.3.6) 和 (4.3.5) 计算 $\varphi(z^k, \lambda_F^k, \lambda_c^k, \lambda_{g,I}^k, \lambda_{g,l+1}^k)$，进而由 (4.3.7) 计算工作集 I_k. 计算对称矩阵 H_k，使得 H_k 是问题 (4.3.1) 的 Lagrangian 函数的 Hessian 阵的近似阵，且使得

$$W_k = H_k - \sum_{i \in I_k \cup \{l+1\}} \frac{q_i^k}{g_i(z^k)} \nabla g_i(z^k) \nabla g_i(z^k)^{\mathrm{T}} \qquad (4.3.10)$$

是正定阵.

步骤 2 (更新罚参数 ζ_k) 由 (4.3.2) 计算 $\widehat{\varrho}^k := \widehat{\varrho}_{I_k}(z^k, 0)$，按下式更新 ζ_k:

$$\zeta_k = \begin{cases} \zeta_{k-1}, & \text{如果 } \zeta_{k-1} \geqslant |\widehat{\varrho}_{l+1}^k| + \rho_1, \\ \max\{|\widehat{\varrho}_{l+1}^k|, \zeta_{k-1}\} + \rho_1, & \text{其他.} \end{cases} \qquad (4.3.11)$$

步骤 3 (计算搜索方向) 记 $M_k := M(z^k, H_k, Q_k)$.

(1) 解如下关于 (d_z, λ, u, v) 的第一个线性方程组得 $(\bar{d}_z^k, \bar{\lambda}_{I_k \cup \{l+1\}}^k, \bar{u}^k, \bar{v}^k)$:

$$M_k \begin{pmatrix} d_z \\ \lambda_{I_k \cup \{l+1\}} \\ u \\ v \end{pmatrix} = \begin{pmatrix} -\nabla \widetilde{f}_{\zeta_k}(z^k) \\ 0 \\ -F(s^k) + w^k \\ -\Psi(t^k) \end{pmatrix}. \qquad (4.3.12)$$

令 $\bar{\lambda}^k = (\bar{\lambda}_{I_k \cup \{l+1\}}^k, 0_{I \setminus I_k})$. 如果 $\bar{d}_z^k = 0$ 且 $\bar{\lambda}_{I_k \cup \{l+1\}}^k \geqslant 0$，则算法终止；否则，转入 (2).

(2) 解如下关于 (d_z, λ, u, v) 的第二个线性方程组得 $(d_z^k, \lambda_{I_k \cup \{l+1\}}^k, u^k, v^k)$:

$$M_k \begin{pmatrix} d_z \\ \lambda_{I_k \cup \{l+1\}} \\ u \\ v \end{pmatrix} = \begin{pmatrix} -\nabla \widetilde{f}_{\zeta_k}(z^k) \\ \gamma_{I_k \cup \{l+1\}}^k \\ -F(s^k) + w^k \\ -\Psi(t^k) \end{pmatrix}, \qquad (4.3.13)$$

其中

$$\gamma_i^k = (1 - \widehat{\beta}_k)\phi_i^k + \widehat{\beta}_k(-\|\bar{d}_z^k\|^\nu - |\sigma_k|^\nu)q_i^k, \quad i \in I_k \cup \{l+1\}; \qquad (4.3.14)$$

$$\sigma_k = \widetilde{f}_{\zeta_k}(z^k)^{\mathrm{T}} \bar{d}_z^k - \sum_{i \in I_k \cup \{l+1\}} \frac{\bar{\lambda}_i^k}{q_i^k} \phi_i^k - \sum_{i \in I_c} \bar{u}_i^k (F_i(s^k) - w_i^k) - \sum_{i \in I_c} \bar{v}_i^k \psi(t_i^k)$$

$$- \|F(s^k) - w^k\|_1 - \|\Psi(t^k)\|_1; \qquad (4.3.15)$$

$$\phi_i^k = \min\{0, -(\max\{-\bar{\lambda}_i^k, 0\})^p - \bar{M}g_i(z^k)\}, \quad i \in I_k \cup \{l+1\}; \qquad (4.3.16)$$

$$
\widehat{\beta}_k = \begin{cases} 1, & \text{若 } \widehat{b}_k \leqslant 0, \\ \min\left\{ \dfrac{(1-\bar{\gamma}_1)|\sigma_k|}{\widehat{b}_k}, 1 \right\}, & \text{若 } \widehat{b}_k > 0; \end{cases} \tag{4.3.17}
$$

$$
\widehat{b}_k = \sum_{i \in I_k \cup \{l+1\}} \frac{\bar{\lambda}_i^k}{q_i^k} [(\|\bar{d}_z^k\|^\nu + |\sigma_k|^\nu) q_i^k + \phi_i^k]. \tag{4.3.18}
$$

令 $\lambda^k := (\lambda_{I_k \cup \{l+1\}}^k, 0_{I \setminus I_k})$.

步骤 4 (更新罚参数 α_k)　记

$$
\eta_k = \max_{i \in I_c} \{1 + |2\bar{u}_i^k - u_i^k|, |u_i^k|, 1 + |2\bar{v}_i^k - v_i^k|, |v_i^k|\},
$$

则令

$$
\alpha_k = \begin{cases} \alpha_{k-1}, & \text{如果 } \alpha_{k-1} \geqslant \eta_k + \rho_2, \\ \max\{\alpha_{k-1}, \eta_k\} + \rho_2, & \text{其他.} \end{cases} \tag{4.3.19}
$$

步骤 5 (试探步)　如果

$$
\theta_{(\alpha_k, \zeta_k)}(z^k + d_z^k) \leqslant \theta_{(\alpha_k, \zeta_k)}(z^k) + \rho \Upsilon(z^k, d_z^k, \zeta_k, \alpha_k),
$$

$$
g_i(s^k + d_s^k) < 0, \ i \in I,
$$

$$
g_{l+1}(\mu^k + d_\mu^k) < 0,
$$

则令步长 $\tau_k = 1$, 二阶修正方向 $\tilde{d}^k = 0$, 转入步骤 8. 上式中的函数 $\Upsilon(z^k, d_z^k, \zeta_k, \alpha_k)$ 定义如下:

$$
\Upsilon(z^k, d_z^k, \zeta_k, \alpha_k) = \nabla \widetilde{f}_{\zeta_k}(z^k)^{\mathrm{T}} d_z^k - \alpha_k(\|F(s^k) - w^k\|_1 + \|\Psi(t^k)\|_1). \tag{4.3.20}
$$

步骤 6 (产生二阶修正方向)　解如下关于 (d_z, λ, u, v) 的第三个线性方程组得 $(\tilde{d}_z^k, \tilde{\lambda}_{I_k \cup \{l+1\}}^k, \tilde{u}^k, \tilde{v}^k)$:

$$
M_k \begin{pmatrix} d_z \\ \lambda_{I_k \cup \{l+1\}} \\ u \\ v \end{pmatrix} = \begin{pmatrix} 0 \\ \widetilde{\gamma}_{I_k \cup \{l+1\}}^k \\ \widetilde{\zeta}^k \\ \widetilde{\xi}^k \end{pmatrix}, \tag{4.3.21}
$$

其中

$$
\widetilde{\gamma}_i^k = \begin{cases} -\widetilde{\delta}_k - q_i^k g_i(z^k + d_z^k) - \dfrac{(q_i^k)^2}{\lambda_i^k} \widehat{\beta}_k |\sigma_k|^\nu, & \text{若 } \lambda_i^k \neq 0 \text{ 且 } i \in I_k \cup \{l+1\}, \\ -\widetilde{\delta}_k - q_i^k g_i(z^k + d_z^k), & \text{若 } \lambda_i^k = 0 \text{ 且 } i \in I_k \cup \{l+1\}. \end{cases} \tag{4.3.22}
$$

$$\widetilde{\delta}_k = \max\left\{\|d_z^k\|^{\varepsilon_0}, \|d_z^k\|^2 \max_{i\in I_k\cup\{l+1\},\lambda_i^k\neq 0}\left\{\left|1-\frac{q_i^k}{\lambda_i^k}\right|^{\sigma}\right\}\right\}. \tag{4.3.23}$$

$$\widetilde{\zeta}^k = (\widetilde{\zeta}_i^k, i\in I_c), \quad \widetilde{\xi}^k = (\widetilde{\xi}_i^k, i\in I_c), \tag{4.3.24}$$

$$\widetilde{\zeta}_i^k = -\|d_z^k\|^{\varepsilon_0} - (F_i(s^k+d_s^k)-(w_i^k+d_{w_i}^k)), \quad i\in I_c, \tag{4.3.25}$$

$$\widetilde{\xi}_i^k = -\|d_z^k\|^{\varepsilon_0} - \psi_i(t_i^k+d_{t_i}^k), \quad i\in I_c. \tag{4.3.26}$$

令 $\widetilde{\lambda}^k := (\widetilde{\lambda}_{I_k\cup\{l+1\}}^k, 0_{I\backslash I_k})$. 如果 $\|\widetilde{d}_z^k\| > \|d_z^k\|$, 则令 $\widetilde{d}_z^k = 0$.

步骤 7 (曲线搜索) 令 τ_k 是序列 $\{1, \beta, \beta^2, \cdots\}$ 中满足下列不等式的最大数 τ:

$$\theta_{(\alpha_k,\zeta_k)}(z^k+\tau d_z^k+\tau^2\widetilde{d}_z^k) \leqslant \theta_{(\alpha_k,\zeta_k)}(z^k) + \rho\tau\Upsilon(z^k,d_z^k,\zeta_k,\alpha_k), \tag{4.3.27}$$

$$g_i(s^k+\tau d_s^k+\tau^2\widetilde{d}_s^k) < 0, \quad i\in I, \tag{4.3.28}$$

$$g_{l+1}(\mu^k+\tau d_\mu^k+\tau^2\widetilde{d}_\mu^k) < 0. \tag{4.3.29}$$

步骤 8 (更新) 令 $z^{k+1} = z^k + \tau_k d_z^k + \tau_k^2\widetilde{d}_z^k$, $q_i^{k+1} = \min\{\max\{\|d_z^k\|^2+q_{\min},\lambda_i^k\}, q_{\max}\}$, $i\in I\cup\{l+1\}$. 令 $k:=k+1$, 返回步骤 1.

注 4.3.3 步骤 8 中的 q^k 的更新策略对确保系数矩阵 M_k 的一致非奇异性起到了重要作用. 为此, 还可采用不同的更新方式, 如 $q_i^{k+1} = \min\{\max\{q_{\min},\lambda_i^k\}, q_{\max}\}, i\in I_k\cup\{l+1\}$ 等.

接下来, 讨论算法 4.3.1 的可行性. 为简单起见, 在本节余下分析中, 记

$$\bar{d}^k = \bar{d}_z^k, \quad d^k = d_z^k, \quad \widetilde{d}^k = \widetilde{d}_z^k.$$

引理 4.3.1 如果假设 4.1.1–4.1.3 成立且矩阵 W_k 是正定的, 那么系数矩阵 M_k 是非奇异的, 从而线性方程组 (4.3.12), (4.3.13), (4.3.21) 均具有唯一解.

证明 只需证明线性方程组 $M_k\upsilon = 0$ (其中 $\upsilon = (d,\upsilon^1,\upsilon^2,\upsilon^3)$) 只有零解. 由系数矩阵 M_k 的构成 (见 (4.3.8) 式) 得

$$H_kd + \sum_{i\in I_k\cup\{l+1\}} \upsilon_i^1\nabla_z g_i(z^k)$$
$$+ \sum_{i\in I_c} \upsilon_i^2\nabla_z(F_i(s^k)-w_i^k) + \sum_{i\in I_c} \upsilon_i^3\nabla_z\psi(t_i^k) = 0; \tag{4.3.30a}$$

$$q_i^k\nabla_z g_i(z^k)^{\mathrm{T}}d + \upsilon_i^1 g_i(z^k) = 0; \tag{4.3.30b}$$

$$\nabla_z(F_i(s^k)-w_i^k)^{\mathrm{T}}d = 0, \quad \nabla_z\psi(t_i^k)^{\mathrm{T}}d = 0, \quad i\in I_c. \tag{4.3.30c}$$

(4.3.30a) 式左乘 d^{T}, 并结合 (4.3.30a) 和 (4.3.30c), 得

$$d^{\mathrm{T}}\left(H_k - \sum_{i\in I_k\cup\{l+1\}} \frac{q_i^k}{g_i(z^k)}\nabla g_i(z^k)\nabla g_i(z^k)^{\mathrm{T}}\right)d = 0,$$

即

$$d^{\mathrm{T}}W_k d = 0.$$

结合 W_k 的正定性即得 $d = 0$. 将 $d = 0$ 代入 (4.3.30a), 并结合 $g_i(z^k) < 0$ 得 $v_i^1 = 0,\ \forall\, i \in I_k \cup \{l+1\}$.

将 $d = 0$, $v_i^1 = 0$ $(i \in I_k \cup \{l+1\})$ 代入 (4.3.30a), 并结合假设 4.1.2–4.1.3, 有 $v_i^2 = 0$, $v_i^3 = 0$, $\forall\, i \in I_c$.

综合以上证明, 有 $d = 0$, $v^1 = v^2 = v^3 = 0$. 因此, M_k 是非奇异的, 从而线性方程组 (4.3.12), (4.3.13), (4.3.21) 均具有唯一解. □

引理 4.3.2　假设 4.1.1–4.1.3 成立, 且矩阵 W_k 是正定的. 若算法 4.3.1 在步骤 3(1) 终止, 即 $\bar{d}^k = 0$ 且 $\bar{\lambda}_{I_k \cup \{l+1\}} \geqslant 0$, 则 $z^k = (s^k, w^k, \mu^k)$ 是问题 (4.3.1) 的一个 KKT 点; 进一步地, 如果在 s^k 处下层非退化条件 (4.1.1) 满足, 则 s^k 是 MPEC (4.0.1) 的一个 KKT 点.

证明　如果 $\bar{d}^k = 0$, 则代入线性方程组 (4.3.12), 并结合 $\bar{\lambda}_{I_k \cup \{l+1\}} \geqslant 0$, 即知 z^k 为问题 (4.3.1) 的 KKT 点. 注意到 $\zeta_k \geqslant |\hat{\varrho}_{l+1}(z^k, 0)|$, 且在 s^k 处下层非退化条件 (4.1.1) 满足, 所以由定理 4.3.2 知 s^k 是 MPEC (4.0.1) 的一个 KKT 稳定点. □

引理 4.3.3　如果假设 4.1.1–4.1.3 成立, 且矩阵 W_k 是正定的, 那么下面结论成立:

(1) $\nabla \widetilde{f}_{\zeta_k}(z^k)^{\mathrm{T}} \bar{d}^k - \sum_{i \in I_c} \bar{u}_i^k (F_i(s^k) - w_i^k) - \sum_{i \in I_c} \bar{v}_i^k \psi(y_i^k, w_i^k, \mu^k) = -(\bar{d}^k)^{\mathrm{T}} W_k \bar{d}^k$;

(2) $\nabla \widetilde{f}_{\zeta_k}(z^k)^{\mathrm{T}} d^k$
$\leqslant \sigma_k \bar{\gamma}_1 + \sum_{i \in I_c} (1 + |2\bar{u}_i^k - u_i^k|)|F_i(s^k) - w_i^k| + \sum_{i \in I_c} (1 + |2\bar{v}_i^k - v_i^k|)|\psi(t_i^k)|$;

(3) $\sigma_k \leqslant 0$, 如果 $\sigma_k = 0$, 则 z^k 是问题 (4.3.1) 的一个 KKT 点.

证明　(1) 由线性方程组 (4.3.12) 可得

$$H_k \bar{d}^k + \sum_{i \in I_k \cup \{l+1\}} \bar{\lambda}_i^k \nabla_z g_i(z^k) + \sum_{i \in I_c} \bar{u}_i^k \nabla_z (F_i(s^k) - w_i^k)$$
$$+ \sum_{i \in I_c} \bar{v}_i^k \nabla_z \psi(t_i^k) = -\nabla \widetilde{f}_{\zeta_k}(z^k), \tag{4.3.31a}$$

$$q_i^k \nabla_z g_i(z^k)^{\mathrm{T}} \bar{d}^k + \bar{\lambda}_i^k g_i(z^k) = 0, \quad i \in I_k \cup \{l+1\}, \tag{4.3.31b}$$

$$\nabla_z (F_i(s^k) - w_i^k)^{\mathrm{T}} \bar{d}^k = -F_i(s^k) + w_i^k, \quad i \in I_c, \tag{4.3.31c}$$

$$\nabla_z \psi(t_i^k)^{\mathrm{T}} \bar{d}^k = -\psi(t_i^k), \quad i \in I_c. \tag{4.3.31d}$$

进一步地, 由 (4.3.31a) 得

$$\nabla \widetilde{f}_{\zeta_k}(z^k)^{\mathrm{T}} \bar{d}^k = -(\bar{d}^k)^{\mathrm{T}} H_k \bar{d}^k + \sum_{i \in I_k \cup \{l+1\}} \frac{q_i^k}{g_i(z^k)}(\bar{d}^k)^{\mathrm{T}} \nabla g_i(z^k) \nabla g_i(z^k)^{\mathrm{T}} \bar{d}^k$$

$$+ \sum_{i \in I_c} \bar{u}_i^k \left(F_i(s^k) - w_i^k\right) + \sum_{i \in I_c} \bar{v}_i^k \psi(t_i^k).$$

结合 W_k 的定义 (4.3.10), 有

$$\nabla \widetilde{f}_{\zeta_k}(z^k)^{\mathrm{T}} \bar{d}^k - \sum_{i \in I_c} \bar{u}_i^k \left(F_i(s^k) - w_i^k\right) - \sum_{i \in I_c} \bar{v}_i^k \psi(t_i^k) = -(\bar{d}^k)^{\mathrm{T}} W_k \bar{d}^k,$$

即结论 (1) 成立.

(2) 由线性方程组 (4.3.13) 得

$$H_k d^k + \sum_{i \in I_k \cup \{l+1\}} \lambda_i^k \nabla_z g_i(z^k) + \sum_{i \in I_c} u_i^k \nabla_z (F_i(s^k) - w_i^k)$$

$$+ \sum_{i \in I_c} v_i^k \nabla_z \psi(t_i^k) = -\nabla \widetilde{f}_{\zeta_k}(z^k), \tag{4.3.32a}$$

$$q_i^k \nabla_z g_i(z^k)^{\mathrm{T}} d^k + \lambda_i^k g_i(z^k) = \gamma_i^k, \quad i \in I_k \cup \{l+1\}, \tag{4.3.32b}$$

$$\nabla_z (F_i(s^k) - w_i^k)^{\mathrm{T}} d^k = -F_i(s^k) + w_i^k, \quad i \in I_c, \tag{4.3.32c}$$

$$\nabla_z \psi(t_i^k)^{\mathrm{T}} d^k = -\psi(t_i^k), \quad i \in I_c. \tag{4.3.32d}$$

所以, 由 (4.3.32a) 和 (4.3.31a) 得

$$\nabla \widetilde{f}_{\zeta_k}(z^k)^{\mathrm{T}} d^k - \nabla \widetilde{f}_{\zeta_k}(z^k)^{\mathrm{T}} \bar{d}^k$$

$$= \sum_{i \in I_k \cup \{l+1\}} \lambda_i^k \nabla g_i(z^k)^{\mathrm{T}} \bar{d}^k + \sum_{i \in I_c} u_i^k \nabla_z (F_i(s^k) - w_i^k)^{\mathrm{T}} \bar{d}^k + \sum_{i \in I_c} v_i^k \nabla_z \psi(t_i^k)^{\mathrm{T}} \bar{d}^k$$

$$- \sum_{i \in I_k \cup \{l+1\}} \bar{\lambda}_i^k \nabla g_i(z^k)^{\mathrm{T}} d^k - \sum_{i \in I_c} \bar{u}_i^k \nabla_z (F_i(s^k) - w_i^k)^{\mathrm{T}} d^k - \sum_{i \in I_c} \bar{v}_i^k \nabla_z \psi(t_i^k)^{\mathrm{T}} d^k,$$

再结合 (4.3.31b), (4.3.31c), (4.3.32b) 和 (4.3.32c), 即得

$$\nabla \widetilde{f}_{\zeta_k}(z^k)^{\mathrm{T}} d^k = \nabla \widetilde{f}_{\zeta_k}(z^k)^{\mathrm{T}} \bar{d}^k - \sum_{i \in I_k \cup \{l+1\}} \frac{\bar{\lambda}_i^k}{q_i^k} \phi_i^k$$

$$+ \widehat{\beta}_k \sum_{i \in I_k} \frac{\bar{\lambda}_i^k}{q_i^k} \left(\phi_i^k + (\|\bar{d}^k\|^\nu + |\sigma_k|^\nu) q_i^k\right)$$

$$+ \sum_{i \in I_c} (\bar{u}_i^k - u_i^k)(F_i(s^k) - w_i^k) + \sum_{i \in I_c} (\bar{v}_i^k - v_i^k)\psi(t_i^k)$$

$$\leqslant \sigma_k + \widehat{\beta}_k \widehat{b}_k + \sum_{i \in I_c} (1 + |2\bar{u}_i^k - u_i^k|)|F_i(s^k) - w_i^k|$$

$$+ \sum_{i \in I_c} (1 + |2\overline{v}_i^k - v_i^k|)|\psi(t_i^k)|. \tag{4.3.33}$$

另一方面, 由结论 (1) 和 W_k 是正定阵可知

$$\nabla \widetilde{f}_{\zeta_k}(z^k)^{\mathrm{T}} \overline{d}^k - \sum_{i \in I_c} \overline{u}_i^k (F_i(s^k) - w_i^k) - \sum_{i \in I_c} \overline{v}_i^k \psi(t_i^k) = -(\overline{d}^k)^{\mathrm{T}} W_k \overline{d}^k \leqslant 0, \tag{4.3.34}$$

$$- \sum_{i \in I_c} |F_i(x^k, y^k) - w_i^k| - \sum_{i \in I_c} |\psi(y^k, w_i^k, \mu^k)| \leqslant 0. \tag{4.3.35}$$

由 ϕ_i^k 的定义 (4.3.16) 可知

$$- \sum_{i \in I_k \cup \{l+1\}} \frac{\overline{\lambda}_i^k}{q_i^k} \phi_i^k \leqslant 0. \tag{4.3.36}$$

于是由 (4.3.34)–(4.3.36) 以及 σ_k 的定义 (4.3.15) 得

$$\sigma_k \leqslant 0. \tag{4.3.37}$$

如果 $\widehat{b}_k \leqslant 0$, 则由 (4.3.17) 知 $\widehat{\beta}_k = 1$. 于是由 (4.3.33) 得

$$\nabla \widetilde{f}_{\zeta_k}(z^k)^{\mathrm{T}} d^k \leqslant \overline{\gamma}_1 \sigma_k + \sum_{i \in I_c}(1 + |2\overline{u}_i^k - u_i^k|)|F_i(s^k) - w_i^k|$$
$$+ \sum_{i \in I_c}(1 + |2\overline{v}_i^k - v_i^k|)|\psi(t_i^k)|. \tag{4.3.38}$$

如果 $\widehat{b}_k > 0$, 那么 $\widehat{\beta}_k = \min\left\{\dfrac{(1-\overline{\gamma}_1)|\sigma_k|}{\widehat{b}_k}, 1\right\}$, 从而 $\widehat{\beta}_k\widehat{b}_k = (\overline{\gamma}_1 - 1)\sigma_k$, 并将此式代入 (4.3.33), 则有

$$\nabla \widetilde{f}_{\zeta_k}(z^k)^{\mathrm{T}} d^k \leqslant \overline{\gamma}_1 \sigma_k + \sum_{i \in I_c}(1 + |2\overline{u}_i^k - u_i^k|)|F_i(s^k) - w_i^k|$$
$$+ \sum_{i \in I_c}(1 + |2\overline{v}_i^k - v_i^k|)|\psi(t_i^k)|. \tag{4.3.39}$$

因此, (4.3.38) 和 (4.3.39) 表明结论 (2) 成立.

(3) 由 (4.3.37) 知 $\sigma_k \leqslant 0$. 如果 $\sigma_k = 0$, 那么由 (4.3.15), (4.3.34)–(4.3.36) 得

$$(\overline{d}^k)^{\mathrm{T}} W_k \overline{d}^k = 0, \qquad \sum_{i \in I_k \cup \{l+1\}} \frac{\overline{\lambda}_i^k}{q_i^k} \phi_i^k = 0, \tag{4.3.40}$$

$$\sum_{i \in I_c} |F_i(s^k) - w_i^k| + \sum_{i \in I_c} |\psi(t_i^k)| = 0. \tag{4.3.41}$$

因此, $F_i(s^k) - w_i^k = 0$, $\psi(t_i^k) = 0$, $i \in I_c$. 由 W_k 的正定性知 $\bar{d}^k = 0$. 另外, 结合 (4.3.31b), 则有 $\bar{\lambda}_i^k g_i(z^k) = 0$, $i \in I_k \cup \{l+1\}$.

由 (4.3.40) 和 $\bar{\lambda}_i^k \phi_i^k \geqslant 0$, $i \in I_k \cup \{l+1\}$, 得

$$\bar{\lambda}_i^k \phi_i^k = 0, \quad i \in I_k \cup \{l+1\}. \tag{4.3.42}$$

对任意 $i \in I_k \cup \{l+1\}$, 可证 $\bar{\lambda}_i^k \geqslant 0$. 事实上, 若存在 $i_0 \in I_k \cup \{l+1\}$, 使得 $\bar{\lambda}_{i_0}^k < 0$, 那么 $g_{i_0}(z^k) = 0$, 从而由 (4.3.16) 知 $\phi_{i_0}^k < 0$, 进而 $\bar{\lambda}_{i_0}^k \phi_{i_0}^k > 0$. 这与 (4.3.42) 矛盾. 因此, $\bar{\lambda}_i^k \geqslant 0$, $\forall i \in I_k \cup \{l+1\}$. 进一步地, 将 $\bar{d}^k = 0$ 代入线性方程组 (4.3.12) 即可知 z^k 是问题 (4.3.1) 的一个 KKT 点. □

引理 4.3.4 假设 4.1.1–4.1.2 成立, 且矩阵 W_k 是正定阵, 则有

(1) 如果 z^k 不是问题 (4.3.1) 的一个 KKT 点, 那么 $\Upsilon(z^k, d^k, \zeta_k, \alpha_k) < 0$;

(2) 序列 $\{\mu^k\}$ 是严格正的, 即对任意正整数 k, 有 $\mu^k > 0$;

(3) 算法 4.3.1 是适定的.

证明 (1) 由 $\Upsilon(z^k, d^k, \zeta_k, \alpha_k)$ 的定义 (4.3.20) 和引理 4.3.3(2), 得

$$\Upsilon(z^k, d^k, \zeta_k, \alpha_k) \leqslant \bar{\gamma}_1 \sigma_k - \sum_{i \in I_c} (\alpha_k - 1 - |2\bar{u}_i^k - u_i^k|)|F_i(s^k) - w_i^k|$$
$$- \sum_{i \in I_c} (\alpha_k - 1 - |2\bar{v}_i^k - v_i^k|)|\psi(t_i^k)|.$$

结合 α_k 的更新策略 (4.3.19) 以及引理 4.3.3(3), 则有

$$\Upsilon(z^k, d^k, \zeta_k, \alpha_k) \leqslant \bar{\gamma}_1 \sigma_k < 0. \tag{4.3.43}$$

(2) 因为 $g_{l+1}(\mu^k) = 1 - e^{\mu^k} < 0$, 所以结论 (2) 显然成立.

(3) 现只需证明当 $\tau > 0$ 充分小时, 不等式 (4.3.27)–(4.3.29) 均成立. 由 $\theta_{(\alpha,\zeta)}(z)$ 的定义 (4.2.12) 和线性方程组 (4.3.13), 得

$$\theta_{(\alpha_k,\zeta_k)}(z^k + \tau d^k + \tau^2 \tilde{d}^k) - \theta_{(\alpha_k,\zeta_k)}(z^k)$$
$$= \tau \nabla \widetilde{f}_{\zeta_k}(z^k)^{\mathrm{T}} d^k + o(\tau) + \alpha_k \sum_{i \in I_c} (|(1-\tau)(F_i(s^k) - w_i^k)| - |F_i(s^k) - w_i^k|)$$
$$+ \alpha_k \sum_{i \in I_c} (|(1-\tau)\psi(t_i^k)| - |\psi(t_i^k)|) + o(\|\tau d^k + \tau^2 \tilde{d}^k\|)$$
$$= \tau \nabla \widetilde{f}_{\zeta_k}(z^k)^{\mathrm{T}} d^k - \tau \alpha_k \sum_{i \in I_c} |F_i(s^k) - w_i^k| - \tau \alpha_k \sum_{i \in I_c} |\psi(t_i^k)| + o(\|\tau d^k + \tau^2 \tilde{d}^k\|)$$
$$= \tau \Upsilon(z^k, d^k, \zeta_k, r_k) + o(\|\tau d^k + \tau^2 \tilde{d}^k\|)$$
$$\leqslant \rho \tau \Upsilon(z^k, d^k, \zeta_k, \alpha_k) + o(\|\tau d^k + \tau^2 \tilde{d}^k\|), \tag{4.3.44}$$

其中最后一个不等式是基于 (4.3.43) 和 $\rho \in \left(0, \dfrac{1}{2}\right)$. 因此, 存在 $\bar{\tau}_k > 0$, 使得对任意的 $\tau \in (0, \bar{\tau}_k)$, 不等式 (4.3.27) 成立.

由于 $g_i(z^k) < 0$, $\forall\, i \in I \cup \{l+1\}$, 且 g_i 连续, 所以当 τ 足够小时, 不等式 (4.3.28) 和 (4.3.29) 均成立.

综上所述, 存在 $\hat{\tau}_k > 0$, 使得对任意的 $\tau \in (0, \hat{\tau}_k)$, 不等式 (4.3.27)–(4.3.29) 均成立. 因此, 算法 4.3.1 是适定的. $\qquad\square$

4.3.3　全局收敛性分析

如果算法 4.3.1 在点 $z^k = (s^k, w^k, \mu^k)$ 处终止且在 s^k 处下层非退化条件 (4.1.1) 满足, 则由引理 4.3.2 知 s^k 是 MPEC (4.0.1) 的一个 KKT 稳定点. 不失一般性, 本小节假设算法 4.3.1 生成一个无穷的迭代点列 $\{z^k\}$. 下面将分析和证明算法 4.3.1 的全局收敛性, 即序列 $\{z^k\}$ 的任意聚点均是 MPEC (4.0.1) 的 KKT 稳定点.

因本节算法引进了矩阵 W_k 的正定性, 所以可将假设 4.2.1 减弱如下:

假设 4.3.1　　(1) 算法 4.3.1 产生的序列 $\{z^k\}$ 有界;

(2) 存在两个常数 $a > 0$, $b > 0$, 使得对任意 k, 有

$$\|H_k\| \leqslant b, \quad d^{\mathrm{T}} W_k d \geqslant a\|d\|^2, \quad \forall\, d \in \mathbb{R}^{n+2m+1}.$$

引理 4.3.5　　如果假设 4.1.1–4.1.3, 4.2.2, 4.3.1 成立, 则

(1) 存在常数 $\bar{m} > 0$, 使 $\|M_k^{-1}\| \leqslant \bar{m}$;

(2) 序列 $\{(\bar{d}^k, \bar{\lambda}^k, \bar{u}^k, \bar{v}^k)\}$, $\{(d^k, \lambda^k, u^k, v^k)\}$ 和 $\{(\tilde{d}^k, \tilde{\lambda}^k, \tilde{u}^k, \tilde{v}^k)\}$ 均有界.

证明　　(1) 用反证法. 假设存在无限子集 K, 使得 $\|M_k^{-1}\| \xrightarrow{K} \infty$. 考虑到假设 4.1.1–4.1.2, 4.2.2, 4.3.1, $I_k \subseteq I$ 和 I 的有限性, 不失一般性, 假设

$$I_k \cup \{l+1\} \equiv I', \quad z^k \to z^*, \quad H_k \to H_*, \quad A_k \to A_{I'} = \nabla g_{I'}(z^*), \quad k \in K.$$

$$B_k \to B_*, \quad C_k \to C_*, \quad Q_k \to Q_{I'}^*, \quad G_k \to G_{I'}(z^*) := \operatorname{diag}(g_{I'}(z^*)), \quad k \in K,$$

则

$$M_k \xrightarrow{K} M_* := \begin{pmatrix} H_* & A_{I'} & B_* & C_* \\ Q_{I'}^* A_{I'}^{\mathrm{T}} & G_{I'} & 0 & 0 \\ B_*^{\mathrm{T}} & 0 & 0 & 0 \\ C_*^{\mathrm{T}} & 0 & 0 & 0 \end{pmatrix}.$$

类似引理 4.3.1 的证明过程, 不难证明 M_* 是非奇异的. 所以 $\|M_k^{-1}\| \xrightarrow{K} \|M_*^{-1}\|$, 这与 "$\|M_k^{-1}\| \xrightarrow{K} \infty$" 矛盾.

(2) 由线性方程组 (4.3.12) 和结论 (1) 知 $\{(\bar{d}^k, \bar{\lambda}^k, \bar{u}^k, \bar{v}^k)\}$ 有界, 由 (4.3.14) 和 (4.3.22) 知 $\{\gamma_{I_k}^k\}$ 和 $\{\tilde{\gamma}_{I_k}^k\}$ 有界, 于是由 (4.3.13), (4.3.21) 和结论 (1) 知 $\{(d^k, \lambda^k, u^k, v^k)\}$ 和 $\{(\tilde{d}^k, \tilde{\lambda}^k, \tilde{u}^k, \tilde{v}^k)\}$ 均有界. □

根据 ζ_k, α_k 的更新策略 (4.3.11) 和 (4.3.19), 不难证明下面的结论成立.

引理 4.3.6 如果假设 4.1.1–4.1.2, 4.2.2, 4.3.1 成立, 那么存在正整数 k_0, 使得对所有的 $k \geqslant k_0$, 有 $\zeta_k \equiv \zeta_{k_0}$ 和 $\alpha_k \equiv \alpha_{k_0}$.

基于引理 4.3.6, 在本节余下的部分, 不失一般性, 假设 $\zeta_k \equiv \zeta$, $\alpha_k \equiv \alpha$.

由引理 4.3.5, 假设 4.3.1(2) 和引理 4.3.3(3), 可证明下面结论成立, 该结论将在全局收敛性的证明中用到.

引理 4.3.7 假设 4.1.1–4.1.2, 4.2.2, 4.3.1 成立. 令 z^* 是序列 $\{z^k\}$ 的任一聚点, 且假设 $\{z^k\}_K \to z^*$. 如果 $\{\sigma_k\}_K \to 0$, 那么 z^* 是问题 (4.3.1) 的 KKT 点 (此时 $\mu^* = 0$); 且乘子序列 $\{\hat{\omega}^k := (\bar{u}^k, \bar{v}^k, \bar{\lambda}_{I_k \cup \{l+1\}}^k, 0_{I \setminus I_k})\}_K$ 收敛于与 z^* 对应的乘子 $\hat{\omega}^* := (\lambda_{g,I}^*, \hat{\lambda}_{g,l+1}^*, \lambda_F^*, \hat{\lambda}_c^*,)$.

基于以上的分析讨论, 下面给出算法 4.3.1 的全局收敛性结论并详细证明之.

定理 4.3.3 如果假设 4.1.1–4.1.2, 4.2.2, 4.3.1 成立, 且 $z^* = (s^*, w^*, \mu^*)$ 是序列 $\{z^k\}$ 的一个聚点, 则

(1) $z^* = (s^*, w^*, \mu^*)$ 是问题 (4.3.1) 的一个 KKT 点; 进而 z^* 是问题 (4.0.5) 的一个 KKT 点 (此时 $\mu^* = 0$), 从而 $s^* = (x^*, y^*)$ 是原问题 MPEC (4.0.1) 的一个 KKT 稳定点, 于是算法 4.3.1 是全局收敛的.

(2) 对于每一个使得 $z^k \xrightarrow{K} z^*$, 存在 $K' \subseteq K$, 使得乘子序列 $\{\hat{\omega}^k := (\hat{\omega}_{I_k}^k, 0_{I \setminus I_k})\}_{K'}$ 收敛于问题 (4.3.1) 的 KKT 点 z^* 所对应的 KKT 乘子 $\hat{\omega}^* := (\lambda_{g,I}^*, \hat{\lambda}_{g,l+1}^*, \lambda_F^*, \hat{\lambda}_c^*)$, 且向量 $(s^*, \lambda_F^*, \lambda_c^*, \lambda_{g,I}^*)$ 是原问题 MPEC (4.0.1) 的一个 KKT 稳定点对, 其中 λ_c^* 与 $\hat{\lambda}_c^*$ 满足关系式 (4.1.18)′.

证明 (1) 不妨设序列 $\{z^k\}_K$ 收敛于 z^*. 用反证法. 假设 z^* 不是问题 (4.3.1) 的 KKT 点, 则由引理 4.3.7 知 $\sigma_k \nrightarrow 0$ $(k \in K)$. 于是由 $\sigma_k < 0$ 知存在一个子集 $K' \subseteq K$ 和一个正常数 $\bar{\sigma}$, 使得 $\sigma_k \leqslant -\bar{\sigma}$, $\forall k \in K'$.

下面的证明分为两步:

A. 证明当 $k \in K'$ 足够大和 $\tau > 0$ 充分小时 $\bar{\tau} = \inf\{\tau_k, k \in K'\} > 0$.

(i) 当 $i \in \{1, \cdots, l\} \setminus I(s^*)$ 时, 即 $g_i(z^*) < 0$. 由 g_i 的连续性和 $\{(d^k, \tilde{d}^k)\}_{K'}$ 的有界性即知不等式 (4.3.28) 成立.

(ii) 当 $i \in I(s^*) \cup \{l+1\}$ 时. 当 τ 足够小时, 由 Taylor 展开式得

$$g_i(z^k + \tau d^k + \tau^2 \tilde{d}^k) = g_i(z^k) + \tau \nabla g_i(z^k)^T d^k + o(\tau).$$

结合 (4.3.13) 和 (4.3.14), 得

$$
\begin{aligned}
& g_i(z^k + \tau d^k + \tau^2 \widetilde{d}^k) \\
& = \left(1 - \tau \frac{\lambda_i^k}{q_i^k}\right) g_i(z^k) + \tau \frac{\gamma_i^k}{q_i^k} + o(\tau) \\
& = \left(1 - \tau \frac{\lambda_i^k}{q_i^k}\right) g_i(z^k) + \tau \frac{1 - \widehat{\beta}_k}{q_i^k} \phi_i^k - \widehat{\beta}_k \tau(\|\bar{d}^k\|^\nu + |\sigma_k|^\nu) + o(\tau).
\end{aligned} \tag{4.3.45}
$$

由 $\{\lambda_i^k, u_i^k, v_i^k\}$ 的有界性和 $\{q_i^k\}$ 的取法 (见步骤 8) 知当 τ 足够小时 $1 - \tau \frac{\lambda_i^k}{q_i^k} \geqslant 0$. 注意到 $\left(1 - \tau \frac{\lambda_i^k}{q_i^k}\right) g_i(z^k) \leqslant 0$ 和 $\tau \frac{1 - \widehat{\beta}_k}{q_i^k} \phi_i^k \leqslant 0$, 于是由 (4.3.45) 知

$$
g_i(z^k + \tau d^k + \tau^2 \widetilde{d}^k) \leqslant -\widehat{\beta}_k \tau(\|\bar{d}^k\|^\nu + |\sigma_k|^\nu) + o(\tau).
$$

由 (4.3.16) 和 (4.3.18) 知一定存在常数 $\underline{\beta} > 0$, 使得 $\widehat{\beta}_k \geqslant \underline{\beta} > 0$. 由引理 4.3.5, 引理 4.3.7 和 $\sigma_k \leqslant -\bar{\sigma}$ 知存在一个子列 $\bar{K}' \subseteq K'$ 和常数 $\bar{\iota} > 0$, 使得 $\inf\limits_{k \in \bar{K}'}(\|\bar{d}^k\|^\nu + |\sigma_k|^\nu) \geqslant \bar{\iota} > 0$. 为简单起见, 不妨令 $\bar{K}' = K'$, 于是, 当 $k \in K'$ 足够大且 $\tau > 0$ 充分小时, 有

$$
g_i(z^k + \tau d^k + \tau^2 \widetilde{d}^k) \leqslant -\frac{1}{2}\underline{\beta}\bar{\iota}\tau + o(\tau) < 0. \tag{4.3.46}
$$

下面考虑不等式 (4.3.27). 由引理 4.3.5 (2) 和 (4.3.44), 可得

$$
\begin{aligned}
& \theta_{(\alpha,\zeta)}(z^k + \tau d^k + \tau^2 \widetilde{d}^k) - \theta_{(\alpha,\zeta)}(z^k) - \rho\tau\Upsilon(z^k, d^k, \zeta, \alpha) \\
& = \tau\Upsilon(z^k, d^k, \zeta, \alpha) - \rho\tau\Upsilon(z^k, d^k, \zeta, \alpha) + o(\|\tau d^k + \tau^2 \widetilde{d}^k\|) \\
& = (1 - \rho)\tau\Upsilon(z^k, d^k, \zeta, \alpha) + o(\tau) \\
& \leqslant (1 - \rho)\tau\bar{\gamma}_1 \sigma_k + o(\tau) \leqslant -(1 - \rho)\tau\bar{\gamma}_1\bar{\rho}\bar{\sigma} + o(\tau),
\end{aligned} \tag{4.3.47}
$$

其中 $\bar{\rho} \in (0, 1)$. 所以当 $k \in K'$ 充分大且 $\tau > 0$ 充分小时, 不等式 (4.3.27) 成立.

综合 (4.3.45)–(4.3.47), 知: 存在 $\tau > 0$ 充分小且与 k 无关, 使不等式 (4.3.27)–(4.3.29) 均成立. 因此, $\bar{\tau} = \inf\{\tau_k, \ k \in K'\} > 0$.

B. 由 $\lim\limits_{k \in K'} \theta_{(\alpha,\zeta)}(z^k) = \theta_{(\alpha,\zeta)}(z^*)$ 和 $\{\theta_{(\alpha,\zeta)}(z^k)\}$ 的单调性, 得

$$
\lim\limits_{k \to \infty} \theta_{(\alpha,\zeta)}(z^k) = \theta_{(\alpha,\zeta)}(z^*).
$$

由步骤 7 和 (4.3.43) 知: 当 $k \in K'$ 足够大时有

$$
\theta_{(\alpha,\zeta)}(z^{k+1}) - \theta_{(\alpha,\zeta)}(z^k) \leqslant \rho\tau_k\Upsilon(z^k, d^k, \zeta, \alpha) \leqslant \rho\bar{\tau}\bar{\gamma}_1 \sigma_k \leqslant -\rho\bar{\tau}\bar{\gamma}_1\bar{\sigma}.
$$

在上式中令 $k \xrightarrow{K'} \infty$, 得 $-\rho\bar{\tau}\bar{\gamma}_1\bar{\sigma} \geqslant 0$, 矛盾.

因此, z^* 是问题 (4.3.1) 的 KKT 点. 因 $\zeta > |\widehat{\varrho}_{l+1}(z^*,0)|$, 所以由定理 4.3.1 知 z^* 是问题 (4.0.5) 的 KKT 点, 且由 $1 - e^{\mu^*} = 0$ 知 $\mu^* = 0$. 进而由定理 4.3.2 知 $s^* = (x^*, y^*)$ 是 MPEC (4.0.1) 的 KKT 稳定点.

(2) 由结论 (1) 及引理 4.1.3 的证明过程即知结论成立. □

4.3.4 超线性收敛性分析

对于算法 4.3.1, 为了避免 Maratos 效应, 通过解线性方程组 (4.3.21) 产生一个二阶修正方向. 在本小节, 首先讨论算法 4.3.1 的强收敛性; 然后分析当 k 足够大时可以确保步长恒等于 1, 即算法不会产生 Maratos 效应; 最后, 给出算法 4.3.1 的超线性收敛性结果. 为此, 需作如下进一步假设.

假设 4.3.2 MPEC (4.0.1) 的严格互补松弛条件成立, 即 $\lambda_{g,i}^* > 0$, $\forall i \in I(s^*)$.

注 4.3.4 基于定理 4.3.1 和引理 4.1.3, 由假设 4.3.2 可推知问题 (4.3.1) 的严格互补松弛条件成立.

引理 4.3.8 如果假设 4.1.1–4.1.3, 4.2.2–4.2.4, 4.3.1–4.3.2 均成立, 则对使得 $\{z^k\}_K \to z^*$ 的任意子集 K, 下面结论成立:

(1) $\{(\bar{d}^k, \bar{u}^k, \bar{v}^k, \bar{\lambda}^k)\}_K \to (0, \widehat{\omega}^*)$;

(2) $\{(d^k, u^k, v^k, \lambda^k)\}_K \to (0, \widehat{\omega}^*)$,

其中 $\widehat{\omega}^* := (\lambda_F^*, \widehat{\lambda}_c^*, \lambda_{g,I}^*, \widehat{\lambda}_{g,l+1}^*)$ 为问题 (4.3.1) 的 KKT 点 z^* 对应的乘子.

证明 (1) 因为 $\{(\bar{d}^k, \bar{u}^k, \bar{v}^k), \bar{\lambda}^k\}$ 和 $\{q^k\}$ 都有界, 根据假设 4.3.2 及 $I_k \subseteq I$ 且 I 为有限集, 若结论不成立, 则存在一个无限子集 $K' \subseteq K$, 使得

$$I_k \cup \{l+1\} \equiv \bar{I}, \quad (\bar{\lambda}^k, \bar{\lambda}^{k-1}) \to (\bar{\lambda}, \bar{\lambda}^*), \quad (\bar{u}^k, \bar{u}^{k-1}) \to (\bar{u}, \bar{u}^*), \quad (\bar{v}^k, \bar{v}^{k-1}) \to (\bar{v}, \bar{v}^*),$$

$$\bar{d}^k \to \bar{d}^*, \quad q_{I_k \cup \{l+1\}}^k \to q_{\bar{I}}^*, \quad G_{I_k \cup \{l+1\}} \to G_{\bar{I}} := \mathrm{diag}(g_{\bar{I}}(z^*)),$$

$$H_k \to H_*, \quad A_k \to A_{\bar{I}} = \nabla g_{\bar{I}}(z^*), \quad B_k \to B_*, \quad C_k \to C_*, \quad Q_k \to Q_{\bar{I}}^*, \quad k \in K',$$

且 $(\bar{d}^*, \bar{u}^*, \bar{v}^*, \bar{\lambda}^*) \neq (0, \lambda_F^*, \widehat{\lambda}_c^*, (\lambda_{g,I}^*, \lambda_{g,l+1}^*))$. 则由定理 4.3.3 知 z^* 是问题 (4.3.1) 的 KKT 点, 且可推知 $I(s^*) \subseteq I_k, k \in K'$. 事实上, 如果 $(z^*, \bar{u}^*, \bar{v}^*, \bar{\lambda}^*)$ 是问题 (4.3.1) 的 KKT 点对, 则由 KKT 乘子的唯一性知 $(\bar{u}^*, \bar{v}^*, \bar{\lambda}^*) = (\lambda_F^*, \widehat{\lambda}_c^*, (\lambda_{g,I}^*, \widehat{\lambda}_{g,l+1}^*))$, 即 $(\bar{u}^*, \bar{v}^*, \bar{\lambda}^*) = \widehat{\omega}^*$, 进而由 $(z^k, \bar{u}^{k-1}, \bar{v}^{k-1}, \bar{\lambda}^{k-1}) \xrightarrow{K'} (z^*, \widehat{\omega}^*)$, 定理 4.3.2 以及文献 [86] 中的定理 2.3 和定理 3.7 可得 $I_k \equiv I(s^*)$. 如果 $(z^*, \bar{u}^*, \bar{v}^*, \bar{\lambda}^*)$ 不是问题 (4.3.1) 的 KKT 点对, 那么, 由 (4.3.6) 和定理 4.3.1 知 $(z^*, \lambda_F^*, \widehat{\lambda}_c^*, \lambda_{g,I}^*, \lambda_{g,l+1}^* := \widehat{\lambda}_{g,l+1}^* - \zeta)$ 不是问题 (4.0.5) 的 KKT 点对, 因此, $\varphi(z^*, \lambda_F^*, \widehat{\lambda}_c^*, \lambda_{g,I}^*, \lambda_{g,l+1}^*) > 0$, 这意味着当 $k \in K'$ 充分大时 $I(s^*) \subseteq I_k$.

对线性方程组 (4.3.12), 令 $k \xrightarrow{K'} \infty$, 则可得 $(\bar{d}^*, \bar{\lambda}_{\bar{I}}, \bar{u}^*, \bar{v}^*)$ 是如下关于 (d, λ, u, v) 的线性方程组的解:

$$
\begin{pmatrix}
H_* & A_{\bar{I}} & B_* & C_* \\
Q_{\bar{I}}^* A_{\bar{I}}^{\mathrm{T}} & G_{\bar{I}} & 0 & 0 \\
B_*^{\mathrm{T}} & 0 & 0 & 0 \\
C_*^{\mathrm{T}} & 0 & 0 & 0
\end{pmatrix}
\begin{pmatrix}
d \\
\lambda_{\bar{I}} \\
u \\
v
\end{pmatrix}
=
\begin{pmatrix}
-\nabla \widetilde{f}_\zeta(z^*) \\
0 \\
-F(s^*) + w^* \\
-\Psi(t^*)
\end{pmatrix}.
\tag{4.3.48}
$$

进一步地, 类似于引理 4.3.1(1) 的证明, 可知上述线性方程组的系数矩阵是非奇异的, 因此该方程组的解唯一.

另一方面, 由定理 4.3.3 知 $(z^*, \widehat{\omega}^*)$ 是问题 (4.3.1) 的 KKT 点对, 所以 $(0, \lambda^*_{g,\bar{I}}, \lambda^*_F, \widehat{\lambda}^*_c)$ 也是方程组 (4.3.48) 的解, 那么由解的唯一性可知 $(\bar{d}^*, \bar{\lambda}^*_{\bar{I}}, \bar{u}^*, \bar{v}^*) = (0, \lambda^*_{g,\bar{I}}, \lambda^*_F, \widehat{\lambda}^*_c)$, 这显然是个矛盾. 所以结论 (1) 成立.

(2) 对任意使得 $\{z^k\}_K \longrightarrow z^*$ 的子集 K, 因为 $\gamma^k_{I_k \cup \{l+1\}} \longrightarrow 0 \ (k \in K)$, 类似于结论 (1), 可证明 $\{(d^k, u^k, v^k, \lambda^k)\}_K \longrightarrow (0, \widehat{\omega}^*)$. □

下面给出算法 4.3.1 的强收敛性结论, 证明类似于文献 [63] 的定理 4.1.

定理 4.3.4　如果假设 4.1.1–4.1.3, 4.2.2–4.2.4, 4.3.1–4.3.2 成立, 那么

(1) $\{z^k\}$ 整列收敛于 z^*, 即算法 4.3.1 是强收敛的;

(2) 当 $k \to \infty$ 时, $\{(\bar{d}^k, \bar{u}^k, \bar{v}^k, \bar{\lambda}^k)\} \longrightarrow (0, \widehat{\omega}^*)$;

(3) $\phi^k_{I_k \cup \{l+1\}} = 0$, $\gamma^k_{I_k \cup \{l+1\}} = \widehat{\beta}_k(-\|\bar{d}^k\|^\nu - |\sigma_k|^\nu) q^k_{I_k \cup \{l+1\}}$, 以及当 k 足够大后 $I_k \equiv I(s^*)$;

(4) 当 $k \to \infty$ 时, $\{(d^k, u^k, v^k, \lambda^k)\} \longrightarrow (0, \widehat{\omega}^*)$;

(5) $q^k \to \min\{\max\{q_{\min}\varpi, \lambda^*\}, q_{\max}\varpi\}$, 其中 $\varpi = (1, 1, \cdots, 1)^{\mathrm{T}} \in \mathbb{R}^{l+1}$.

下面给出线性方程组 (4.3.21) 解的性质, 该性质将在后面证明步长等于 1 时起到重要作用.

引理 4.3.9　假设 4.1.1–4.1.3, 4.2.2–4.2.4, 4.3.1–4.3.2 成立. 如果 $q_{\min} \leqslant \min\{\lambda^*_i, i \in I(s^*) \cup \{l+1\}\}$, $q_{\max} \geqslant \max\{\lambda^*_i, i \in I(s^*) \cup \{l+1\}\}$, 那么线性方程组 (4.3.21) 的解满足

$$
\|\widetilde{d}^k\| = O\left(\max_{i \in I(s^*) \cup \{l+1\}} \left\{ \left| \frac{q^k_i}{\lambda^k_i} - 1 \right| \cdot \|d^k\|, \|d^k\|^2 \right\} \right) = o(\|d^k\|), \tag{4.3.49}
$$

$$
\|\widetilde{\lambda}^k\| = O\left(\max_{i \in I(s^*) \cup \{l+1\}} \left\{ \left| \frac{q^k_i}{\lambda^k_i} - 1 \right| \cdot \|d^k\|, \|d^k\|^2 \right\} \right) = o(\|d^k\|); \tag{4.3.50}
$$

$$
\|\widetilde{d}^k\| \cdot \|d^k\| = o(\widetilde{\delta}_k), \quad \|\widetilde{\lambda}^k\| \cdot \|d^k\| = o(\widetilde{\delta}_k). \tag{4.3.51}
$$

证明　由线性方程组 (4.3.12) 和 (4.3.13) 得

$$q_i^k \nabla g_i(z^k)^{\mathrm{T}} \bar{d}^k = -\bar{\lambda}_i^k g_i(z^k), \quad i \in I_k \cup \{l+1\}, \tag{4.3.52a}$$

$$\nabla_z (F_i(s^k) - w_i^k)^{\mathrm{T}} d^k = -(F_i(s^k) - w_i^k), \quad i \in I_c; \tag{4.3.52b}$$

$$\nabla_z \psi(t_i^k)^{\mathrm{T}} d^k = -\psi(t_i^k), \quad i \in I_c. \tag{4.3.52c}$$

于是有

$$|F_i(s^k) - w_i^k| = O(\|d^k\|), \quad |\psi(t_i^k, \mu^k)| = O(\|d^k\|), \quad i \in I_c,$$

$$| g_i(z^k) | = O(\|\bar{d}^k\|), \quad i \in I_k \cup \{l+1\}.$$

注意到 k 足够大时 $\phi_{I_k \cup \{l+1\}} \equiv 0$, 因此由 (4.3.15) 有

$$\sigma_k = \nabla \widetilde{f}_\zeta(z^k)^{\mathrm{T}} \bar{d}^k - \sum_{i \in I_c} \left(\bar{u}_i^k(F_i(s^k) - w_i^k) + |F_i(s^k) - w_i^k| \right)$$

$$- \sum_{i \in I_c} \left(\bar{v}_i^k \psi(t_i^k) + |\psi(t_i^k)| \right). \tag{4.3.53}$$

由引理 4.3.3(1) 得

$$\nabla \widetilde{f}_\zeta(z^k)^{\mathrm{T}} \bar{d}^k - \sum_{i \in I_c} \bar{u}_i^k(F_i(s^k) - w_i^k) - \sum_{i \in I_c} \bar{v}_i^k \psi(t_i^k) = O(\|\bar{d}^k\|^2),$$

结合 (4.3.53) 知 $\sigma_k = O(\max\{\|d^k\|, \|\bar{d}^k\|^2\})$. 由 (4.3.12) 和 (4.3.13) 可得

$$M_k \begin{pmatrix} d^k - \bar{d}^k \\ \lambda_{I_k \cup \{l+1\}} - \bar{\lambda}_{I_k \cup \{l+1\}} \\ u - \bar{u} \\ v - \bar{v} \end{pmatrix} = \begin{pmatrix} 0 \\ \gamma_{I_k \cup \{l+1\}}^k \\ 0 \\ 0 \end{pmatrix}.$$

结合 $\gamma_{I_k \cup \{l+1\}}^k = \widehat{\beta}_k(-\|\bar{d}^k\|^\nu - |\sigma_k|^\nu)q_{I_k}^k$ 和引理 4.3.5 知存在一个正常数 $\bar{\rho}$, 使得

$$\|d^k - \bar{d}^k\| \leqslant \bar{\rho}(\|\bar{d}^k\|^\nu + |\sigma_k|^\nu) = \bar{\rho}\|\bar{d}^k\|^\nu + O(\max\{\|d^k\|^\nu, \|\bar{d}^k\|^{2\nu}\}).$$

于是 $\|d^k\| \sim \|\bar{d}^k\|$.

因为 KKT 点对 $(z^*, u^*, v^*, \lambda^*)$ 满足严格互补性条件, 即 $\lambda_i^* > 0, i \in I(s^*) \cup \{l+1\}$, 于是对任意 $i \in I(s^*) \cup \{l+1\}$, 有

$$\widetilde{\gamma}_i^k = -\widetilde{\delta}_k - q_i^k g_i(z^k + d^k) - \frac{(q_i^k)^2}{\lambda_i^k} \widehat{\beta}_k |\sigma_k|^\nu$$

$$= -\widetilde{\delta}_k - q_i^k \left(g_i(z^k) + \nabla g_i(z^k)^{\mathrm{T}} d^k \right) - \frac{(q_i^k)^2}{\lambda_i^k} \widehat{\beta}_k |\sigma_k|^\nu + O(\|d^k\|^2). \tag{4.3.54}$$

再次利用线性方程组 (4.3.13) 得

$$q_i^k \nabla g_i(z^k)^{\mathrm{T}} d^k + g_i(z^k)\lambda_i^k = \gamma_i^k = \hat{\beta}_k(-\|\bar{d}^k\|^\nu - |\sigma_k|^\nu)q_i^k = O(\|\bar{d}^k\|^2) - \hat{\beta}_k|\sigma_k|^\nu q_i^k,$$

等价地, 有

$$g_i(z^k) = -\frac{q_i^k}{\lambda_i^k} \nabla g_i(z^k)^{\mathrm{T}} d^k - \frac{1}{\lambda_i^k}\hat{\beta}_k|\sigma_k|^\nu q_i^k + O(\|d^k\|^2). \tag{4.3.55}$$

将 (4.3.55) 代入 (4.3.54), 得

$$
\begin{aligned}
\widetilde{\gamma}_i^k &= -\widetilde{\delta}_k - q_i^k\left(1 - \frac{q_i^k}{\lambda_i^k}\right)\nabla g_i(z^k)^{\mathrm{T}} d^k + O(\|d^k\|^2) \\
&= -\widetilde{\delta}_k + O\left(\max\left\{\left|\frac{q_i^k}{\lambda_i^k} - 1\right| \cdot \|d^k\|, \|d^k\|^2, i \in I(s^*) \cup \{l+1\}\right\}\right) + O(\|d^k\|^2),
\end{aligned}
$$

结合 (4.3.23), 得

$$\|\widetilde{\gamma}_{I_k \cup \{l+1\}}^k\| = O\left(\max\left\{\left|\frac{q_i^k}{\lambda_i^k} - 1\right| \cdot \|d^k\|, \|d^k\|^2, i \in I(s^*) \cup \{l+1\}\right\}\right) = o(\|d^k\|).$$

另一方面, 对任意 $i \in I_c$, 由 (4.3.25) 和 Taylor 展开式得

$$
\begin{aligned}
\widetilde{\zeta}_i^k &= -\|d^k\|^{\varepsilon_0} - \left(F_i(s^k) - w_i^k + \nabla_z(F_i(s^k) - w_i^k)^{\mathrm{T}} d^k\right) + O(\|d^k\|^2) \\
&= -\|d^k\|^{\varepsilon_0} + O(\|d^k\|^2) = O(\|d^k\|^2).
\end{aligned}
$$

上述第二、第三个等式成立分别利用了 (4.3.52) 和 $\varepsilon_0 \in (2,3)$. 类似地, 可证 $\widetilde{\xi}_i^k = O(\|d^k\|^2)$. 因此, 利用引理 4.3.5(1) 易知不等式 (4.3.49) 和 (4.3.50) 成立. 进一步地, 由 (4.3.22) 和 (4.3.23) 可知关系式 (4.3.51) 成立. $\qquad\square$

为使算法当 k 足够大时步长 $\tau_k \equiv 1$, 需下面二阶逼近假设条件:

假设 4.3.3　　$\|P_k(\nabla_{zz}^2 L_{\mathrm{NLP1}}(z^k, \lambda_F^k, \lambda_c^k, \lambda_{g,I}^k, \lambda_{g,l+1}^k) - H_k)d^k\| = o(\|d^k\|)$, 其中

$$P_k = E - (A_k, B_k, C_k)[(A_k, B_k, C_k)^{\mathrm{T}}(A_k, B_k, C_k)]^{-1}(A_k, B_k, C_k)^{\mathrm{T}}, \tag{4.3.56}$$

E 是单位矩阵.

接下来, 将证明步长 1 能被算法 4.3.1 所接受.

定理 4.3.5　　如果假设 4.1.1–4.1.3, 4.2.2–4.2.4, 4.3.1–4.3.3 成立, 且 $q_{\min} \leqslant \min\{\lambda_i^*, i \in I(s^*) \cup \{l+1\}\}$, $q_{\max} \geqslant \max\{\lambda_i^*, i \in I(s^*) \cup \{l+1\}\}$, 那么当 k 足够大时步长 $\tau_k \equiv 1$.

证明 考虑到线搜索不等式 (4.3.27)-(4.3.29), 只需证明下面不等式成立:

$$\theta_{(\alpha,\varsigma)}(z^k + d^k + \tilde{d}^k) \leqslant \theta_{(\alpha,\varsigma)}(z^k) + \rho\Upsilon(z^k, d^k, \varsigma, \alpha), \qquad (4.3.57)$$

$$g_i(z^k + d^k + \tilde{d}^k) < 0, \quad i \in I \cup \{l+1\}. \qquad (4.3.58)$$

(1) 先证明不等式 (4.3.58). 当 $i \in I \backslash I(s^*)$ 时 $g_i(z^*) < 0$, 于是由 g_i 的连续性和当 $k \to \infty$ 时 $(z^k, d^k, \tilde{d}^k) \to (z^*, 0, 0)$ 知: 当 k 足够大时不等式 (4.3.58) 成立.

当 $i \in I(s^*) \cup \{l+1\}$ 时 $g_i(z^*) = 0$. 考虑到严格互补性条件, 有 $\lambda_i^* > 0$. 由线性方程组 (4.3.21) 和式 (4.3.22) 得

$$q_i^k \nabla g_i(z^k)^{\mathrm{T}} \tilde{d}^k + \tilde{\lambda}_k^i g_i(z^k) = -\tilde{\delta}_k - q_i^k g_i(z^k + d^k) - \frac{(q_i^k)^2}{\lambda_i^k} \widehat{\beta}_k |\sigma_k|^{\nu},$$

结合 $\lambda_i^k > 0$, $\widehat{\beta}_k > 0$ 和 $q_i^k > 0$ 得到

$$g_i(z^k + d^k) + \nabla g_i(z^k)^{\mathrm{T}} \tilde{d}^k \leqslant -\frac{\tilde{\delta}_k}{q_i^k} - \frac{\tilde{\lambda}_i^k}{q_i^k} g_i(z^k) = -\frac{\tilde{\delta}_k}{q_i^k} + o(\tilde{\delta}_k).$$

于是由 Taylor 展开式和上式可知

$$g_i(z^k + d^k + \tilde{d}^k) = g_i(z^k + d^k) + \nabla g_i(z^k)^{\mathrm{T}} \tilde{d}^k + O(\|d^k\|\|\tilde{d}^k\|) \leqslant -\frac{\tilde{\delta}_k}{q_i^k} + o(\tilde{\delta}_k),$$

结合 $q_i^k \geqslant q_{\min} > 0$ 可得: 当 k 足够大时 $g_i(z^k + d^k + \tilde{d}^k) < 0$, 即不等式 (4.3.58) 成立.

(2) 接下来证明不等式 (4.3.57). 由 Taylor 展开式和引理 4.3.9 可知

$$
\begin{aligned}
\Delta_k := &\theta_{(\alpha,\varsigma)}(z^k + d^k + \tilde{d}^k) - \theta_{(\alpha,\varsigma)}(z^k) - \rho\Upsilon(z^k, d^k, \varsigma, \alpha) - \tilde{f}_\varsigma(z^k) \\
&- \alpha \sum_{i \in I_c} |F_i(s^k) - w_i^k| - \alpha \sum_{i \in I_c} |\psi(t_i^k)| - r\Upsilon(z^k, d^k, \varsigma, \alpha) \\
= &\nabla \tilde{f}_\varsigma(z^k)^{\mathrm{T}}(d^k + \tilde{d}^k) + \frac{1}{2}(d^k)^{\mathrm{T}} \nabla_{zz}^2 \tilde{f}_\varsigma(z^k) d^k + \alpha \sum_{i \in I_c} \bigg| F_i(s^k) - w_i^k \\
&+ \nabla_z (F_i(s^k) - w_i^k)^{\mathrm{T}}(d^k + \tilde{d}^k) + \frac{1}{2}(d^k)^{\mathrm{T}} \nabla_{ss}^2 F_i(s^k) d^k \bigg| \\
&+ \alpha \sum_{i \in I_c} \bigg| \psi(t_i^k) + \nabla_z \psi(t_i^k)^{\mathrm{T}}(d^k + \tilde{d}^k) + \frac{1}{2}(d^k)^{\mathrm{T}} \nabla_{zz}^2 \psi(t_i^k) d^k \bigg| \\
&- \alpha \sum_{i \in I_c} |F_i(s^k) - w_i^k| - \alpha \sum_{i \in I_c} |\psi(t_i^k)| \\
&- \rho\Upsilon(z^k, d^k, \varsigma, \alpha) + o(\|d^k\|^2). \qquad (4.3.59)
\end{aligned}
$$

由 (4.3.13), (4.3.21), (4.3.25) 和 (4.3.26) 得

$$\nabla_z(F_i(s^k) - w_i^k)^{\mathrm{T}} d^k = -(F_i(s^k) - w_i^k), \quad \nabla_z\psi(t_i^k)^{\mathrm{T}} d^k = -\psi(t_i^k),$$

$$\nabla_z(F_i(s^k) - w_i^k)^{\mathrm{T}} \tilde{d}^k = \|d^k\|^{\varepsilon_0} - [F_i(s^k + d_s^k) - (w_i^k + d_{w_i}^k)], \quad i \in I_c,$$

$$\nabla_z\psi(t_i^k)^{\mathrm{T}} \tilde{d}^k = \|d^k\|^{\varepsilon_0} - \psi(t_i^k + d_{t_i}^k), \quad i \in I_c.$$

进一步地, 由 Taylor 展开式得

$$\nabla_z(F_i(s^k) - w_i^k)^{\mathrm{T}} \tilde{d}^k = \|d^k\|^{\varepsilon_0} - (F_i(s^k) - w_i^k) - \nabla_z(F_i(s^k) - w_i^k)^{\mathrm{T}} d^k$$
$$- \frac{1}{2}(d^k)^{\mathrm{T}}\nabla_{zz}(F_i(s^k) - w_i^k)d^k + o(\|d^k\|^2), \quad i \in I_c.$$

$$\nabla_z\psi(t_i^k)^{\mathrm{T}} \tilde{d}^k = \|d^k\|^\tau - \psi(t_i^k) - \nabla_z\psi(t_i^k)^{\mathrm{T}} d^k - \frac{1}{2}(d^k)^{\mathrm{T}}\nabla_{zz}\psi(t_i^k)d^k + o(\|d^k\|^2), \quad i \in I_c,$$

等价地, 有

$$\nabla_z(F_i(s^k) - w_i^k)^{\mathrm{T}}(d^k + \tilde{d}^k) + (F_i(s^k) - w_i^k)$$
$$+ \frac{1}{2}(d^k)^{\mathrm{T}}\nabla_{zz}(F_i(s^k) - w_i^k)d^k = o(\|d^k\|^2), \quad i \in I_c. \tag{4.3.60}$$

$$\nabla_z\psi(t_i^k, \mu^k)^{\mathrm{T}}(d^k + \tilde{d}^k) + \psi(t_i^k, \mu^k)$$
$$+ \frac{1}{2}(d^k)^{\mathrm{T}}\nabla_{zz}\psi(t_i^k, \mu^k)d^k = o(\|d^k\|^2), \quad i \in I_c. \tag{4.3.61}$$

另一方面, 由 (4.3.13) 得

$$\nabla \widetilde{f}_\zeta(z^k) + H_k d^k + \sum_{i \in I(s^*)\cup\{l+1\}} \lambda_i^k \nabla g_i(z^k)$$
$$+ \sum_{i \in I_c} u_i^k \nabla_z(F_i(s^k) - w_i^k) + \sum_{i \in I_c} v_i^k \nabla_z\psi(t_i^k) = 0,$$

结合引理 4.3.9, 有

$$\nabla \widetilde{f}_\zeta(z^k)^{\mathrm{T}} d^k = -(d^k)^{\mathrm{T}} H_k d^k - \sum_{i \in I(s^*)\cup\{l+1\}} \lambda_i^k \nabla g_i(z^k)^{\mathrm{T}} d^k$$
$$- \sum_{i \in I_c} u_i^k \nabla_z(F_i(s^k) - w_i^k)^{\mathrm{T}} d^k - \sum_{i \in I_c} v_i^k \nabla_z\psi(t_i^k)^{\mathrm{T}} d^k,$$

$$\nabla \widetilde{f}_\zeta(z^k)^{\mathrm{T}}(d^k + \tilde{d}^k)$$
$$= \sum_{i \in I(s^*)\cup\{l+1\}} \lambda_i^k \nabla g_i(z^k)^{\mathrm{T}}(d^k + \tilde{d}^k) - \sum_{i \in I_c} u_i^k \nabla_z[F_i(s^k) - w_i^k]^{\mathrm{T}}(d^k + \tilde{d}^k)$$
$$\cdot \sum_{i \in I_c} v_i^k \nabla_z\psi(t_i^k)^{\mathrm{T}}(d^k + \tilde{d}^k) - (d^k)^{\mathrm{T}} H_k d^k + o(\|d^k\|^2). \tag{4.3.62}$$

当 $i \in I(s^*) \cup \{l+1\}$ 和 $\lambda_i^* \neq 0$ 时, 由线性方程组 (4.3.21) 和式 (4.3.22) 得

$$q_i^k \nabla g_i(z^k)^{\mathrm{T}} \widetilde{d}^k + \widetilde{\lambda}_i^k g_i(z^k) = -\delta_k - q_i^k g_i(z^k + d^k) - \frac{(q_i^k)^2}{\lambda_i^k} \widehat{\beta}_k |\sigma_k|^\nu.$$

利用引理 4.3.9, 上式可等价改写为

$$g_i(z^k + d^k) + \nabla g_i(z^k)^{\mathrm{T}} \widetilde{d}^k = -\frac{\widetilde{\lambda}_i^k}{q_i^k} g_i(z^k) - \frac{\sigma_k}{q_i^k} - \frac{q_i^k}{\lambda_i^k} \widehat{\beta}_k |\sigma_k|^\nu = o(\|d^k\|^2),$$

结合 $g_i(z^k + d^k)$ 的 Taylor 展开式得到

$$\nabla g_i(z^k)^{\mathrm{T}}(d^k + \widetilde{d}^k) = -g_i(z^k) - \frac{1}{2}(d^k)^{\mathrm{T}} \nabla^2 g_i(z^k) d^k + o(\|d^k\|^2), \quad i \in I(s^*) \cup \{l+1\}. \tag{4.3.63}$$

由线性方程组 (4.3.21), 式 (4.3.25) 和 (4.3.26), 不难证明

$$\nabla_z (F_i(s^k) - w_i^k)^{\mathrm{T}}(d^k + \widetilde{d}^k)$$
$$= -(F_i(s^k) - w_i^k) - \frac{1}{2}(d^k)^{\mathrm{T}} \nabla_{zz}(F_i(s^k) - w_i^k) d^k + o(\|d^k\|^2), \quad i \in I_c. \tag{4.3.64}$$
$$\nabla_z \psi(t_i^k)^{\mathrm{T}}(d^k + \widetilde{d}^k)$$
$$= -\psi(t_i^k) - \frac{1}{2}(d^k)^{\mathrm{T}} \nabla_{zz} \psi(t_i^k) d^k + o(\|d^k\|^2), \quad i \in I_c. \tag{4.3.65}$$

于是, 由 (4.3.60)–(4.3.65), 以及 (4.3.20), 等式 (4.3.59) 可等价改写为

$$\Delta_k = \sum_{i \in I(s^*) \cup \{l+1\}} \lambda_i^k g_i(z^k) + \sum_{i \in I_c} u_i^k (F_i(s^k) - w_i^k) + \sum_{i \in I_c} v_i^k \psi(t_i^k) - \frac{1}{2}(d^k)^{\mathrm{T}} H_k d^k$$
$$+ \frac{1}{2}(d^k)^{\mathrm{T}} \left[\nabla_{zz}^2 L_{\mathrm{NLP1}}(z^k, \lambda_F^k, \lambda_c^k, \lambda_{g,I}^k, \lambda_{g,l+1}^k) - H_k\right] d^k - \rho \nabla \widetilde{f}_c(z^k)^{\mathrm{T}}(d^k)$$
$$+ (\rho-1)\alpha \sum_{i \in I_c} |F_i(s^k) - w_i^k| + (\rho-1)\alpha \sum_{i \in I_c} |\psi(t_i^k)| + o(\|d^k\|^2). \tag{4.3.66}$$

另一方面, 根据 P_k 的定义 (见 (4.3.56)), 得

$$d^k = P_k d^k + d_0^k,$$

其中 $d_0^k := (A_k, B_k, C_k)[(A_k, B_k, C_k)^{\mathrm{T}}(A_k, B_k, C_k)]^{-1}(A_k, B_k, C_k)^{\mathrm{T}} d^k$. 进一步地, 由线性方程组 (4.3.13) 和定理 4.3.4(3) 可知

$$(A_k, B_k, C_k)^{\mathrm{T}} d^k = \begin{pmatrix} Q_k^{-1}\gamma_{I_k \cup \{l+1\}}^k - Q_k^{-1}G_k \lambda_{I_k \cup \{l+1\}}^k \\ -F(s^k) + w^k \\ -\Psi(t^k) \end{pmatrix},$$
$$d_0^k = O(\|g_{I_k \cup \{l+1\}}(z^k)\|) + o(\|d^k\|^2).$$

因此, 等式 (4.3.66) 变为

$$\Delta_k = \left(\rho - \frac{1}{2}\right)(d^k)^{\mathrm{T}}W_k d^k + \left(\rho - \frac{1}{2}\right)\sum_{i \in I(s^*)\cup\{l+1\}} \frac{q_i^k}{g_i(z^k)}(d^k)^{\mathrm{T}}\nabla g_i(z^k)\nabla g_i(z^k)^{\mathrm{T}}d^k$$

$$+ \sum_{i \in I(s^*)\cup\{l+1\}} \lambda_i^k\left(1 - \rho\frac{\lambda_i^k}{q_i^k}\right)g_i(z^k) + \sum_{i \in I_c} u_i^k(1-\rho)(F_i(s^k)-w_i^k)$$

$$+ (\rho-1)\alpha\sum_{i \in I_c}|F_i(s^k)-w_i^k| + \sum_{i \in I_c}v_i^k(1-\rho)\psi(t_i^k) + (\rho-1)\alpha\sum_{i \in I_c}|\psi(t_i^k)|$$

$$+ o(\|g_{I_k\cup\{l+1\}}(z^k)\|) + o(\|d^k\|^2).$$

进一步地, 由线性方程组 (4.3.13) 和假设 4.3.1(2) 得

$$\Delta_k \leqslant \left(\rho - \frac{1}{2}\right)a\|d^k\|^2 + \sum_{i \in I(s^*)\cup\{l+1\}} \lambda_i^k\left(1 - \frac{1}{2}\frac{\lambda_i^k}{q_i^k}\right)g_i(z^k)$$

$$+ o(\|g_{I_k\cup\{l+1\}}(z^k)\|) + o(\|d^k\|^2). \tag{4.3.67}$$

另一方面, 注意到 $q_{\min}$, $q_{\max}$ 的条件和定理 4.3.4(5), 有

$$\lim_{k\to\infty} \lambda_i^k\left(1 - \frac{1}{2}\frac{\lambda_i^k}{q_i^k}\right) = \frac{1}{2}\lambda^* > 0, \quad \forall\, i \in I(s^*)\cup\{l+1\},$$

同时注意到 $g_i(z^k) < 0, \forall\, i \in I(s^*)\cup\{l+1\}$, 于是由 (4.3.67) 得到

$$\Delta_k \leqslant \left(\rho - \frac{1}{2}\right)a\|d^k\|^2 + o(\|d^k\|^2) < 0,$$

这就意味着当 k 足够大时, 不等式 (4.3.57) 成立. □

基于定理 4.3.5, 下面给出算法 4.3.1 的超线性收敛性, 其证明类似于文献 [13] 的定理 10.2.17.

定理 4.3.6　如果假设 4.1.1–4.1.3, 4.2.2–4.2.4, 4.3.1–4.3.3 成立, 且 $q_{\min} \leqslant \min\{\lambda_i^*, i \in I(s^*)\cup\{l+1\}\}$, $q_{\max} \geqslant \max\{\lambda_i^*, i \in I(s^*)\cup\{l+1\}\}$, 那么, 算法 4.3.1 超线性收敛, 即 $\|z^{k+1} - z^*\| = o(\|z^k - z^*\|)$.

本节介绍了求解 MPEC (4.0.1) 的一个隐式光滑原始-对偶内点 QP-free 算法, 该算法具有如下特点:

(1) 算法使用了文献 [61,86] 提出的新的积极集识别技术, 线性方程组的构造仅用到与工作集对应的约束, 因此大大减小了线性方程组的规模;

(2) 在每次迭代中, 算法仅需求解 2 或 3 个具有相同系数矩阵的线性方程组, 从而减少了计算量;

(3) 算法减弱了 Lagrangian 函数的近似 Hessian 阵自身的一致正定性条件;

(4) 算法具有全局收敛性和超线性收敛性.

4.4 超线性收敛的光滑 QP-free 算法

在前两节的算法中, 使用了广义互补函数 $\psi(a,b,\mu)$ 对非线性互补约束优化问题 (4.0.1) 作等价转化, 且把扰动参数 μ 作为变量处理, 因此增加了等价问题 (4.0.5) 的约束, 算法的收敛性分析较为复杂. 为克服这一不足, Zhu 和 Zhang 在文献 [87] 中用 Fischer-Burmeister 互补函数和新的光滑化技术提出了一个求解线性约束优化问题 MPEC (3.0.1) 的 SQP 算法. 基于文献 [87] 的思想, 并结合序列线性方程组技术, 本节给出非线性互补约束优化问题 MPEC (4.0.1) 的一个光滑化 QP-free 算法. 本节内容主要取自著者与其合作者的工作 [88].

与前两节的算法相比, 本节给出的算法具有如下特点:

• 由于使用的是 Fischer-Burmeister 互补函数, 因此本节的光滑化技术不同于文献 [66, 67] 以及前面两节所用的光滑化技术;

• 初始点可任取, 从而减弱了现有一些算法对初始点的特别要求;

• 在每步迭代中, 搜索方向由解 2 或 3 个具有相同系数矩阵的线性方程组得到, 因此计算量得到充分的减少;

• 采用了工作集技术, 线性方程组只包含与工作集对应的约束, 因此线性方程组的规模有所减小;

• 在适当的假设下, 算法具有全局收敛性及超线性收敛速度;

• 如果算法有限步终止, 则当前迭代点即为 MPEC (4.0.1) 的一个精确 KKT 稳定点.

除了本章开头的通用记号, 本节还需引进如下记号:

$$\varphi(x,y) = \max\{0;\ g_i(x,y), j \in I\}, \quad I_0(x,y) = \{i \in I \mid g_i(x,y) = \varphi(x,y)\}.$$
$$(4.4.1)$$

不同于前三节的记号 $z = (x,y,w,\mu)$, $t = (y,w,\mu)$, 本节记

$$z = (x,y,w), \quad t = (y,w).$$

4.4.1 算法

本节使用的 Fischer-Burmeister 互补函数 $\psi : \mathbb{R}^2 \mapsto \mathbb{R}$ 定义如下:

$$\psi(a,b) = a + b - \sqrt{a^2 + b^2}.$$
$$(4.4.2)$$

注 4.4.1 由定义 (4.4.2) 可见本节使用的互补函数 $\psi(a,b)$ 不同于前两节的广义互补函数 $\psi(a,b,\mu)$. 为简单起见, 本节互补函数仍用记号 ψ.

显然, 函数 ψ 具有下列重要性质:

$$\psi(a,b) = 0 \iff a \geqslant 0, \ b \geqslant 0, \ \forall \ ab = 0. \tag{4.4.3}$$

并且, 函数 ψ 在 $\mathbb{R}^2$ 上除点 $(a,b) = (0,0)$ 外均是连续可微的, 且

$$\psi'_a(a,b) = 1 - \frac{a}{\sqrt{a^2+b^2}}, \quad \psi'_b(a,b) = 1 - \frac{b}{\sqrt{a^2+b^2}}, \quad (a,b) \neq (0,0). \tag{4.4.4}$$

基于性质 (4.4.3), 令 $w = F(x,y)$, 则 MPEC (4.0.1) 可等价化为如下非光滑非线性规划问题:

$$\begin{aligned}
&\min \ f(x,y) \\
&\text{s.t.} \ \ g(x,y) \leqslant 0, \\
&\qquad w - F(x,y) = 0, \ \Psi(y,w) = 0,
\end{aligned} \tag{4.4.5}$$

其中, $\Psi(y,w) = (\psi(y_j, w_j), j \in I_c)$.

注意到函数 ψ 在点 $(0,0)$ 处不可微, 受文献 [89] 的启发, 定义下列函数:

$$\psi_\varepsilon(y_j, w_j) = \begin{cases} \psi(y_j, w_j), & j \in I_c \setminus I_c(y,w,\varepsilon), \\ \dfrac{2\varepsilon - y_j}{2\varepsilon} y_j + \dfrac{2\varepsilon - w_j}{2\varepsilon} w_j - \dfrac{\varepsilon}{2}, & j \in I_c(y,w,\varepsilon), \end{cases} \tag{4.4.6}$$

$$\widehat{\psi}_\varepsilon(y_j, w_j) = \begin{cases} 0, & j \in I_c \setminus I_c(y,w,\varepsilon), \\ \dfrac{\left(\sqrt{y_j^2 + w_j^2} - \varepsilon\right)^2}{2\varepsilon}, & j \in I_c(y,w,\varepsilon), \end{cases} \tag{4.4.7}$$

其中, 指标集

$$I_c(y,w,\varepsilon) = \left\{ j \in I_c \,\middle|\, \sqrt{y_j^2 + w_j^2} < \varepsilon, \ \varepsilon > 0 \right\}. \tag{4.4.8}$$

进一步, 定义函数

$$\Psi_\varepsilon(y,w) = (\psi_\varepsilon(y_j, w_j), j \in I_a), \quad \widehat{\Psi}_\varepsilon(y,w) = (\widehat{\psi}_\varepsilon(y_j, w_j), j \in I_c). \tag{4.4.9}$$

显然, 有

$$\Psi(y,w) = \Psi_\varepsilon(y,w) + \widehat{\Psi}_\varepsilon(y,w), \tag{4.4.10}$$

且对任意 $\varepsilon > 0$, 函数 $\psi_\varepsilon(y_j, w_j)$ 是可微的, 且有

$$\psi'_{\varepsilon,y_j}(y_j,w_j) := \frac{\partial\psi_\varepsilon(y_j,w_j)}{\partial y_j} = \begin{cases} 1 - \dfrac{y_j}{\sqrt{y_j^2+w_j^2}}, & j \in I_c \setminus I_c(y,w,\varepsilon), \\ 1 - \dfrac{y_j}{\varepsilon}, & j \in I_c(y,w,\varepsilon), \end{cases} \tag{4.4.11}$$

$$\psi'_{\varepsilon,w_j}(y_j,w_j) := \frac{\partial\psi_\varepsilon(y_j,w_j)}{\partial w_j} = \begin{cases} 1 - \dfrac{w_j}{\sqrt{y_j^2+w_j^2}}, & j \in I_c \setminus I_c(y,w,\varepsilon), \\ 1 - \dfrac{w_j}{\varepsilon}, & j \in I_c(y,w,\varepsilon). \end{cases} \tag{4.4.12}$$

注 4.4.2 尽管函数 $\psi_\varepsilon(y_j,w_j)$ 在 ε-圆边界: $\{(y_j,w_j) \mid \sqrt{y_j^2+w_j^2} = \varepsilon,\ j \in I_c\}$ 上不是二次可微, 但从理论上讲这不影响本节的算法, 因为本节算法只考虑满足下层非退化条件的聚点, 当 $\varepsilon > 0$ 充分小时, 这些聚点落在 ε-圆边界外.

命题 4.4.1 对任意 $(x,y) \in \mathbb{R}^{n+m}$, 有下述不等式成立:

$$\left(\frac{\partial\psi_\varepsilon(y_j,w_j)}{\partial y_j}\right)^2 + \left(\frac{\partial\psi_\varepsilon(y_j,w_j)}{\partial w_j}\right)^2 \geqslant 3 - 2\sqrt{2} > 0, \quad \forall j \in I_c.$$

基于向量值函数 $\Psi_\varepsilon(y,w)$ 的可微性, 下述光滑优化问题

$$\begin{aligned} &\min f(x,y) \\ &\text{s.t. } g(x,y) \leqslant 0, \\ &\quad w - F(x,y) = 0, \quad \Psi_\varepsilon(y,w) = 0 \end{aligned} \tag{4.4.13}$$

可看成 MPEC (4.0.1) 的一个近似. 显然, 若 $I_c(y,w,\varepsilon) = \varnothing$, 则问题 (4.4.13) 等价于问题 (4.4.5), 而且, 根据后面定理 4.4.1 的证明过程知, 在较温和的条件下, 有 $I_c(y^*,w^*,\varepsilon) = \varnothing$, 其中 (x^*,y^*,w^*) 为迭代点列的聚点.

因本节使用的是 Fischer-Burmeister 互补函数 $\psi(a,b)$, 因此需将假设 4.1.2 修改为如下形式:

假设 4.4.1 (1) 对任意 $(x,y) \in \mathbb{R}^{n+m}$, $\nabla_y F(x,y)$ 为 P_0 阵, 即矩阵 $\nabla_y F(x,y)$ 的所有顺序主子式非负.

(2) 对任意 $(x,y) \in \mathbb{R}^{n+m}$, 矩阵 $\nabla_y F(x,y)$ 的子矩阵 $(\nabla_y F(x,y))_{\widetilde{J}\widetilde{J}}$ 非奇异, 其中 $\widetilde{J} := \left\{ j \in I_c \,\middle|\, \dfrac{\partial\psi_\varepsilon(y_j,w_j)}{\partial y_j} = 0 \right\} = \{j \in I_c \mid y_j \geqslant 0,\ w_j = 0\} \subseteq \{j \in I_c \mid w_j = 0\}$.

本节将基于问题 (4.4.13), 建立一个求解 MPEC (4.0.1) 的 QP-free 算法. 下面先讨论产生搜索方向的线性方程组的构造.

定义向量值函数 $S_J(\,\cdot\,,\varepsilon) : \mathbb{R}^{n+2m} \times (0,+\infty) \mapsto \mathbb{R}^{|J|+2m}$ 如下:

$$S_J(z,\varepsilon) = \begin{pmatrix} g_J(x,y) \\ w - F(x,y) \\ \Psi_\varepsilon(y,w) \end{pmatrix}, \tag{4.4.14}$$

并令 $A_J(z,\varepsilon)$ 为 $S_J(z,\varepsilon)$ 的 Jacobian 矩阵的转置, 即

$$
A_J(z,\varepsilon) = \left(\begin{array}{ccc}
\nabla_x g_J(x,y) & -\nabla_x F(x,y) & 0 \\
\nabla_y g_J(x,y) & -\nabla_y F(x,y) & \nabla_y \Psi_\varepsilon(y,w) \\
0 & E_m & \nabla_w \Psi_\varepsilon(y,w)
\end{array}\right), \tag{4.4.15}
$$

其中 $J \subseteq I$, 对角阵 $\nabla_y \Psi_\varepsilon(y,w) = \operatorname{diag}\left(\dfrac{\partial \psi_\varepsilon(y_j,w_j)}{\partial y_j}, j \in I_c\right)$, $\nabla_w \Psi_\varepsilon(y,w) = \operatorname{diag}\left(\dfrac{\partial \psi_\varepsilon(y_j,w_j)}{\partial w_j}, j \in I_c\right)$.

为保证算法的全局收敛性, 要求矩阵 $A_{I_0(s)}(z,\varepsilon)$ 列满秩. 下面给出 $A_{I_0(s)}(z,\varepsilon)$ 列满秩的一个充分条件, 其证明可参阅文献 [66, 67, 85].

命题 4.4.2　记

$$
U_\varepsilon(z) = \left(\begin{array}{cc}
-\nabla_y F(x,y) & \nabla_y \Psi_\varepsilon(y,w) \\
E_m & \nabla_w \Psi_\varepsilon(y,w)
\end{array}\right).
$$

(1) 假设矩阵 $U_\varepsilon(z)$ 非奇异, 则矩阵 $A_{I_0(s)}(z,\varepsilon)$ 列满秩, 即问题 (4.4.13) 的 LICQ 成立, 当且仅当

$$
G_{I_0(s)}(z,\varepsilon) := \nabla_x g_{I_0(s)}(x,y) - \nabla_x F(x,y)(U_\varepsilon^{-1})_m \nabla_y g_{I_0(s)}(x,y)
$$

是列满秩的, 其中 $(U_\varepsilon^{-1})_m$ 为 $U_\varepsilon^{-1} := U_\varepsilon(z)^{-1}$ 的前 m 行前 m 列组成的子矩阵.

(2) 如果假设 4.4.1 成立, 则矩阵 $U_\varepsilon(z)$ 非奇异.

基于命题 4.4.2, 本节还需作如下假设:

假设 4.4.2　对任意 $z \in \mathbb{R}^{n+2m}$, 矩阵 $G_{I_0(s)}(z,\varepsilon)$ 列满秩.

令 $z^k = (x^k, y^k, w^k)$ 为第 k 步迭代点. 为产生搜索方向, 考虑由问题 (4.4.13) 的 KKT 条件导出的线性方程组:

$$
\left(\begin{array}{cc}
H_k & A_k \\
A_k^{\mathrm{T}} & 0
\end{array}\right)\left(\begin{array}{c}
d_z \\
\gamma_{J_k}
\end{array}\right) = -\left(\begin{array}{c}
\nabla \widehat{f}(z^k) \\
S_{J_k}(z^k, \varepsilon_k)
\end{array}\right), \tag{4.4.16}
$$

其中 $H_k \in \mathbb{R}^{n+2m}$ 为问题 (4.4.13) 的 Lagrangian 函数的 Hessian 阵的近似阵, 指标集 J_k 是由某种方法产生的 I 的子集, 以及

$$
\gamma_{J_k} := (\lambda_{J_k}, \omega, \mu), \quad A_k = A_{J_k}(z^k, \varepsilon_k), \quad \nabla \widehat{f}(z^k) := (\nabla f(x^k, y^k)^{\mathrm{T}}, 0_{1 \times m})^{\mathrm{T}}.
$$

易证明下面引理成立:

引理 4.4.1　假设 H_k 是对称正定矩阵, 指标集 J_k 使得 A_k 列满秩. 则矩阵 $A_k^{\mathrm{T}} H_k^{-1} A_k$ 是对称正定阵; 而且, 线性方程组 (4.4.16) 有唯一解.

一般地, 如果直接用线性方程组 (4.4.16) 的解作为搜索方向, 将无法保证下降性, 也无法避免 Maratos 效应. 因此, 需对线性方程组 (4.4.16) 右端项 $S_{J_k}(z^k, \varepsilon_k)$ 作扰动, 从而产生第二、第三个线性方程组 (详见下面算法的步骤 2).

在本节算法中, 将使用下面罚函数作为效益函数:

$$\vartheta_{(\varepsilon, \alpha)}(z) = f(x, y) + \alpha(\varphi(x, y) + \| w - F(x, y) \|_1 + \| \Psi_\varepsilon(y, w) \|_1), \quad (4.4.17)$$

其中 $\alpha > 0$ 为罚参数.

下面给出本节算法的具体步骤.

算法 4.4.1

步骤 0 任取初始迭代点 $z^0 = (x^0, y^0, w^0) \in \mathbb{R}^{n+2m}$, 对称正定矩阵 $H_0 \in \mathbb{R}^{(n+2m) \times (n+2m)}$, 参数 $\widetilde{\varepsilon}_{-1}, \varepsilon_0, \alpha_{-1}, \sigma, \delta_1 > 0, \beta \in (0, 1), \widehat{\sigma} \in (0, 1)$. 令 $k := 0$.

步骤 1 (转轴运算) 计算工作集 J_k:

(1) 令 $i := 0, \widetilde{\varepsilon}_{k,i} := \widetilde{\varepsilon}_{k-1}$.

(2) 计算 $J_{k,i} = \left\{ j \in I : 0 \leqslant \varphi(x^k, y^k) - g_j(x^k, y^k) \leqslant 2\widetilde{\varepsilon}_{k,i} \right\}$. 如果

$$\det \left[A_{J_{k,i}}(z^k, \varepsilon_k)^{\mathrm{T}} A_{J_{k,i}}(z^k, \varepsilon_k) \right] \geqslant \widetilde{\varepsilon}_{k,i},$$

则令 $\widetilde{\varepsilon}_k := \widetilde{\varepsilon}_{k,i}$, $J_k := J_{k,i}$, $A_k := A_{J_{k,i}}(z^k, \varepsilon_k)$, 转步骤 2.

(3) 令 $\widetilde{\varepsilon}_{k,i+1} := \dfrac{1}{2} \widetilde{\varepsilon}_{k,i}$, $i := i + 1$, 重复步骤 1(2).

步骤 2 (计算搜索方向)

(1) 求解第一个线性方程组 (4.4.16), 并记其解为 $(\overline{d}_z^k, \overline{\gamma}_{J_k}^k)$, 其中 $\overline{\gamma}_{J_k}^k := (\overline{\lambda}_{J_k}^k, \overline{\omega}^k, \overline{\mu}^k)$. 令 $\overline{\lambda}^k = (\overline{\lambda}_{J_k}^k, 0_{I \setminus J_k})$. 如果 $\overline{d}_z^k = 0$, $\overline{\lambda}_{J_k}^k \geqslant 0$, 且

(a) 若 $I_c = \varnothing$, 则 (x^k, y^k) 为 MPEC (4.0.1) 的 KKT 稳定点, 算法终止;

(b) 若 $I_c \neq \varnothing$, 则令 $z^{k+1} := z^k$, $H_{k+1} := H_k$, $\varepsilon_{k+1} := \dfrac{1}{2} \varepsilon_k$, 转步骤 6.

(2) 求解第二个线性方程组:

$$\begin{pmatrix} H_k & A_k \\ A_k^{\mathrm{T}} & 0 \end{pmatrix} \begin{pmatrix} d_z \\ \gamma_{J_k} \end{pmatrix} = - \begin{pmatrix} \nabla \widehat{f}(z^k) \\ S_{J_k}(z^k, \varepsilon_k) - \nu^k \end{pmatrix}, \quad (4.4.18)$$

其中, $\nu^k = (\nu_j^k) \in \mathbb{R}^{|J_k| + 2m}$ 定义如下

$$\nu_j^k = \begin{cases} (\overline{\lambda}_j^k)^3, & \text{如果 } \overline{\lambda}_j^k < 0 , j \in J_k, \\ 0, & \text{其他.} \end{cases} \quad (4.4.19)$$

并记其解为 $(d_z^k, \gamma_{J_k}^k)$, 其中 $\gamma_{J_k}^k := (\lambda_{J_k}^k, \omega^k, \mu^k)$. 令 $\lambda^k = (\lambda_{J_k}^k, 0_{I \setminus J_k})$.

(3) 求解第三个线性方程组

$$\begin{pmatrix} H_k & A_k \\ A_k^{\mathrm{T}} & 0 \end{pmatrix} \begin{pmatrix} d_z \\ \gamma_{J_k} \end{pmatrix} = - \begin{pmatrix} \nabla \widehat{f}(z^k) \\ S_{J_k}(z^k + d_z^k, \varepsilon_k) + S_{J_k}(z^k, \varepsilon_k) \end{pmatrix}. \quad (4.4.20)$$

记其解为 $(\widehat{d}_z^k, \widehat{\gamma}_{J_k}^k)$, 其中 $\widehat{\gamma}_{J_k}^k := (\widehat{\lambda}_{J_k}^k, \widehat{\omega}^k, \widehat{\mu}^k)$. 令 $\widehat{\lambda}^k = (\widehat{\lambda}_{J_k}^k, 0_{I \setminus J_k})$. 如果 $\parallel \widehat{d}_z^k - d_z^k \parallel \geqslant \parallel d_z^k \parallel$, 则令 $\widehat{d}_z^k := d_z^k$.

步骤 3（罚参数更新）　记 $\eta_k = \max\{\parallel 2\overline{\lambda}^k - \lambda^k \parallel_1, \parallel 2\overline{\omega}^k - \omega^k \parallel_1, \parallel 2\overline{\mu}^k - \mu^k \parallel_1\}$. 令

$$\alpha_k = \begin{cases} \alpha_{k-1}, & 如果 \ \alpha_{k-1} \geqslant \eta_k + \delta_1, \\ \max\{\zeta_k + \delta_1, \alpha_{k-1} + \delta_1\}, & 其他. \end{cases} \quad (4.4.21)$$

步骤 4（曲线搜索）　计算步长 τ_k, 使其为序列 $\{1, \beta, \beta^2, \cdots\}$ 中满足下述不等式的最大者 τ:

$$\vartheta_{(\varepsilon_k, \alpha_k)}(z^k + \tau d_z^k + \tau^2(\widehat{d}_z^k - d_z^k)) \leqslant \vartheta_{(\varepsilon_k, \alpha_k)}(z^k) + \widehat{\sigma}\tau\widetilde{\Upsilon}(z^k, \varepsilon_k, \alpha_k, d_z^k), \quad (4.4.22)$$

其中

$$\begin{aligned} \widetilde{\Upsilon}(z^k, \varepsilon_k, \alpha_k, d_z^k) = & \nabla\widehat{f}(z^k)^{\mathrm{T}}d_z^k - \alpha_k(\varphi(x^k, y^k) + \parallel w^k - F(x^k, y^k) \parallel_1 \\ & + \parallel \Psi_{\varepsilon_k}(y^k, w^k) \parallel_1) + \frac{1}{2}(\overline{d}_z^k)^{\mathrm{T}}H_k\overline{d}_z^k. \end{aligned} \quad (4.4.23)$$

步骤 5　令 $z^{k+1} = z^k + \tau_k d_z^k + \tau_k^2(\widehat{d}_z^k - d_z^k)$, 并计算

$$\sigma_{k+1} = \min\left\{\sqrt{(y_j^{k+1})^2 + (w_j^{k+1})^2}, j \in I_c\right\},$$

$$\varepsilon_{k+1} = \begin{cases} \varepsilon_k, & 如果 \ \varepsilon_k \leqslant \sigma_{k+1}, \\ \dfrac{1}{2}\varepsilon_k, & 其他. \end{cases} \quad (4.4.24)$$

利用某种方法更新矩阵 H_k 得到对称正定阵 H_{k+1}.

步骤 6　令 $k := k+1$, 返回步骤 1.

接下来将分析算法 4.4.1 的可行性.

引理 4.4.2　假设 4.4.1-4.4.2 成立, 则

(1) 算法 4.4.1 步骤 1 中的转轴运算有限步终止;

(2) 线性方程组 (4.4.18) 和 (4.4.20) 存在唯一解.

证明　类似文献 [53] 的引理 1.1, 结论 (1) 显然成立. 由引理 4.4.1 即知结论 (2) 成立. □

通过计算, 不难得到下述关系式:

$$\overline{d}_z^k = -\Gamma_k\nabla\widehat{f}(z^k) - B_k S_{J_k}(z^k, \varepsilon_k), \quad (4.4.25a)$$

$$\overline{\gamma}_{J_k}^k = -B_k^{\mathrm{T}}\nabla\widehat{f}(z^k) - (A_k^{\mathrm{T}}H_k^{-1}A_k)^{-1}S_{J_k}(z^k, \varepsilon_k), \quad (4.4.25b)$$

$$d_z^k = \overline{d}_z^k + B_k\nu^k, \quad \gamma_{J_k}^k = \overline{\gamma}_{J_k}^k - (A_k^{\mathrm{T}}H_k^{-1}A_k)^{-1}\nu^k, \quad (4.4.25c)$$

$$(z^k)^{\mathrm{T}}\Gamma_k z^k = \parallel H_k^{1/2}\Gamma_k z^k \parallel^2, \quad (4.4.25d)$$

其中

$$\Gamma_k = H_k^{-1} - H_k^{-1} A_k (A_k^{\mathrm{T}} H_k^{-1} A_k)^{-1} A_k^{\mathrm{T}} H_k^{-1}, \quad B_k = H_k^{-1} A_k (A_k^{\mathrm{T}} H_k^{-1} A_k)^{-1}.$$
(4.4.26)

引理 4.4.3 假设 4.4.1–4.4.2 成立, H_k 对称正定.

(1) 如果 $\overline{d}_z^k \neq 0$ 或 $\overline{\lambda}_{J_k}^k \ngeqslant 0$, 则 $\widetilde{\Upsilon}(z^k, \varepsilon_k, \alpha_k, d_z^k) < 0$;

(2) 如果 $\overline{d}_z^k = 0$ 且 $\overline{\lambda}_{J_k}^k \geqslant 0$, 则下述两者之一成立:

(a) 若 $I_c(y^k, w^k, \varepsilon_k) = \varnothing$, 则 (x^k, y^k) 为 MPEC (4.0.1) 的一个 KKT 稳定点;

(b) 若 $I_c(y^k, w^k, \varepsilon_k) \neq \varnothing$, 则 $\overline{d}_z^{k+1} \neq 0$ 或 $\overline{\lambda}_{J_{k+1}}^{k+1} \ngeqslant 0$.

证明 (1) 根据线性方程组 (4.4.16), 得

$$\nabla \widehat{f}(z^k) + H_k \overline{d}_z^k + A_k \overline{\gamma}_{J_k}^k = 0, \quad A_k^{\mathrm{T}} \overline{d}_z^k + S_{J_k}(z^k, \varepsilon_k) = 0.$$
(4.4.27)

由 (4.4.25a) 和 (4.4.26), 有

$$\begin{aligned}
\nabla \widehat{f}(z^k)^{\mathrm{T}} d_z^k &= \nabla \widehat{f}(z^k)^{\mathrm{T}} \overline{d}_z^k + ((A_k^{\mathrm{T}} H_k^{-1} A_k)^{-1} S_{J_k}(z^k, \varepsilon_k) - \overline{\gamma}_{J_k}^k)^{\mathrm{T}} \nu^k \\
&= \nabla \widehat{f}(z^k)^{\mathrm{T}} \overline{d}_z^k - \sum_{j \in J_k, \overline{\lambda}_j^k < 0} (\overline{\lambda}_j^k)^4 + S_{J_k}(z^k, \varepsilon_k)^{\mathrm{T}} (A_k^{\mathrm{T}} H_k^{-1} A_k)^{-1} \nu^k \\
&= \nabla \widehat{f}(z^k)^{\mathrm{T}} \overline{d}_z^k - \sum_{j \in J_k, \overline{\lambda}_j^k < 0} (\overline{\lambda}_j^k)^4 + S_{J_k}(z^k, \varepsilon_k)^{\mathrm{T}} (\overline{\gamma}_{J_k}^k - \gamma_{J_k}^k). \quad (4.4.28)
\end{aligned}$$

由 (4.4.27) 得

$$\begin{aligned}
\nabla \widehat{f}(z^k)^{\mathrm{T}} \overline{d}_z^k &= -(\overline{d}_z^k)^{\mathrm{T}} H_k \overline{d}_z^k - (\overline{\gamma}_{J_k}^k)^{\mathrm{T}} A_k^{\mathrm{T}} \overline{d}_z^k \\
&= -(\overline{d}_z^k)^{\mathrm{T}} H_k \overline{d}_z^k + (\overline{\gamma}_{J_k}^k)^{\mathrm{T}} S_{J_k}(z^k, \varepsilon_k),
\end{aligned}$$

将上式代入 (4.4.28), 并结合 $\widetilde{\Upsilon}(z^k, \varepsilon_k, \alpha_k, d_z^k)$ 的定义 (见 (4.4.23) 式) 以及罚参数 α_k 的更新规则 (见 (4.4.21) 式), 得

$$\begin{aligned}
&\widetilde{\Upsilon}(z^k, \varepsilon_k, \alpha_k, d_z^k) \\
&= -\frac{1}{2} (\overline{d}_z^k)^{\mathrm{T}} H_k \overline{d}_z^k - \sum_{j \in J_k, \overline{\lambda}_j^k < 0} (\overline{\lambda}_j^k)^4 + (2\overline{\gamma}_{J_k}^k - \gamma_{J_k}^k)^{\mathrm{T}} S_{J_k}(z^k, \varepsilon_k) \\
&\quad - \alpha_k (\varphi(x^k, y^k) + \| w^k - F(x^k, y^k) \|_1 + \| \Psi_{\varepsilon_k}(y^k, w^k) \|_1) \\
&\leqslant -\frac{1}{2} (\overline{d}_z^k)^{\mathrm{T}} H_k \overline{d}_z^k - \sum_{j \in J_k, \overline{\lambda}_j^k < 0} (\overline{\lambda}_j^k)^4,
\end{aligned}$$
(4.4.28)′

这表明 $\widetilde{\Upsilon}(z^k, \varepsilon_k, \alpha_k, d_z^k) < 0$.

(2) 下面分两种情形证明.

情形 A　$I_c(y^k, w^k, \varepsilon_k) = \varnothing$. 由于 $\overline{d}_z^k = 0$, 所以由 (4.4.27) 得

$$\nabla \widehat{f}(z^k) + A_k \overline{\gamma}_{J_k}^k = 0, \quad S_{J_k}(z^k, \varepsilon_k) = 0. \tag{4.4.29}$$

由 $J_k \subseteq I$, $\overline{\lambda}^k = (\overline{\lambda}_{J_k}^k, 0_{I \setminus J_k})$ 可知 $0 \leqslant \overline{\lambda}^k \perp g(x^k, y^k) \leqslant 0$. 又由 (4.4.14), (4.4.6), (4.4.7) 和 $I_c(y^k, w^k, \varepsilon_k) = \varnothing$, 得 $\Psi(y^k, w^k) = \Psi_{\varepsilon_k}(y^k, w^k) = 0$, 于是有

$$0 \leqslant y^k \perp w^k \geqslant 0, \quad (y_j^k)^2 + (w_j^k)^2 \geqslant \varepsilon_k^2, \quad \forall j \in I_c,$$

这表明 (x^k, y^k) 满足下层非退化条件 (4.1.1). 注意到

$$\overline{\gamma}_{J_k}^k = (\overline{\lambda}_{J_k}^k, \overline{\omega}^k, \overline{\mu}^k), \quad \overline{\lambda}^k = (\overline{\lambda}_{J_k}^k, 0_{I \setminus J_k}),$$

令

$$\widetilde{\mu}_j^k = \begin{cases} \overline{\mu}_j^k / w_j^k, & w_j^k > 0, \\ \overline{\mu}_j^k / y_j^k, & y_j^k > 0, \end{cases}$$

则由 (4.4.29) 的第一个等式可得

$$\begin{pmatrix} \nabla_x f(x^k, y^k) \\ \nabla_y f(x^k, y^k) \\ 0_{m \times 1} \end{pmatrix} + \begin{pmatrix} \nabla_x g(x^k, y^k) \\ \nabla_y g(x^k, y^k) \\ 0_{m \times 1} \end{pmatrix} \overline{\lambda}^k$$
$$+ \begin{pmatrix} \nabla_x F(x^k, y^k) \\ \nabla_y F(x^k, y^k) \\ -E_m \end{pmatrix} \overline{\omega}^k + \begin{pmatrix} 0_{n \times m} \\ W^k \\ Y^k \end{pmatrix} \widetilde{\mu}^k = 0,$$

其中 $W^k = \mathrm{diag}(F_j(x^k, y^k), j \in I_c)$, $Y^k = \mathrm{diag}(y_j^k, j \in I_c)$. 结合

$$0 \leqslant \overline{\lambda}^k \perp g(x^k, y^k) \leqslant 0, \quad w^k - F(x^k, y^k) = 0, \quad 0 \leqslant y^k \perp w^k \geqslant 0,$$

根据命题 4.1.1 知 (x^k, y^k) 为 MPEC (4.0.1) 的 KKT 稳定点, 从而结论 (a) 成立.

情形 B　$I_c(y^k, w^k, \varepsilon_k) \neq \varnothing$.

反证法. 假设结论 (a) 和 (b) 都不成立, 即 (x^k, y^k) 不是 MPEC (4.0.1) 的 KKT 稳定点且 $\overline{d}_z^{k+1} = 0$, $\overline{\lambda}_{J_{k+1}}^{k+1} \geqslant 0$. 由步骤 2(1)(b) 知 $z^{k+1} = z^k$, $\varepsilon_{k+1} = \varepsilon_k / 2$. 如果 $I_c(y^{k+1}, w^{k+1}, \varepsilon_{k+1}) = \varnothing$, 则由情形 A 知 $(x^{k+1}, y^{k+1})(=(x^k, y^k))$ 为 MPEC (4.0.1) 的 KKT 稳定点, 矛盾. 因此, $I_c(y^{k+1}, w^{k+1}, \varepsilon_{k+1}) \neq \varnothing$. 由 $\overline{d}_z^k = 0$ 知 $\psi_{\varepsilon_k}(y_j^k, w_j^k) = 0$, $\forall j \in I_c$. 于是由 (4.4.6) 得

$$\frac{2\varepsilon_k(y_j^k + w_j^k) - ((y_j^k)^2 + (w_j^k)^2) - \varepsilon_k^2}{2\varepsilon_k} = 0, \quad \forall j \in I_c(y^k, w^k, \varepsilon_k). \tag{4.4.30}$$

由 $\bar{d}_z^{k+1}=0$ 和线性方程组 (4.4.16), 可得 $\psi_{\varepsilon_{k+1}}(y_j^k, w_j^k)=0,\ \forall\, j \in I_c$. 再结合 (4.4.6), 得

$$\frac{2\varepsilon_{k+1}(y_j^k+w_j^k)-((y_j^k)^2+(w_j^k)^2)-\varepsilon_{k+1}^2}{2\varepsilon_{k+1}}=0,\quad \forall\, j \in I_c(y^k,w^k,\varepsilon_{k+1})\subseteq I_c(y^k,w^k,\varepsilon_k).$$
(4.4.31)

因此, 利用 (4.4.30) 和 (4.4.31), 有

$$(y_j^{k+1})^2+(w_j^{k+1})^2-2\varepsilon_{k+1}^2=0,\quad \forall\, j \in I_c(y^{k+1},w^{k+1},\varepsilon_{k+1}),$$

这与 $I_c(y^{k+1},w^{k+1},\varepsilon_{k+1})$ 的定义矛盾. 因此, 结论 (a) 或 (b) 成立. $\qquad\square$

引理 4.4.4 假设 4.4.1–4.4.2 成立, 则对充分小的 $\tau>0$, 线搜索不等式 (4.4.22) 成立, 从而知算法 4.4.1 是适定的.

证明 首先, 由 (4.4.15), (4.4.14) 及线性方程组 (4.4.18), 得

$$\nabla g_{J_k}(s^k)^{\mathrm T}d_s^k=-g_{J_k}(s^k)+\nu_{J_k}^k,\tag{4.4.32a}$$

$$\nabla_z(w^k-F(s^k))^{\mathrm T}d_z^k=-w^k+F(s^k),\tag{4.4.32b}$$

$$\nabla_z\Psi_{\varepsilon_k}(t^k)^{\mathrm T}d_z^k=-\Psi_{\varepsilon_k}(t^k).\tag{4.4.32c}$$

因对充分小的 $\tau>0$ (与 k 有关), 有 $I(s^k+\tau d_s^k+\tau^2(\widehat{d}_s^k-d_s^k))\subseteq I(s^k)\subseteq J_k$, 所以由 (4.4.32a) 和 (4.4.19) 得

$$\nabla g_j(s^k)^{\mathrm T}d_s^k=-g_j(s^k)+\nu_j^k\leqslant -g_j(s^k)=-\varphi(s^k),\ j\in I(s^k).\tag{4.4.33}$$

因此, 由 (4.4.1), Taylor 展开式和 (4.4.33) 有

$$\begin{aligned}
&\varphi(s^k+\tau d_s^k+\tau^2(\widehat{d}_s^k-d_s^k))-\varphi(s^k)\\
&\leqslant \max\{\,0; g_j(s^k+\tau d_s^k+\tau^2(\widehat{d}_s^k-d_s^k)), j\in I(s^k)\}-\varphi(s^k)\\
&=\max\{\,0; g_j(s^k)+\tau\nabla g_j(s^k)^{\mathrm T}d_s^k+o(\tau), j\in I(s^k)\}-\varphi(s^k)\\
&\leqslant \max\{\,0; (1-\tau)\varphi(s^k)+o(\tau), j\in I(s^k)\}-\varphi(s^k)\\
&\leqslant -\tau\varphi(s^k)+o(\tau).
\end{aligned}\tag{4.4.34}$$

类似地, 由 Taylor 展开式以及 (4.4.32) 可得

$$f(s^k+\tau d_s^k+\tau^2(\widehat{d}_s^k-d_s^k))-f(s^k)=\tau\nabla f(s^k)^{\mathrm T}d_s^k+o(\tau),\tag{4.4.35a}$$

$$\|\Psi_{\varepsilon_k}(t^k+\tau d_t^k+\tau^2(\widehat{d}_t^k-d_t^k))\|_1-\|\Psi_{\varepsilon_k}(t^k)\|_1$$
$$=-\tau\|\Psi_{\varepsilon_k}(t^k)\|_1+o(\tau),\tag{4.4.35b}$$

$$\|(w^k+\tau d_w^k+\tau^2(\widehat{d}_w^k-d_w^k))-F(s^k+\tau d_s^k+\tau^2(\widehat{d}_s^k-d_s^k))\|_1-\|w^k-F(s^k)\|_1$$
$$=-\tau\|w^k-F(s^k)\|_1+o(\tau).\tag{4.4.35c}$$

因此, 综合 (4.4.17), (4.4.34), (4.4.35) 及 (4.4.23), 有

$$\vartheta_{(\varepsilon_k,\alpha_k)}(z^k + \tau d_z^k + \tau^2(\hat{d}_z^k - d_z^k)) - \vartheta_{(\varepsilon_k,\alpha_k)}(z^k)$$
$$\leqslant \tau(\nabla f(s^k)^{\mathrm T} d_s^k - \alpha_k\varphi(s^k) - \alpha_k\|w^k - F(s^k)\|_1 - \alpha_k\|\Psi_{\varepsilon_k}(t^k)\|_1) + o(\tau)$$
$$\leqslant \tau\widetilde{\Upsilon}(z^k,\varepsilon_k,\alpha_k,d_z^k) + o(\tau), \tag{4.4.36}$$

而由引理 4.4.3(1) 知 $\widetilde{\Upsilon}(z^k,\varepsilon_k,\alpha_k,d_z^k) < 0$, 因此对充分小的 $\tau > 0$, 有

$$\vartheta_{(\varepsilon_k,\alpha_k)}(z^k + \tau d_z^k + \tau^2(\hat{d}_z^k - d_z^k)) - \vartheta_{(\varepsilon_k,\alpha_k)}(z^k) \leqslant \hat{\sigma}\tau\widetilde{\Upsilon}(z^k,\varepsilon_k,\alpha_k,d_z^k),$$

即曲线搜索不等式 (4.4.22) 成立, 从而算法 4.4.1 是适定的. 因此引理成立. □

4.4.2 全局收敛性分析

由引理 4.4.3(2) 知, 若算法 4.4.1 有限步终止于 $z^k = (x^k,y^k,w^k)$, 则 $s^k = (x^k,y^k)$ 为 MPEC (4.0.1) 的一个 KKT 稳定点. 接下来, 不妨假设算法 4.4.1 产生一个无穷点列 $\{z^k\}$. 本小节将证明在适当的假设条件下算法 4.4.1 具有全局收敛性, 即点列 $\{z^k\}$ 的任意聚点均为 MPEC (4.0.1) 的 KKT 稳定点. 为此, 还需作如下假设:

假设 4.4.3　存在常数 $a,b > 0$, 使得

$$a\|d\|^2 \leqslant d^{\mathrm T}H_k d \leqslant b\|d\|^2, \quad \forall\, d \in \mathbb{R}^{n+2m}, \ k = 0,1,2,\cdots. \tag{4.4.37}$$

假设 4.4.4　迭代点列 $\{z^k\}$ 有界, 且 $\{z^k\}$ 的任一聚点均满足下层非退化条件 (4.1.1).

引理 4.4.5　如果假设 4.4.1–4.4.4 成立, 则

(1) 存在常数 $\widetilde{\varepsilon} > 0$, 使得对任意 k, 都有 $\widetilde{\varepsilon}_k \geqslant \widetilde{\varepsilon}$;

(2) 存在正整数 k_0, 使得对任意 $k \geqslant k_0$, 都有 $\varepsilon_k \equiv \varepsilon_{k_0}$.

证明　(1) 类似于文献 [69] 的引理 4.1, 这里不作详细证明.

(2) 首先, 由算法 4.4.1 之步骤 2(1) 和步骤 5 可知, 序列 $\{\varepsilon_k\}$ 单调非增且下方有界, 因此 $\{\varepsilon_k\}$ 收敛. 定义

$$\mathcal{N}_1 = \{k \in \mathcal{N} \mid \varepsilon_k > \sigma_{k+1}\},$$
$$\mathcal{N}_2 = \{k \in \mathcal{N} \mid \overline{d}_z^k = 0, \overline{\lambda}_{J_k}^k \geqslant 0, I_c(y^k,w^k,\varepsilon_k) \neq \varnothing\},$$

其中 $\mathcal{N} = \{0,1,2,\cdots\}$. 接下来, 将证明 $\mathcal{N}_1$ 和 $\mathcal{N}_2$ 均为有限集. 用反证法. 假设 $\mathcal{N}_1$ 为无限集, 则 $\lim\limits_{k\to\infty}\varepsilon_k = 0$, 且存在 $j_0 \in I_c$ 和 $\overline{\mathcal{N}}_1 \subseteq \mathcal{N}_1$, 使得

$$\sigma_{k+1} = \sqrt{(y_{j_0}^{k+1})^2 + (w_{j_0}^{k+1})^2} < \varepsilon_k, \quad k \in \overline{\mathcal{N}}_1 \subseteq \mathcal{N}_1. \tag{4.4.38}$$

根据 $\{z^{k+1}\}_{\overline{\mathcal{N}_1}}$ 的有界性, 不失一般性, 不妨设 $z^{k+1} \xrightarrow{k} z^* = (x^*, y^*, w^*)$. 于是由 (4.4.38) 得 $(y_{j_0}^*)^2 + (w_{j_0}^*)^2 = 0$, 这与假设 4.4.4 矛盾. 所以, $\mathcal{N}_1$ 是有限集.

类似地, 可证明 $\mathcal{N}_2$ 也是有限集. 最后, 综合 $\mathcal{N}_1$ 和 $\mathcal{N}_2$ 的有限性, 以及 ε_k 的更新规则 (4.4.24) 和步骤 2(1) 即知结论 (2) 成立. □

基于引理 4.4.5(2), 不失一般性, 在本节余下部分, 不妨假设 $\varepsilon_k \equiv \varepsilon$, 并令 z^* 为迭代点列 $\{z^k\}$ 的任一聚点, 即存在 $K \subseteq \{0, 1, 2, \cdots\}$, 使得 $z^k \xrightarrow{K} z^*$. 注意到 $\{H_k\}$ 的有界性, $J_k \subseteq I$ 以及 I 是有限集, 故可假设 $H_k \xrightarrow{K} H^*$, $J_k \equiv \overline{J}$, $\forall k \in K$. 记

$$U^* = \begin{pmatrix} -\nabla_y F(s^*) & \nabla_y \Psi_\varepsilon(y^*, w^*) \\ E_m & \nabla_w \Psi_\varepsilon(y^*, w^*) \end{pmatrix},$$

$$A_{\overline{J}}^* = \begin{pmatrix} \nabla_x g_{\overline{J}}(s^*) & -\nabla_x F(s^*) & 0 \\ \nabla_y g_{\overline{J}}(s^*) & -\nabla_y F(s^*) & \nabla_y \Psi_\varepsilon(y^*, w^*) \\ 0 & E_m & \nabla_w \Psi_\varepsilon(y^*, w^*) \end{pmatrix}.$$

引理 4.4.6 如果假设 4.4.1–4.4.4 成立, 则

(1) 极限阵 $\begin{pmatrix} H^* & A_{\overline{J}}^* \\ (A_{\overline{J}}^*)^T & 0 \end{pmatrix}$ 非奇异;

(2) 存在常数 $\widehat{c} > 0$, 使得 $\left\| \begin{pmatrix} H_k & A_k \\ A_k^T & 0 \end{pmatrix}^{-1} \right\| < \widehat{c}, \forall k \in K$. 而且, 结合 $\{z^k\}_K$ 的有界性, 存在常数 $c > 0$, 使得 $\left\| \begin{pmatrix} H_k & A_k \\ A_k^T & 0 \end{pmatrix}^{-1} \right\| < c, \forall k = 1, 2, \cdots$;

(3) 序列 $\{(\overline{d}_z^k, \overline{\gamma}_{J_k}^k)\}$ 和 $\{(d_z^k, \gamma_{J_k}^k)\}$ 有界;

(4) 存在正整数 k_1, 使得对任意 $k \geqslant k_1$, 有 $\alpha_k \equiv \alpha_{k_1}$.

证明 (1) 类似文献 [66] 的命题 3.2, 不难证明 U^* 非奇异, 因此, 矩阵 $A_{\overline{J}}$ 列满秩. 再结合矩阵 H^* 的正定性即知结论成立.

(2) 根据结论 (1) 知结论的第一部分显然成立, 下面证明第二部分.

用反证法. 假设结论不成立, 则存在子列 $\widetilde{K} \subseteq \{1, 2, \cdots\}$, 使得

$$\left\| \begin{pmatrix} H_k & A_k \\ A_k^T & 0 \end{pmatrix}^{-1} \right\| \xrightarrow{\widetilde{K}} \infty. \tag{4.4.39}$$

根据点列 $\{z^k\}_{\widetilde{K}}$ 的有界性, 存在子列 $K' \subseteq \widetilde{K}$, 使得 $z^k \xrightarrow{K'} z^*$. 由矩阵序列 $\{H_k\}_{K'}$ 的有界性, 存在子列 $K'' \subseteq K'$, 使得 $H_k \xrightarrow{K''} H^*$. 因此, 根据结论 (2) 的第一部分

知, 存在常数 $\bar{c} > 0$, 使得

$$\left\| \begin{pmatrix} H_k & A_k \\ A_k^{\mathrm{T}} & 0 \end{pmatrix}^{-1} \right\| < \bar{c}, \quad \forall\, k \in K'',$$

这与 (4.4.39) 矛盾. 因此, 结论 (2) 成立.

(3) 由于 $\{(\nabla \widehat{f}(z^k), S_{J_k}(z^k, \varepsilon_k))\}$ 有界, 于是由线性方程组 (4.4.16), (4.4.18) 及结论 (2) 即知结论成立.

(4) 类似文献 [69] 的引理 4.3 的证明, 可知结论成立.　　　　　　□

基于引理 4.4.6(4), 下面不妨假设存在正常数 α, 使得对任意的 k, 有 $\alpha_k \equiv \alpha$.

引理 4.4.7　　假设 4.4.1–4.4.4 成立, 则 $\lim\limits_{k \in K} \widetilde{\Upsilon}(z^k, \varepsilon, \alpha, d_z^k) = 0$.

证明　用反证法. 假设结论不成立, 则存在常数 $c > 0$, 使得

$$\widetilde{\Upsilon}(z^k, \varepsilon, \alpha, d_z^k) \leqslant -c, \quad \forall\, k \in K.$$

下面分两步证明:

A. 首先证明 $\underline{\tau} := \inf\{\tau_k, k \in K\} > 0$.

由 $s^k \xrightarrow{K} s^*$, 序列 $\{d_s^k\}$ 的有界性及引理 4.4.5(1), 知 $I(s^k + \tau d_s^k + \tau^2(\widehat{d}_s^k - d_s^k)) \subseteq I(s^k) \subseteq J_k$ 对充分大的 $k \in K$ 和充分小的 $\tau > 0$ 成立. 因此, 有

$$\begin{aligned}
&\varphi(s^k + \tau d_s^k + \tau^2(\widehat{d}_s^k - d_s^k)) \\
&= \max\{ 0;\ g_j(s^k + \tau d_s^k + \tau^2(\widehat{d}_s^k - d_s^k)),\ j \in I(s^k + \tau d_s^k + \tau^2(\widehat{d}_s^k - d_s^k))\} \\
&= \max\{ 0;\ g_j(s^k + \tau d_s^k + \tau^2(\widehat{d}_s^k - d_s^k)),\ j \in I(s^*)\}.
\end{aligned} \tag{4.4.40}$$

对任意的 $j \in I(s^*) \subseteq J_k$, 利用 Taylor 展开式, 序列 $\{d_s^k\}$ 的有界性, (4.4.18), (4.4.19) 以及 (4.4.32), 得

$$\begin{aligned}
g_j(s^k + \tau d_s^k + \tau^2(\widehat{d}_s^k - d_s^k)) &= g_j(s^k) + \tau \nabla g_j(s^k)^{\mathrm{T}} d_s^k + o(\tau) \\
&= g_j(s^k) + \tau(\nu_j^k - g_j(s^k)) + o(\tau) \\
&= (1 - \tau)g_j(s^k) + \tau \nu_j^k + o(\tau) \\
&\leqslant (1 - \tau)\varphi(s^k) + o(\tau),
\end{aligned}$$

其中 $o(\tau)$ 与 k 无关. 于是, 将上式代入 (4.4.40), 得

$$\varphi(s^k + \tau d_s^k + \tau^2(\widehat{d}_s^k - d_s^k)) - \varphi(s^k) \leqslant -\tau \varphi(s^k) + o(\tau).$$

注意到 $z^k \xrightarrow{K} z^*$ 和 $\{d_z^k\}$ 有界, 可类似得到 (4.4.35) 式, 其中 $o(\tau)$ 与 k 无关. 于是有

$$\vartheta_{(\varepsilon,\alpha)}(z^k + \tau d_z^k + \tau^2(\widehat{d}_z^k - d_z^k)) - \vartheta_{(\varepsilon,\alpha)}(z^k)$$
$$\leqslant \tau\left(\nabla f(s^k)^{\mathrm{T}} d_s^k - \alpha\varphi(s^k) - \alpha\|w^k - F(s^k)\|_1 - \alpha\|\Psi_\varepsilon(t^k)\|_1\right) + o(\tau)$$
$$\leqslant \tau\widetilde{\Upsilon}(z^k, \varepsilon, \alpha, d_z^k) + o(\tau).$$

因此, 对充分小的 $\tau > 0$, 有

$$\vartheta_{(\varepsilon,\alpha)}(z^k + \tau d_z^k + \tau^2(\widehat{d}_z^k - d_z^k)) - \vartheta_{(\varepsilon,\alpha)}(z^k) - \tau\widehat{\sigma}\widetilde{\Upsilon}(z^k, \varepsilon, \alpha, d_z^k)$$
$$\leqslant (1-\widehat{\sigma})\tau\widetilde{\Upsilon}(z^k, \varepsilon, \alpha, d_z^k) + o(\tau)$$
$$\leqslant -(1-\widehat{\sigma})c\tau + o(\tau) \leqslant 0,$$

即当 $\tau > 0$ 充分小时线搜索不等式 (4.4.22) 成立, 且由上式知 $\underline{\tau} := \inf\{\tau_k, k \in K\} > 0$.

B. 利用 $\underline{\tau} := \inf\{\tau_k, k \in K\} > 0$ 导出矛盾.

由线搜索不等式 (4.4.22), 引理 4.4.3(1) 以及序列 $\{z^k\}$ 的有界性, 可知序列 $\{\vartheta_{(\varepsilon,\alpha)}(z^k)\}$ 单调减少且有下界. 因此, $\lim_{k\to\infty}\vartheta_{(\varepsilon,\alpha)}(z^k)$ 存在. 而由 (4.4.22) 得

$$\vartheta_{(\varepsilon,\alpha)}(z^{k+1}) - \theta_{(\varepsilon,\alpha)}(z^k) \leqslant -\widehat{\sigma}\underline{\tau}c, \quad k \in K,$$

令 $k \xrightarrow{K} \infty$, 对上式两边求极限, 得 $0 \leqslant -\widehat{\sigma}\underline{\tau}c$, 显然矛盾. 因此, 引理成立. □

基于上述的分析讨论, 下面给出算法 4.4.1 的全局收敛性定理并证明之.

定理 4.4.1 假设 4.4.1–4.4.4 成立, $z^* = (x^*, y^*, w^*)$ 为算法 4.4.1 产生的点列 $\{z^k\}$ 的任一聚点, 则 $s^* (= (x^*, y^*))$ 为 MPEC (4.0.1) 的一个 KKT 稳定点.

证明 由 (4.4.28)′ 和假设 4.4.3, 得

$$\widetilde{\Upsilon}(z^k, \varepsilon, \alpha, d_z^k) \leqslant -\frac{1}{2}a\|\overline{d}_z^k\|^2 - \sum_{j \in J_k, \overline{\lambda}_j^k < 0}(\overline{\lambda}_j^k)^4 < 0,$$

再结合引理 4.4.7, 有

$$\lim_{k\in K}\|\overline{d}_z^k\| = 0, \quad \lim_{k\in K}\sum_{j \in J_k, \overline{\lambda}_j^k < 0}(\overline{\lambda}_j^k)^4 = 0. \tag{4.4.41}$$

根据序列 $\{\gamma_{J_k}^k\}$ 的有界性, 不妨假设 $\gamma_{J_k}^k \xrightarrow{K} (\overline{\lambda}_{\overline{J}}^*, \lambda_F^*, \widehat{\lambda}_c^*)$. 下面用反证法证明 $\overline{\lambda}_{\overline{J}}^* \geqslant 0$. 假若存在 $j_0 \in \overline{J}$, 使得 $\overline{\lambda}_{j_0}^* < 0$, 从而有 $\overline{\lambda}_{j_0}^k < 0$ 对充分大的 $k \in K$ 成立. 因此

$$\sum_{j \in J_k, \overline{\lambda}_j^k < 0}(\overline{\lambda}_j^k)^4 \geqslant (\overline{\lambda}_{j_0}^k)^4 \xrightarrow{K} (\overline{\lambda}_{j_0}^*)^4 > 0,$$

这与 (4.4.41) 矛盾. 因此 $\overline{\lambda}_{\overline{J}}^* \geqslant 0$. 注意到 $\lambda_{g,I}^* = (\overline{\lambda}_{\overline{J}}^*, 0_{I\setminus\overline{J}})$, 则有

$$\overline{d}_z^k \xrightarrow{K} \overline{d}_z^* = 0, \quad \overline{\lambda}_j^k \xrightarrow{K} \lambda_{g,j}^* \geqslant 0, \ \forall\, j \in I.$$

由于 $I_c(y^k, w^k, \varepsilon) \subseteq I_c$ 且 I_c 是有限集, 所以, 不失一般性, 不妨设 $I_c(y^k, w^k, \varepsilon) \equiv \widetilde{I}_c, \ \forall\, k \in K$. 由 $\psi_\varepsilon(y_j, w_j)$ 的定义 (4.4.6) 得 $\Psi_\varepsilon(y^k, w^k) \xrightarrow{K} \Psi_\varepsilon(y^*, w^*)$. 于是, 令 $k \xrightarrow{K} \infty$, 对线性方程组 (4.4.16) 两边取极限, 得到

$$\begin{pmatrix} H_* & A_{\overline{J}}^* \\ (A_{\overline{J}}^*)^{\mathrm{T}} & 0 \end{pmatrix} \begin{pmatrix} \overline{d}_z^* \\ \overline{\gamma}_{\overline{J}}^* \end{pmatrix} = -\begin{pmatrix} \nabla\widehat{f}(z^*) \\ S_{\overline{J}}(z^*, \varepsilon) \end{pmatrix},$$

从而 $S_{\overline{J}}(z^*, \varepsilon) = 0$, 进一步地, $g_{\overline{J}}(s^*) = 0$. 由引理 4.4.5(1) 知 $I(s^*) \subseteq \overline{J}$, 因此, $\varphi(x^*, y^*) = 0$, 进一步地, $g(s^*) \leqslant 0$. 将 $\overline{d}_z^* = 0$ 代入 (4.4.16′), 并化简得

$$\begin{pmatrix} \nabla_x f(s^*) \\ \nabla_y f(s^*) \\ f(s^*) \\ 0_{m\times 1} \end{pmatrix} + \begin{pmatrix} \nabla_x g(s^*) \\ \nabla_y g(s^*) \\ 0_{m\times 1} \end{pmatrix}\lambda_{g,I}^*$$
$$+ \begin{pmatrix} -\nabla_x F(s^*) \\ -\nabla_y F(s^*) \\ F(s^*) \\ E_m \end{pmatrix}\lambda_F^* + \begin{pmatrix} 0_{n\times m} \\ \nabla_y\Psi_\varepsilon(y^*, w^*) \\ \nabla_w\Psi_\varepsilon(y^*, w^*) \end{pmatrix}\widehat{\lambda}_c^* = 0, \qquad (4.4.42)$$

$$0 \leqslant \overline{\lambda}^* \perp g(s^*) \leqslant 0, \quad w^* - F(s^*) = 0, \quad \Psi_\varepsilon(y^*, w^*) = 0. \qquad (4.4.43)$$

根据引理 4.4.5 以及 ε_k 的更新规则 (见步骤 5), 得

$$\sqrt{(y_j^*)^2 + (w_j^*)^2} \geqslant \varepsilon, \ \forall\, j \in I_c, \implies I_c(y^*, w^*, \varepsilon) = \varnothing,$$

因此, $\Psi(y^*, w^*) = \Psi_\varepsilon(y^*, w^*) = 0$. 此式表明 $0 \leqslant w^* \perp y^* \geqslant 0$. 定义 $\lambda_c^* = (\lambda_{c,j}^*, j \in I_c)$, 其中

$$\lambda_{c,j}^* = \begin{cases} \psi_{\varepsilon,y_j}'(y_j^*, w_j^*)\widehat{\lambda}_{c,j}^*/w_j^*, & \text{若 } w_j^* > 0; \\ \psi_{\varepsilon,w_j}'(y_j^*, w_j^*)\widehat{\lambda}_{c,j}^*/y_j^*, & \text{若 } y_j^* > 0. \end{cases}$$

于是根据 (4.4.42)–(4.4.43), 有

$$\begin{pmatrix} \nabla_x f(s^*) \\ \nabla_y f(s^*) \\ 0_{m\times 1} \end{pmatrix} + \begin{pmatrix} \nabla_x g(s^*) \\ \nabla_y g(s^*) \\ 0_{m\times 1} \end{pmatrix}\lambda_{g,I}^* + \begin{pmatrix} \nabla_x F(s^*) \\ \nabla_y F(s^*) \\ E_m \end{pmatrix}\lambda_F^* + \begin{pmatrix} 0_{n\times m} \\ W^* \\ Y^* \end{pmatrix}\lambda_c^* = 0,$$

$$0 \leqslant \lambda_{g,I}^* \perp g(s^*) \leqslant 0, \quad w^* - F(s^*) = 0, \quad 0 \leqslant y^* \perp w^* \geqslant 0,$$

其中 $W^* = \operatorname{diag}(w_j^*, j \in I_c)$, $Y^* = \operatorname{diag}(y_j^*, j \in I_c)$. 于是由命题 4.1.1 知 $s^* = (x^*, y^*)$ 为 MPEC (4.0.1) 的一个 KKT 稳定点. □

根据上述定理, 即可知下面结论成立.

推论 4.4.2 假设 4.4.1–4.4.4 成立, $z^* = (x^*, y^*, w^*)$ 为点列 $\{z^k\}$ 的任一聚点. 则 z^* 为问题 (4.4.13) 的一个 KKT 点, 并且有

$$\lambda_{c,j}^* = \begin{cases} \psi_{\varepsilon,y_j}'(y_j^*, w_j^*)\widehat{\lambda}_{c,j}^*/w_j^*, & \text{若 } w_j^* > 0, \\ \psi_{\varepsilon,w_j}'(y_j^*, w_j^*)\widehat{\lambda}_{c,j}^*/y_j^*, & \text{若 } y_j^* > 0, \end{cases}$$

其中 $(\lambda_{g,I}^*, \lambda_F^*, \widehat{\lambda}_c^*)$ 和 $(\lambda_{g,I}^*, \lambda_F^*, \lambda_c^*)$ 分别为问题 (4.4.13) 与 MPEC (4.0.1) 的相应乘子.

注 4.4.3 (1) 在分析算法 4.4.1 的全局收敛性过程中, 使用了一个较强的假设条件, 即假设算法产生的迭代点列的任一聚点都满足下层非退化条件 (见假设 4.4.4). 从某种程度来说, 这限制了算法 4.4.1 的应用范围. 若问题存在唯一的 KKT 点但不满足下层非退化条件, 根据定理 4.4.1 知, 算法产生的点列 $\{z^k\}$ 至少存在一个不满足下层非退化条件的聚点 z^*, 但该 z^* 是否是 KKT 点呢? 定理 4.4.1 无法回答这一问题. 在数值试验中 (见 4.4.4 节) 我们找到了这样一个例子, 即算例 $df1$, 其迭代点列 $\{z^k\}$ 能收敛到唯一的 KKT 点.

(2) 现有的一些算法也使用了假设 4.4.4, 如文献 [66,67].

4.4.3 超线性收敛性分析

本节将分析算法 4.4.1 的强收敛性及超线性收敛性, 为此, 本节仍需 4.2 节的假设 4.2.3, 同时还需作下面的假设:

假设 4.4.5 严格互补性条件成立, 即 $\lambda_j^* > 0$, $\forall j \in I_0(s^*)$.

接下来, 分析假设 4.2.3 和问题 (4.4.13) 在 KKT 点对 $(z^*, \lambda_{g,I}^*, \lambda_F^*, \widehat{\lambda}_c^*)$ 处的强二阶充分条件的关系. 记

$$\Omega_z = \{d_z = (d_x^{\mathrm{T}}, d_y^{\mathrm{T}}, d_w^{\mathrm{T}})^{\mathrm{T}}(\neq 0) \in \mathbb{R}^{n+2m} \mid (A_J^*)^{\mathrm{T}} d_z = 0\}.$$

显然, 有下述命题成立:

命题 4.4.3 若假设 4.2.3, 4.4.1–4.4.5 成立, 则 $d_s \in \Omega_s$ 当且仅当 $d_z \in \Omega_z$, 其中 $(d_w)_{I_{cF}^*} = 0$, $(d_w)_{I_{cy}^*} = \nabla F_{I_{cy}^*}(s^*)^{\mathrm{T}} d_s$.

基于命题 4.4.3, 不难证明假设 4.2.3 和问题 (4.4.13) 的强二阶充分条件有下面关系:

命题 4.4.4　若假设 4.4.1–4.4.4 成立. 则 MPEC (4.0.1) 的 SSOSC (即假设 4.2.3) 等价于问题 (4.4.13) 的 SSOSC, 即

$$(d)_z^{\mathrm{T}} \nabla_{zz}^2 L_{\mathrm{NLP3}}(z^*, \lambda_F^*, \widetilde{\lambda}_c^*, \lambda_{g,I}^*) d_z > 0, \quad \forall \, d_z \in \Omega_z,$$

其中 $L_{\mathrm{NLP3}}(z^*, \lambda_F^*, \widetilde{\lambda}_c^*, \lambda_{g,I}^*)$ 为问题 (4.4.13) 的 Lagrangian 函数:

$$L_{\mathrm{NLP3}}(z, \omega, \widehat{\mu}, \lambda) = f(x,y) + \omega^{\mathrm{T}}(w - F(x,y)) + \widehat{\mu}^{\mathrm{T}} \Psi_\varepsilon(y, w) + \lambda^{\mathrm{T}} g(x,y). \quad (4.4.44)$$

引理 4.4.8　若假设 4.2.3, 4.4.1–4.4.5 成立, 则
(1) $\lim\limits_{k \to \infty} \overline{d}_z^k = \lim\limits_{k \to \infty} d_z^k = 0$;
(2) $\lim\limits_{k \to \infty} \| z^{k+1} - z^k \| = 0$.

证明　(1) 由 (4.4.41) 和假设 4.4.3, 对无穷子列 $K \subseteq \{1, 2, \cdots\}$, 存在 $K' \subseteq K$, 使得 $\lim\limits_{k \in K'} \overline{d}_z^k = 0$, 从而 $\lim\limits_{k \to \infty} \overline{d}_z^k = 0$. 另一方面, 由 (4.4.19) 和 $\overline{\lambda}_j^* \geqslant 0, \forall j \in \overline{J}$, 可得 $\lim\limits_{k \to \infty} \nu^k = 0$. 由 (4.4.25c) 的 $d_z^k = \overline{d}_z^k + B_k \nu^k$ 即得 $\lim\limits_{k \to \infty} d_z^k = 0$.

(2) 注意到 $z^{k+1} = z^k + \tau_k d_z^k + \tau_k^2 (\widehat{d}_z^k - d_z^k)$, 于是有

$$\begin{aligned}
\| z^{k+1} - z^k \| &= \| \tau_k d_z^k + \tau_k^2 (\widehat{d}_z^k - d_z^k) \| \\
&\leqslant \tau_k \| d_z^k \| + \tau_k^2 \| \widehat{d}_z^k - d_z^k \| \\
&\leqslant \tau_k \| d_z^k \| + \tau_k^2 \| d_z^k \| \\
&= \tau_k (1 + \tau_k) \| d_z^k \|,
\end{aligned}$$

上述第二个不等式来自算法步骤 2(3). 于是由上述不等式并结合结论 (1) 即可证得

$$\lim\limits_{k \to \infty} \| z^{k+1} - z^k \| = 0. \qquad \square$$

下面给出算法 4.4.1 的强收敛性结果.

定理 4.4.3　若假设 4.2.3, 4.4.1–4.4.5 成立, z^* 为算法 4.4.1 产生的迭代点列 $\{z^k\}$ 的聚点. 则 $\lim\limits_{k \to \infty} z^k = z^*$, 即算法 4.4.1 是强收敛的.

证明　由假设 4.2.3 及命题 4.4.4 可知, 问题 (4.4.13) 的强二阶充分条件在点 z^* 处成立. 于是, 根据定理 4.4.1 和文献 [13] 的推论 1.4.3 可知 z^* 为问题 (4.4.13) 的 KKT 点. 进一步地, 由定理 4.4.1 知 z^* 为迭代点列 $\{z^k\}$ 的孤立聚点, 因此, 由引理 4.4.8 和文献 [13] 的推论 1.1.8 立知结论成立. $\qquad \square$

为分析算法 4.4.1 的超线性收敛性, 下面先给出一些结论.

引理 4.4.9 [53]　若假设 4.2.3, 4.4.1–4.4.5 成立, 则对充分大的 k, 有 $J_k \equiv I_0(s^*)$.

基于引理 4.4.9, 不妨假设 $J_k \equiv I_0(s^*) \triangleq I^*$.

引理 4.4.10 若假设 4.2.3, 4.4.1–4.4.5 成立, 则

$$\lim_{k\to\infty} \overline{\lambda}^k = \lambda_{g,I}^*, \quad \lim_{k\to\infty} \overline{\omega}^k = \lambda_F^*, \quad \lim_{k\to\infty} \overline{\mu}^k = \widetilde{\lambda}_c^*,$$

且 $(\lambda_F^*, \widetilde{\lambda}_c^*, \lambda_{g,I}^*)$ 为问题 (4.4.13) 的 KKT 点 z^* 所对应的 KKT 乘子向量.

证明 由引理 4.4.9 及线性方程组 (4.4.16) 得

$$H_k \overline{dz}^k + \nabla \widehat{f}(z^k) + A_k \begin{pmatrix} \overline{\lambda}_{I^*}^k \\ \overline{\omega}^k \\ \overline{\mu}^k \end{pmatrix} = 0.$$

注意到 A_k 是列满秩的, 于是有

$$\begin{pmatrix} \overline{\lambda}_{I^*}^k \\ \overline{\omega}^k \\ \overline{\mu}^k \end{pmatrix} = -(A_k^{\mathrm{T}} A_k)^{-1} A_k^{\mathrm{T}}(H_k \overline{d}_z^k + \nabla \widehat{f}(z^k)).$$

令 $k \to \infty$, 并结合 $\lim_{k\to\infty} \overline{d}_z^k = 0$, $\lim_{k\to\infty} z^k = z^*$, 得

$$\begin{pmatrix} \overline{\lambda}_{I^*}^k \\ \overline{\omega}^k \\ \overline{\mu}^k \end{pmatrix} \longrightarrow -((A_{I^*}^*)^{\mathrm{T}} A_{I^*}^*)^{-1}(A_{I^*}^*)^{\mathrm{T}} \nabla \widehat{f}(z^*) \triangleq \begin{pmatrix} \lambda_{I^*}^* \\ \lambda_F^* \\ \widetilde{\lambda}_c^* \end{pmatrix}.$$

另一方面, 根据假设 4.4.5 得 $\lambda_i^* = 0$, $i \in I \setminus I^*$. 令 $\lambda_{I\setminus I^*}^* = 0$, $\lambda_{g,I}^* = (\lambda_{I^*}^*, \lambda_{I\setminus I^*}^*)$, 于是有

$$\begin{pmatrix} \overline{\lambda}^k \\ \overline{\omega}^k \\ \overline{\mu}^k \end{pmatrix} \longrightarrow \begin{pmatrix} \lambda_{g,I}^* \\ \lambda_F^* \\ \widetilde{\lambda}_c^* \end{pmatrix},$$

即

$$\lim_{k\to\infty} \overline{\lambda}^k = \lambda_{g,I}^*, \quad \lim_{k\to\infty} \overline{\omega}^k = \lambda_F^*, \quad \lim_{k\to\infty} \overline{\mu}^k = \widetilde{\lambda}_c^*.$$

余下结论可根据推论 4.4.2 和定理 4.4.3 推出. □

由 ν^k 的定义 (见 (4.4.19) 式), 再根据引理 4.4.9–4.4.10, 以及假设 4.4.5, 可知下述结论成立.

引理 4.4.11 若假设 4.2.3, 4.4.1–4.4.5 成立, 则对充分大的 k, 有 $\nu^k \equiv 0$, 从而 $\overline{d}_z^k = d_z^k$.

由上述引理可知, 当 k 充分大时, 算法只需求解线性方程组 (4.4.16) 和 (4.4.20) 两个线性方程组.

引理 4.4.12   若假设 4.2.3, 4.4.1–4.4.5 成立, 则

$$\| \widehat{d}_z^k - d_z^k \| = O(\| \overline{d}_z^k \|^2).$$

证明   由引理 4.4.11 知对充分大的 k, 有 $\overline{d}_z^k = d_z^k$, 于是, 由线性方程组 (4.4.16) 和 (4.4.20), 得

$$\begin{pmatrix} H_k & A_k \\ A_k^T & 0 \end{pmatrix} \begin{pmatrix} \widehat{d}_z^k - \overline{d}_z^k \\ \widehat{\gamma}_{J_k}^k - \overline{\gamma}_{J_k}^k \end{pmatrix} = - \begin{pmatrix} 0 \\ S_{J_k}(z^k + \overline{d}_z^k, \varepsilon) \end{pmatrix}. \tag{4.4.45}$$

利用 Taylor 展开式, 由线性方程组 (4.4.16) 可得

$$g_{J_k}(s^k + \overline{d}_s^k) = g_{J_k}(s^k) + \nabla g_{J_k}(s^k)^T \overline{d}_s^k + O(\|\overline{d}_s^k\|^2) = O(\|\overline{d}_s^k\|^2) = O(\|\overline{d}_z^k\|^2),$$

$$(w^k + \overline{d}_w^k) - F(s^k + \overline{d}_s^k) = w^k - F(s^k) + \nabla_z(w^k - F(s^k))^T \overline{d}_z^k + O(\|\overline{d}_z^k\|^2)$$
$$= O(\|\overline{d}_z^k\|^2),$$

$$\Psi_\varepsilon(t^k + \overline{d}_t^k) = \Psi_\varepsilon(t^k) + \nabla \Psi_\varepsilon(t^k)^T \overline{d}_t^k + O(\|\overline{d}_t^k\|^2) = O(\|\overline{d}_z^k\|^2).$$

将上述关系式代入 (4.4.45), 得

$$\begin{pmatrix} H_k & A_k \\ A_k^T & 0 \end{pmatrix} \begin{pmatrix} \widehat{d}_z^k - \overline{d}_z^k \\ \widehat{\gamma}_{J_k}^k - \overline{\gamma}_{J_k}^k \end{pmatrix} = - \begin{pmatrix} 0 \\ O(\|\overline{d}_z^k\|^2) \end{pmatrix},$$

进一步地, 有

$$\begin{pmatrix} \widehat{d}_z^k - \overline{d}_z^k \\ \widehat{\gamma}_{J_k}^k - \overline{\gamma}_{J_k}^k \end{pmatrix} = - \begin{pmatrix} H_k & A_k \\ A_k^T & 0 \end{pmatrix}^{-1} \begin{pmatrix} 0 \\ O(\|\overline{d}_z^k\|^2) \end{pmatrix}.$$

因此, 由引理 4.4.6 和引理 4.4.11 可知 $\| \widehat{d}_z^k - d_z^k \| = O(\| \overline{d}_z^k \|^2)$. □

为分析算法 4.4.1 的超线性收敛性, 需作如下二阶逼近假设:

假设 4.4.6 $\|(\nabla_{zz}^2 L_{\text{NLP3}}(z^k, \omega^k, \mu^k, \lambda^k) - H_k)d_z^k\| = o(\|d_z^k\|)$.

下面证明步长 1 能被算法 4.4.1 所接受.

定理 4.4.4   假设 4.2.3, 4.4.1–4.4.6 成立, 则 k 充分大时步长 $\tau_k \equiv 1$.

证明   根据线搜索不等式 (4.4.22), 下面只需证明不等式

$$\vartheta_{(\varepsilon,\alpha)}(z^k + \widehat{d}_z^k) - \vartheta_{(\varepsilon,\alpha)}(z^k) \leqslant \widehat{\sigma} \widetilde{\Upsilon}(z^k, \varepsilon, \alpha, d_z^k) \tag{4.4.46}$$

成立. 由 (4.4.17) 和 Taylor 展开式, 得

$$\vartheta_{(\varepsilon,\alpha)}(z^k + \widehat{d}_z^k) - \vartheta_{(\varepsilon,\alpha)}(z^k)$$
$$= \nabla f(s^k)^T \widehat{d}_s^k + \frac{1}{2}(\widehat{d}_s^k)^T \nabla^2 f(s^k) \widehat{d}_s^k + O(\|\widehat{d}_s^k\|^2) - \alpha \varphi(s^k)$$
$$- \alpha \|w^k - F(s^k)\|_1 - \alpha \|\Psi_\varepsilon(t^k)\|_1 + \alpha \varphi(s^k + \widehat{d}_s^k)$$
$$+ \alpha \|(w^k + \widehat{d}_w^k) - F(s^k + \widehat{d}_s^k)\|_1 + \alpha \|\Psi_\varepsilon(t^k + \widehat{d}_t^k)\|_1. \tag{4.4.47}$$

由 $\nabla f(s^k)^{\mathrm{T}}\widehat{d}_s^k = \nabla f(s^k)^{\mathrm{T}}d_s^k + \nabla f(s^k)^{\mathrm{T}}(\widehat{d}_s^k - d_s^k)$ 及引理 4.4.12, 得

$$\frac{1}{2}(\widehat{d}_s^k)^{\mathrm{T}}\nabla^2 f(s^k)\widehat{d}_s^k = \frac{1}{2}(d_s^k)^{\mathrm{T}}\nabla^2 f(s^k)d_s^k + o(\|\overline{d}_z^k\|^2).$$

注意到 $o(\|\widehat{d}_s^k\|^2) \leqslant o(\|d_s^k\|^2) + o(\|\widehat{d}_s^k - d_s^k\|^2) = o(\|\overline{d}_z^k\|^2)$, 以及函数 $\widetilde{\Upsilon}(z^k, \varepsilon, \alpha, d_z^k)$ 的定义 (见 (4.4.23) 式), 则可将 (4.4.47) 改写成如下形式:

$$\begin{aligned}
\vartheta_{(\varepsilon,\alpha)}&(z^k + \widehat{d}_z^k) - \vartheta_{(\varepsilon,\alpha)}(z^k)\\
&\leqslant \widetilde{\Upsilon}(z^k, \varepsilon, \alpha, d_z^k) - \frac{1}{2}(\overline{d}_z^k)^{\mathrm{T}}H_k\overline{d}_z^k + \nabla f(s^k)^{\mathrm{T}}(\widehat{d}_s^k - d_s^k)\\
&\quad + \frac{1}{2}(d_s^k)^{\mathrm{T}}\nabla^2 f(s^k)d_s^k + \alpha\varphi(s^k + \widehat{d}_s^k) + \alpha\|(w^k + \widehat{d}_w^k)\\
&\quad - F(s^k + \widehat{d}_s^k)\|_1 + \alpha\|\Psi_\varepsilon(t^k + \widehat{d}_t^k)\|_1 + o(\|\overline{d}_z^k\|^2). \quad (4.4.48)
\end{aligned}$$

接下来, 分别对 $\varphi(s^k + \widehat{d}_s^k)$, $(w^k + \widehat{d}_w^k) - F(s^k + \widehat{d}_s^k)$ 和 $\Psi_\varepsilon(t^k + \widehat{d}_t^k)$ 进行分析.

对 $j \notin J_k = I^*$, 此时 $g_j(s^*) < 0$, 则由 g_j 连续性易知 $g_j(s^k) < 0$. 注意到 $\|\widehat{d}_z^k\| \leqslant \|d_z^k\| + \|\widehat{d}_z^k - d_z^k\|$, 从而, 由引理 4.4.8 和引理 4.4.12 知 $\lim\limits_{k\to\infty}\|\widehat{d}_z^k\| = 0$, 进一步地, $\lim\limits_{k\to\infty}\|\widehat{d}_s^k\| = 0$. 因此,

$$g_j(s^k + \widehat{d}_s^k) = g_j(s^k) + \nabla g_j(s^k)^{\mathrm{T}}\widehat{d}_s^k + o(\|\widehat{d}_s^k\|) \leqslant 0, \quad j \notin J_k. \quad (4.4.49)$$

根据线性方程组 (4.4.18), (4.4.20) 和引理 4.4.11, 得

$$\nabla g_j(s^k)^{\mathrm{T}}(\widehat{d}_s^k - d_s^k) = -g_j(s^k + d_s^k) - \nu_j^k, \quad j \in J_k, \quad (4.4.50)$$

$$\nabla_z(w_j^k - F_j(s^k))^{\mathrm{T}}(\widehat{d}_z^k - d_z^k) = -((w_j^k + \widehat{d}_{w_j}^k) - F_j(s^k + \widehat{d}_s^k)), \quad \forall j \in I_c, \quad (4.4.51)$$

$$\nabla\psi_\varepsilon(t_j^k)^{\mathrm{T}}(\widehat{d}_{t_j}^k - d_{t_j}^k) = -\psi_\varepsilon(t_j^k + d_{t_j}^k), \quad \forall j \in I_c. \quad (4.4.52)$$

利用 Taylor 展开式及 (4.4.50), 对 $j \in J_k$, 有

$$\begin{aligned}
g_j(s^k + \widehat{d}_s^k) &= g_j(s^k + d_s^k) + \nabla g_j(s^k)^{\mathrm{T}}(\widehat{d}_s^k - d_s^k) + o(\|\overline{d}_z^k\|^2)\\
&= \nu_j^k + o(\|\overline{d}_z^k\|^2)\\
&< 0. \quad (4.4.53)
\end{aligned}$$

因此, 由 (4.4.49) 和 (4.4.53) 得

$$\varphi(s^k + \widehat{d}_s^k) = \max\{0; g_j(s^k + \widehat{d}_s^k), j \in I\} = 0. \quad (4.4.54)$$

由 Taylor 展开式和 (4.4.51), 得

$$\begin{aligned}
(w_j^k &+ \widehat{d}_{w_j}^k) - F_j(s^k + \widehat{d}_s^k)\\
&= (w_j^k + d_{w_j}^k) - F_j(s^k + \widehat{d}_s^k) + (\widehat{d}_{w_j}^k - d_{w_j}^k) - \nabla F_j(s^k)^{\mathrm{T}}(\widehat{d}_s^k - d_s^k) + o(\|\overline{d}_z^k\|^2)\\
&= o(\|\overline{d}_z^k\|^2). \quad (4.4.55)
\end{aligned}$$

类似地, 由 Taylor 展开式和 (4.4.52) 得

$$\psi_\varepsilon(t_j^k + \widehat{d}_{t_j}^k) = o(\|\overline{d}_z^k\|^2). \tag{4.4.56}$$

另一方面, 对 $j \in J_k$, 由 Taylor 展开式, 线性方程组 (4.4.18) 和引理 4.4.11, 得

$$g_j(s^k + \widehat{d}_s^k)$$
$$= g_j(s^k) + \nabla g_j(s^k)^{\mathrm{T}}\widehat{d}_s^k + \frac{1}{2}(\widehat{d}_s^k)^{\mathrm{T}}\nabla^2 g_j(s^k)\widehat{d}_s^k + o(\|\widehat{d}_s^k\|^2)$$
$$= g_j(s^k) + \nabla g_j(s^k)^{\mathrm{T}}d_s^k + \nabla g_j(s^k)^{\mathrm{T}}(\widehat{d}_s^k - d_s^k) + \frac{1}{2}(\widehat{d}_s^k)^{\mathrm{T}}\nabla^2 g_j(s^k)\widehat{d}_s^k + o(\|\widehat{d}_s^k\|^2)$$
$$= v_j^k + \nabla g_j(s^k)^{\mathrm{T}}(\widehat{d}_s^k - d_s^k) + \frac{1}{2}(\widehat{d}_s^k)^{\mathrm{T}}\nabla^2 g_j(s^k)\widehat{d}_s^k + o(\|\widehat{d}_s^k\|^2)$$
$$= v_j^k + \nabla g_j(s^k)^{\mathrm{T}}(\widehat{d}_s^k - d_s^k) + \frac{1}{2}(\overline{d}_s^k)^{\mathrm{T}}\nabla^2 g_j(s^k)\overline{d}_s^k + o(\|\overline{d}_s^k\|^2),$$

结合 (4.4.53), 得

$$\nabla g_j(s^k)^{\mathrm{T}}(\widehat{d}_s^k - d_s^k) = -\frac{1}{2}(\overline{d}_s^k)^{\mathrm{T}}\nabla^2 g_j(s^k)\overline{d}_s^k + o(\|\overline{d}_s^k\|^2), \quad j \in J_k. \tag{4.4.57}$$

由 Taylor 展开式和线性方程组 (4.4.18), 得

$$(w_j^k + \widehat{d}_{w_j}^k) - F_j(s^k + \widehat{d}_s^k)$$
$$= (w_j^k + \widehat{d}_{w_j}^k) - F_j(s^k) - \nabla F_j(s^k)^{\mathrm{T}}\widehat{d}_s^k - \frac{1}{2}(\widehat{d}_s^k)^{\mathrm{T}}\nabla^2 F_j(s^k)\widehat{d}_s^k + o(\|\widehat{d}_s^k\|^2)$$
$$= w_j^k - F_j(s^k) + (d_{w_j}^k - \nabla F_j(s^k)^{\mathrm{T}}d_s^k) - \nabla F_j(s^k)^{\mathrm{T}}(\widehat{d}_s^k - d_s^k)$$
$$\quad - \frac{1}{2}(\overline{d}_s^k)^{\mathrm{T}}\nabla^2 F_j(s^k)\overline{d}_s^k + o(\|\widehat{d}_s^k\|^2) + (\widehat{d}_{w_j}^k - d_{w_j}^k)$$
$$= \nabla_z(w_j^k - F_j(s^k))^{\mathrm{T}}(\widehat{d}_z^k - d_z^k) + \frac{1}{2}(\overline{d}_z^k)^{\mathrm{T}}\nabla_{zz}^2(w_j^k - F_j(s^k))\overline{d}_z^k + o(\|\overline{d}_s^k\|^2),$$

上式最后一个等式由 $w_j^k - F_j(s^k) + (d_{w_j}^k - \nabla F_j(s^k)^{\mathrm{T}}d_s^k) = 0$ 导出 (详见 (4.4.32b)). 结合 (4.4.55), 得

$$\nabla_z(w_j^k - F_j(s^k))^{\mathrm{T}}(\widehat{d}_z^k - d_z^k) = -\frac{1}{2}(\overline{dz}^k)^{\mathrm{T}}\nabla_{zz}^2(w_j^k - F_j(s^k))\overline{d}_z^k + o(\|\overline{d}_z^k\|^2). \tag{4.4.58}$$

类似地, 有

$$\nabla\psi_\varepsilon(t_j^k)^{\mathrm{T}}(\widehat{d}_{t_j}^k - d_{t_j}^k) = -\frac{1}{2}(\overline{d}_{t_j}^k)^{\mathrm{T}}\nabla^2\psi_\varepsilon(t_j^k)\overline{d}_{t_j}^k + o(\|\overline{d}_z^k\|^2). \tag{4.4.59}$$

根据线性方程组 (4.4.16), 得

$$\nabla f(s^k)^{\mathrm{T}}(\widehat{d}_s^k - d_s^k)$$
$$= -(\overline{d}_z^k)^{\mathrm{T}} H_k(\widehat{d}_z^k - d_z^k) - \sum_{j \in J_k} \overline{\lambda}_j^k \nabla g_j(s^k)^{\mathrm{T}}(\widehat{d}_s^k - d_s^k)$$
$$- \sum_{j \in I_c} \overline{\omega}_j^k \nabla_z (w_j^k - F_j(s^k))^{\mathrm{T}}(\widehat{d}_z^k - d_z^k)$$
$$- \sum_{j \in I_c} \overline{\mu}_j^k \nabla \psi_\varepsilon(t_j^k)^{\mathrm{T}}(\widehat{d}_{t_j}^k - d_{t_j}^k). \tag{4.4.60}$$

由假设 4.4.3 和引理 4.4.12, 得 $-(\overline{d}_z^k)^{\mathrm{T}} H_k(\widehat{d}_z^k - d_z^k) = o(\|\overline{d}_z^k\|^2)$, 并将 (4.4.57)–(4.4.59) 代入 (4.4.60), 再由线性方程组 (4.4.16) 得

$$\nabla f(s^k)^{\mathrm{T}}(\widehat{d}_s^k - d_s^k)$$
$$= \frac{1}{2} \sum_{j \in J_k} \overline{\lambda}_j^k (\overline{d}_z^k)^{\mathrm{T}} \nabla_{zz}^2 g_j(s^k) \overline{d}_z^k + \frac{1}{2} \sum_{j \in I_c} \overline{\omega}_j^k (\overline{d}_z^k)^{\mathrm{T}} \nabla_{zz}^2 (w_j^k - F_j(s^k)) \overline{d}_z^k$$
$$+ \frac{1}{2} \sum_{\in I_c} \overline{\mu}_j^k (\overline{d}_{t_j}^k)^{\mathrm{T}} \nabla^2 \psi_\varepsilon(t_j^k) \overline{d}_{t_j}^k + o(\|\overline{d}_z^k\|^2). \tag{4.4.61}$$

将 (4.4.53), (4.4.55), (4.4.56) 及 (4.4.61) 代入 (4.4.48), 并结合假设 4.4.6, 得

$$\vartheta_{(\varepsilon, \alpha)}(z^k + \widehat{d}_z^k) - \vartheta_{(\varepsilon, \alpha)}(z^k)$$
$$\leqslant \widetilde{\Upsilon}(z^k, \varepsilon, \alpha, d_z^k) + \frac{1}{2}(\overline{d}_s^k)^{\mathrm{T}} \nabla^2 f(s^k) \overline{d}_s^k + \frac{1}{2} \sum_{j \in J_k} \overline{\lambda}_j^k (\overline{d}_z^k)^{\mathrm{T}} \nabla_{zz}^2 g_j(s^k) \overline{d}_z^k$$
$$+ \frac{1}{2} \sum_{j \in I_c} \overline{\omega}_j^k (\overline{d}_z^k)^{\mathrm{T}} \nabla_{zz}^2 (w_j^k - F_j(s^k)) \overline{d}_z^k + \frac{1}{2} \sum_{j \in I_c} \overline{\mu}_j^k (\overline{d}_{t_j}^k)^{\mathrm{T}} \nabla^2 \psi_\varepsilon(t_j^k) \overline{d}_{t_j}^k$$
$$- \frac{1}{2}(\overline{d}_z^k)^{\mathrm{T}} H_k \overline{d}_z^k + o(\|\overline{d}_z^k\|^2)$$
$$= \widetilde{\Upsilon}(z^k, \varepsilon, \alpha, d_z^k) + \frac{1}{2}(\overline{d}_z^k)[\nabla_{zz}^2 L_{\mathrm{NLP3}}(z^k, \overline{\omega}^k, \overline{\mu}^k, \overline{\lambda}^k) - H_k] \overline{d}_z^k + o(\|\overline{d}_z^k\|^2)$$
$$= \widetilde{\Upsilon}(z^k, \varepsilon, \alpha, d_z^k) + o(\|\overline{d}_z^k\|^2)$$
$$< \widehat{\sigma} \widetilde{\Upsilon}(z^k, \varepsilon, \alpha, d_z^k),$$

因此, 不等式 (4.4.46) 成立. □

为便于分析算法的超线性收敛性, 定义矩阵 P_k:

$$P_k = E_{n+2m} - A_k (A_k^{\mathrm{T}} A_{J_k})^{-1} (A_k)^{\mathrm{T}}, \tag{4.4.62}$$

其中 E_{n+2m} 为 $(n+2m)$ 阶单位阵, 矩阵 $A_k (= A_{J_k}(z^k, \varepsilon_k))$ 的定义见 (4.4.15) 式. 因 $J_k \equiv I_0(s^*)$, 则由文献 [13] 的定理 1.1.10 可得下面结论.

引理 4.4.13　若假设 4.2.3, 4.4.1–4.4.6 成立, 则对充分大的 k, 有

$$Q_k = \begin{pmatrix} P_k L_{\text{NLP3}}(z^*, \lambda_F^*, \widetilde{\lambda}_c^*, \lambda_{g,I}^*) & A_k \\ A_k^{\text{T}} & 0 \end{pmatrix}$$

非奇异; 进一步地, 存在常数 $\bar{c} > 0$, 使得 $\|Q_k^{-1}\| \leqslant \bar{c}$.

基于定理 4.4.4 和引理 4.4.13, 下面论证算法 4.4.1 的超线性收敛性.

定理 4.4.5　若假设 4.2.3, 4.4.1–4.4.6 成立, 则由算法 4.4.1 产生的迭代点列 $\{z^k\}$ 是超线性收敛的, 即 $\| z^{k+1} - z^* \| = o(\| z^k - z^* \|)$.

证明　令

$$\gamma^* = \begin{pmatrix} \lambda_{g,J_k}^* \\ \lambda_F^* \\ \widetilde{\lambda}_c^* \end{pmatrix}, \quad \eta(z, \varepsilon) := \nabla \widehat{f}(z) + A_k \gamma^*, \tag{4.4.63}$$

其中 λ_{g,J_k}^*, λ_F^* 和 $\widetilde{\lambda}_c^*$ 为引理 4.4.10 中定义的量. 由线性方程组 (4.4.18) 得

$$\nabla \widehat{f}(z^k) + H_k dz^k + A_k \gamma_{J_k}^k = 0, \quad A_k^{\text{T}} dz^k + S_{J_k}(z^k, \varepsilon) = 0. \tag{4.4.64}$$

因 $(z^*, \lambda_F^*, \widetilde{\lambda}_c^*, \lambda_{g,I}^*)$ 是问题 (4.4.13) 的 KKT 点对, 且 $J_k \equiv I_0(s^*)$, 从而 $\eta(z^*, \varepsilon) = 0$. 进一步地, 利用 Taylor 展开式, 得

$$\begin{aligned} \eta(z^k, \varepsilon) &= \eta(z^*, \varepsilon) + \nabla \eta(z^*, \varepsilon)^{\text{T}}(z^k - z^*) + o(\|z^k - z^*\|) \\ &= \nabla \eta(z^*, \varepsilon)^{\text{T}}(z^k - z^*) + o(\|z^k - z^*\|) \\ &= \nabla_{zz}^2 L_{\text{NLP3}}(z^*, \lambda_F^*, \widetilde{\lambda}_c^*, \lambda_{g,I}^*)(z^k - z^*) + o(\|z^k - z^*\|), \end{aligned} \tag{4.4.65}$$

上式最后一个等式由 (4.4.63) 和 (4.4.44) 导出. 由 (4.4.64) 中的第一个等式及 (4.4.63) 知

$$-H_k d_z^k - A_k \gamma_{J_k}^k = \eta(z^k, \varepsilon) - A_k \gamma^*,$$

将 (4.4.65) 代入上式, 得

$$-H_k d_z^k - A_k \gamma_{J_k}^k = \nabla_{zz}^2 L_{\text{NLP3}}(z^*, \lambda_F^*, \widetilde{\lambda}_c^*, \lambda_{g,I}^*)(z^k - z^*) - A_k \gamma^* + o(\|z^k - z^*\|).$$

显然, 由 (4.4.62) 得 $P_k A_k = 0$, 将矩阵 P_k 左乘上式, 得

$$P_k \nabla_{zz}^2 L_{\text{NLP3}}(z^*, \lambda_F^*, \widetilde{\lambda}_c^*, \lambda_{g,I}^*)(z^k - z^*) = -P_k H_k d_z^k + o(\|z^k - z^*\|).$$

由上式及假设 4.4.6 得

$$P_k \nabla_{zz}^2 L_{\text{NLP3}}(z^*, \lambda_F^*, \widetilde{\lambda}_c^*, \lambda_{g,I}^*)(z^k + \widehat{d}_z^k - z^*)$$

$$= P_k \nabla_{zz}^2 L_{\mathrm{NLP3}}(z^*, \lambda_F^*, \widetilde{\lambda}_c^*, \lambda_{g,I}^*)(z^k - z^*) + P_k \nabla_{zz} L_{\mathrm{NLP3}}(z^*, \lambda_F^*, \widetilde{\lambda}_c^*, \lambda_{g,I}^*) d_z^k$$

$$+ P_k \nabla_{zz}^2 L_{\mathrm{NLP3}}(z^*, \lambda_F^*, \widetilde{\lambda}_c^*, \lambda_{g,I}^*)(\widehat{d}_z^k - d_z^k)$$

$$= P_k (\nabla_{zz}^2 L_{\mathrm{NLP3}}(z^*, \lambda_F^*, \widetilde{\lambda}_c^*, \lambda_{g,I}^*) - H_k) d_z^k + o(\|z^k - z^*\|)$$

$$= o(\|d_z^k\|) + o(\|z^k - z^*\|). \tag{4.4.66}$$

根据 $S_{J_k}(z,\varepsilon)$ 的定义 (4.4.14), 并利用 Taylor 展开式, 得

$$S_{J_k}(z^*, \varepsilon) = S_{J_k}(z^k, \varepsilon) + A_k^{\mathrm{T}}(z^* - z^k) + o(\|z^k - z^*\|),$$

因 $S_{J_k}(z^*, \varepsilon) = 0$, 所以上式变为

$$A_k^{\mathrm{T}}(z^k - z^*) = S_{J_k}(z^k, \varepsilon) + o(\|z^k - z^*\|).$$

于是由上式以及引理 4.4.12 得

$$A_k^{\mathrm{T}}(z^k + \widehat{d}_z^k - z^*) = A_k^{\mathrm{T}}(z^k - z^*) + A_k^{\mathrm{T}}(\widehat{d}_z^k - d_z^k) + A_k^{\mathrm{T}} d_z^k$$

$$= S_{J_k}(z^k, \varepsilon) + A_k^{\mathrm{T}} d_z^k + o(\|z^k - z^*\|) + o(\|d_z{}^k\|)$$

$$= o(\|z^k - z^*\|) + o(\|d_z^k\|), \tag{4.4.67}$$

上式最后一个等式由 (4.4.64) 导出.

注意到 $z^{k+1} = z^k + \widehat{d}_z^k$, 由 (4.4.66) 和 (4.4.67), 得

$$\begin{pmatrix} P_k \nabla_{zz}^2 L_{\mathrm{NLP3}}(z^*, \lambda_{g,I}^*, \lambda_F^*, \widehat{\lambda}_c^*) & A_k \\ A_k^{\mathrm{T}} & 0 \end{pmatrix} \begin{pmatrix} z^{k+1} - z^* \\ 0 \end{pmatrix} = o(\|d_z^k\|) + o(\|z^k - z^*\|),$$

根据引理 4.4.13 知上述线性方程组的系数矩阵非奇异且有界, 于是由上述方程组得到

$$\|z^{k+1} - z^*\| \leqslant o(\|z^k - z^*\|) + o(\|d_z^k\|) \leqslant o(\|z^k - z^*\|) + o(\|\widehat{d}_z^k\|)$$

$$= o(\|z^k - z^*\|) + o(\|z^{k+1} - z^k\|)$$

$$\leqslant o(\|z^k - z^*\|) + o(\|z^{k+1} - z^*\|).$$

因此

$$\frac{\|z^{k+1} - z^*\|}{\|z^k - z^*\|} \left(1 - \frac{o(\|z^{k+1} - z^*\|)}{\|z^{k+1} - z^*\|}\right) \leqslant \frac{o(\|z^k - z^*\|)}{\|z^k - z^*\|}$$

令 $k \to \infty$, 得

$$\lim_{k \to \infty} \frac{\|z^{k+1} - z^*\|}{\|z^k - z^*\|} = 0, \quad \text{i.e. } \|z^{k+1} - z^*\| = o(\|z^k - z^*\|),$$

定理证毕. □

4.4.4　数值试验

本小节将对算法 4.4.1 进行初步的数值试验. 测试问题选自文献 [90], 使用的软件: MATLAB (2011b), 计算机环境: Pentium (R) Dual-Core CPU (E5700 @3.00GHz 2.99GHZ), RAM (4GB).

参数设置:

$$\varepsilon_0 = 10^{-10}, \quad \alpha_{-1} = 10, \quad \delta_1 = 0.5, \quad \beta = 0.5, \quad \widehat{\sigma} = 0.05, \quad \widetilde{\varepsilon}_{-1} = 0.01.$$

选取 H_0 为单位矩阵, 采用文献 [91] 的 BFGS 修正公式对矩阵 H_k 进行更新.

算法终止条件:

$$\|\overline{d}_z^k\| \leqslant 10^{-6}, \quad \overline{\lambda}_{J_k}^k \geqslant 0 \ \text{且} \ I_c(y^k, w^k) = \varnothing.$$

在数值试验中对文献 [90] 中的 47 个算例进行了测试, 其中前 35 个符合模型 (4.0.1), 即问题只带不等式约束和互补约束. 后 12 个问题是带有等式约束的. 我们将算法 4.4.1 与文献 [92] 中的 4 个算法, 即: filtermpec, snopt, loqo 和 knitro 进行了比较. 数值结果列于表 4.4.1, 表中各符号的含义如下:

dim : 变量 (x, y) 的维数;

f_{opt} : 文献 [90] 给出的最优值;

f^* : 本文算法求得的近似最优值;

itr : 迭代次数;

N_f : 目标函数计算次数;

$N_{\nabla f}$: 目标函数梯度计算次数;

N_g : 不等式约束函数计算次数;

$N_{\nabla g}$: 不等式约束函数梯度计算次数;

N_{ψ_ε} : 函数 ψ_ε 的计算次数;

$N_{\nabla \psi_\varepsilon}$: 函数 ψ_ε 梯度的计算次数.

表 4.4.1　算法比较

问题	dim	f_{opt}	算法 4.4.1								filtermpec	snopt	loqo	knitro
			f^*	itr	N_f	$N_{\nabla f}$	N_g	$N_{\nabla g}$	N_{ψ_ε}	$N_{\nabla \psi_\varepsilon}$	itr	itr	itr	itr
bard3m	6	-12.67870	-12.67871	9	22	10	84	12	88	40	4	10	23	66
bilevel2	20	-6600	-6600.000	19	156	20	1584	42	1872	240	1	10	18	50
bilin	8	-5.600000	-16.00000	7	18	8	78	9	108	48	4	4	71	48
df1	2	0	$7.285372\mathrm{e}{-21}$	1	3	2	28	4	3	2	2	7	29	19
flp2	4	0	$5.864906\mathrm{e}{-17}$	8	17	9	88	4	34	18	–	–	–	–

问题	dim	f_{opt}	算法 4.4.1								filtermpec	snopt	loqo	knitro
			f^*	itr	N_f	$N_{\nabla f}$	N_g	$N_{\nabla g}$	N_{ψ_ε}	$N_{\nabla\psi_\varepsilon}$	itr	itr	itr	itr
gnashl0	13	-230.8230	-230.8232	9	19	10	56	2	152	80	8	11	34	64
gnashl1	13	-129.9120	-129.9119	12	26	13	70	2	208	104	8	11	31	55
gnashl2	13	-36.93310	-36.93311	11	23	12	64	2	184	96	9	15	25	48
gnashl3	13	-7.061780	-7.061783	10	21	11	60	2	168	88	13	18	24	44
gnashl4	13	-0.1790460	-0.1790463	13	33	14	84	2	264	112	10	17	30	1234
gnashl5	13	-354.6990	-354.6991	11	36	12	90	8	288	96	18	8	25	86
gnashl6	13	-241.4420	-241.4420	11	45	12	108	5	360	96	16	8	22	38
gnashl7	13	-90.74910	-90.74910	10	21	11	60	5	168	88	16	12	21	38
gnashl8	13	-25.69820	-25.69822	16	36	17	90	6	288	136	14	12	23	31
gnashl9	13	-6.116710	-6.116708	11	27	12	72	5	216	96	10	83	24	44
gauvin	3	20	20.00	5	17	6	40	4	34	12	7	10	20	29
jr1	2	0.5	0.5	6	45	6	$-$	$-$	46	7	1	3	9	9
jr2	2	0.5	0.5	7	87	7	$-$	$-$	88	8	6	7	11	9
kth1	2	0	$1.165009e{-}10$	1	3	2	4	1	3	2	1	1	9	8
kth2	2	0	$2.670946e{-}17$	5	11	6	12	1	11	6	2	4	11	7
kth3	2	0.5	$5.000002e{-}01$	5	11	6	12	1	11	6	4	6	10	22
nash1	6	$7.8886e{-}30$	$1.124196e{-}20$	51	111	52	464	4	222	104	1	0	33	17
outrata31	5	3.207700	3.207700	15	143	16	296	2	572	64	8	9	18	38
outrata32	5	3.449400	3.452549	8	17	44	0	68		8	12	14	42	
outrata33	5	4.604250	4.729120	17	58	18	126	5	232	72	7	9	19	38
outrata34	5	6.592680	6.592684	16	53	17	116	5	212	68	6	9	14	32
qpec1	30	80	80.0	6	11	6	$-$	$-$	240	140	3	5	10	22
qpec2	30	45	45.0	3	7	4	$-$	$-$	140	80	2	68	266	44
ralph2	2	0	$3.295233e{-}18$	7	15	8	16	1	15	8	11	10	21	15
scholtes1	3	2	2	14	63	15	64	14	63	15	4	5	20	42
scholtes2	3	15	15.00002	21	69	22	70	22	69	22	2	3	11	16
scholtes3	2	0.5	0.5	6	14	7	15	1	14	7	4	0	29	10
scholtes4	3	$-3.07336e{-}7$	$-1.707096e{-}10$	8	36	9	117	10	36	9	25	36	$-$	11
scholtes5	3	1.0	1.0	10	24	10	26	1	48	20	1	3	10	8
stackelberg1	2	-3266.670	-3266.667	6	33	7	70	3	33	7	4	3	14	37
bard1	5	17	$1.700000e{+}1$	3	7	4	24	4	21	12	1	0	13	25
bard3	6	$-1.267870e{+}1$	$-1.267871e{+}1$	42	209	43	1085	48	418	86	4	9	22	48
bard1m	5	17	17	6	19	7	72	10	57	21	1	4	13	27
bilevel3	8	$-1.267870e{+}1$	$-1.267871e{+}1$	10	28	11	108	13	112	44	7	14	22	36
desilva	6	-1	-1.0	15	141	16	592	4	282	32	2	5	26	19
ex913	11	-6	-6.0	5	12	6	44	2	72	36	4	0	39	25
ex914	6	-37	$-3.7000e{+}1$	19	189	20	390	2	756	80	4	3	38	1
ex918	8	-3.250	-3.250	8	107	9	585	13	428	36	1	3	31	34
ex9110	8	-3.250	-3.250	8	107	9	585	13	428	36	1	3	31	34
ex921	6	25	$2.500e{+}1$	5	17	6	46	2	68	24	6	0	13	29
ex927	6	25	$2.500e{+}1$	4	9	5	30	2	36	20	6	0	13	29
ex928	4	1.50	1.50	7	98	8	309	10	196	16	1	0	11	25

上表中, 除算法 4.4.1 外的其余四个算法, 即 filtermpec, snopt, loqo 和 kni-

tro 的数值结果均取自文献 [92]. 就迭代次数而言, 有 41 个问题少于 loqo; 23 个
问题少于 knitro. 算法 filtermpec 优于其余 4 个算法, 这得益于算法 filtermpec 没
有使用罚函数且它是一个二阶算法.

值得一提的是: 对于算例 "bilin", 算法 4.4.1 求得最优值为 −16.0, 而其余四
个算法求得的是 −5.60. 而 Luo 等人在文献 [1] 中得到的最优值为 −18.4. 数值结
果表明, 算法 4.4.1 是有效的, 且与现有一些算法比较, 也具有一定的优势.

4.5 全局收敛的广义梯度投影罚算法

广义梯度投影算法是求解标准非线性规划的一类有效方法, 是由 Herskovits
在文献 [93] 提出的. 该算法在较强的假设条件下具有全局收敛性. 之后, 很多学者
对该方法作进一步深入研究, 并建立了一批具有较好性质的算法 (见文献 [94–96]).

受光滑化方法的启发, 本节给出非线性互补约束优化问题 MPEC (4.0.1) 的
一个广义梯度投影罚算法. 本节内容主要取自著者与其合作者的工作 [97].

本节的算法具有以下特点:

(1) 利用罚函数作为效益函数, 其初始点可任意选取;

(2) 利用广义梯度投影阵巧妙构造搜索方向的显式表达式, 该搜索方向能保证
效益函数的下降性;

(3) 与文献 [95] 的算法不同, 本节算法对效益函数执行 Armijo 非精确线搜索,
减少了计算量;

(4) 在适当的假设条件下算法具有全局收敛性.

除了本章开头约定的通用记号外, 为方便起见, 本节还引入了如下记号:

$$\varphi(s) = \max\{0, \ g_i(s), i \in I\}, \quad I_0(s) = \{i \in I \mid g_i(s) = \varphi(s)\},$$

$$\bar{I}_0(s) = I \backslash I_0(s), \quad \mathcal{L} = \{1, 2, \cdots, l + 2m\}.$$

与 4.4 节一样, 本节仍记 $z = (x, y, w)$, $s = (x, y)$, $t = (y, w)$.

4.5.1 预备知识

本节选用如下广义互补函数:

$$\psi(a, b, \mu) = a + b - \sqrt{a^2 + b^2 + 2\mu}. \tag{4.5.1}$$

除了 $(a, b, \mu) = (0, 0, 0)$ 外, 函数 $\psi(\cdot, \cdot, \mu)$ 处处连续可微. 对于任意使得 $(a, b, \mu) \neq (0, 0, 0)$ 的点 $(a, b, \mu) \in \mathbb{R}^2 \times [0, +\infty)$, 有

$$\psi_a'(a, b, \mu) = \frac{\partial \psi(a, b, \mu)}{\partial a} = 1 - \frac{a}{\sqrt{a^2 + b^2 + 2\mu}},$$

$$\psi_b'(a, b, \mu) = \frac{\partial \psi(a, b, \mu)}{\partial b} = 1 - \frac{b}{\sqrt{a^2 + b^2 + 2\mu}}.$$

利用函数 ψ, 可把 MPEC (4.0.1) 等价转化为非线性规划 (4.0.4), 即

$$
\begin{aligned}
&\min f(x, y) \\
&\text{s.t. } g(x, y) \leqslant 0, \ F(x, y) - w = 0, \\
&\qquad \Psi(y, w, \mu) = 0,
\end{aligned}
\tag{4.5.2}
$$

其中 $\Psi(y, w, \mu) = (\psi(y_j, w_j, \mu), \ j \in I_c)$.

值得一提的是: 与问题 (4.0.5) 不同, 在问题 (4.0.4) 即问题 (4.5.2) 中的 μ 是作为参变量的.

为了保证函数 ψ 连续可微, 要求参数 μ 严格大于零. 类似文献 [13] 中的引理 11.4.8, 下面引理给出 MPEC (4.0.1) 与问题 (4.5.2) 的等价关系.

引理 4.5.1 (1) 如果假设 4.1.1(1) 成立, 则 $s = (x, y)$ 是 MPEC (4.0.1) 的可行解 (局部最优解、全局最优解) 当且仅当 $z = (x, y, w)$ (其中 $w = F(s)$, $\mu = 0$) 是问题 (4.5.2) 的可行解 (局部最优解、全局最优解);

(2) 如果假设 4.1.1 之 (1) 和 (3) 同时成立, $s^* = (x^*, y^*)$ 满足下层非退化条件 (4.1.1), 则 s^* 是 MPEC (4.0.1) 的一个 KKT 稳定点 (对应乘子为 $(\lambda_F^*, \lambda_c^*, \lambda_{g,I}^*)$) 当且仅当 $z^* = (x^*, y^*, w^*)$ (其中 $w^* = F(s^*)$, $\mu^* = 0$) 是问题 (4.5.2) 的一个 KKT 点 (此时 $\mu = 0$), 且对应乘子为 $(\lambda_F^*, \widetilde{\lambda}_c^*, \lambda_{g,I}^*)$, 其中

$$
\widetilde{\lambda}_{c,i}^* = \begin{cases}
\dfrac{y_i^* \lambda_{c,i}^*}{\psi_b'(t_i^*)}, & \text{若 } y_i^* > 0, \\[3mm]
\dfrac{w_i^* \lambda_{c,i}^*}{\psi_a'(t_i^*)}, & \text{若 } y_i^* = 0.
\end{cases}
$$

为便于描述线性无关约束规格 (LICQ), 定义集合 $\Omega \subseteq \mathbb{R}^{n+2m+1}$ 如下:

$$\Omega = \{(z, \mu) \in \mathbb{R}^{n+2m+1} \mid \mu \geqslant 0, \ \mu + \min_{j \in I_c}\{|\, y_j - w_j \,|\} > 0\}.$$

本节仍需假设 4.1.2 成立.

定义向量值函数 $\mathcal{G}(\cdot, \mu)$: $\mathbb{R}^{n+2m} \times [0, +\infty) \mapsto \mathbb{R}^{l+2m}$ 如下:

$$
\mathcal{G}(z, \mu) = \begin{pmatrix} g(s) \\ F(s) - w \\ \Psi(t, \mu) \end{pmatrix},
$$

且记 $N(z, \mu)$ 为 $\mathcal{G}(z, \mu)$ 的 Jacobian 矩阵的转置, 即

$$N(z,\mu) = \begin{pmatrix} \nabla_x g(s) & \nabla_x F(s) & 0_{n\times m} \\ \nabla_y g(s) & \nabla_y F(s) & \nabla_y \Psi(t,\mu) \\ 0_{m\times l} & -E_m & \nabla_w \Psi(t,\mu) \end{pmatrix},$$

其中

$$\nabla_y \Psi(t,\mu) = \mathrm{diag}\left(\frac{\partial \psi(y_j, w_j, \mu)}{\partial y_j}, j \in I_c\right) = \mathrm{diag}\left(1 - \frac{y_j}{\sqrt{y_j^2 + w_j^2 + 2\mu}}, j \in I_c\right),$$

$$\nabla_w \Psi(t,\mu) = \mathrm{diag}\left(\frac{\partial \psi(y_j, w_j, \mu)}{\partial w_j}, j \in I_c\right) = \mathrm{diag}\left(1 - \frac{w_j}{\sqrt{y_j^2 + w_j^2 + 2\mu}}, j \in I_c\right).$$

记

$$N_{I_0(s)}(z,\mu) = \begin{pmatrix} \nabla_x g_{I_0(s)}(s) & \nabla_x F(s) & 0_{n\times m} \\ \nabla_y g_{I_0(s)}(s) & \nabla_y F(s) & \nabla_y \Psi(t,\mu) \\ 0_{m\times |I_0(s)|} & -E_m & \nabla_w \Psi(t,\mu) \end{pmatrix},$$

$$Q = Q(z,\mu) = \begin{pmatrix} \nabla_y F(s) & \nabla_y \Psi(t,\mu) \\ -E_m & \nabla_w \Psi(t,\mu) \end{pmatrix}.$$

下面命题给出了保证矩阵 $N_{I_0(s)}(z,\mu)$ 在 Ω 上列满秩的一个充分条件, 相关证明参见 [66,67,85,98].

命题 4.5.1　(1) 假设矩阵 $Q(z,\mu)$ 非奇异, 则对任意 $(z,\mu) \in \Omega$, $N_{I_0(s)}(z,\mu)$ 列满秩当且仅当矩阵

$$\Lambda_{I_0(s)}(z,\mu) := \nabla_x g_{I_0(s)}(s) - \nabla_x F(s)(Q^{-1})_m \nabla_y g_{I_0(s)}(s)$$

列满秩, 其中 $(Q^{-1})_m := \nabla_w \Phi(t,\mu)[\nabla_y \Phi(t,\mu) + \nabla_y F(s)\nabla_w \Phi(t,\mu)]^{-1}\nabla_y F(s) - E_m$, 即 $(Q^{-1})_m$ 是逆阵 Q^{-1} 的前 m 行前 m 列组成的子矩阵;

(2) 如果假设 4.1.2 成立, 则对任意 $(z,\mu) \in \Omega$, 矩阵 $Q = Q(z,\mu)$ 非奇异.

基于上述命题, 我们给出如下假设:

假设 4.5.1　对任意 $(z,\mu) \in \Omega$, 矩阵 $\Lambda_{I_0(s)}(z,\mu)$ 列满秩.

注 4.5.1　若假设 4.1.2 成立, 则假设 4.5.1 等价于问题 (4.0.4) 的 LICQ 在集合 Ω 上成立. 特别地, 若 $g(x,y) \equiv g(x)$, 则假设 4.5.1 意味着矩阵 $\nabla g_{I_0(x)}(x)$ 列满秩.

为构造搜索方向, 引进如下记号:

$$H(s) = \mathrm{diag}(H_j(s), j \in \mathcal{L}), \quad H_j(s) = \begin{cases} g_j(s) - \varphi(s), & j \in I, \\ 0, & j \in \mathcal{L}\backslash I. \end{cases} \tag{4.5.3}$$

$$B(z,\mu) = \left[N(z,\mu)^{\mathrm{T}}N(z,\mu) - H(s)\right]^{-1}N(z,\mu)^{\mathrm{T}}, \tag{4.5.4}$$

$$u(z,\mu) = (u_j(z,\mu), j \in \mathcal{L}) = -B(z,\mu)\begin{pmatrix} \nabla f(s) \\ 0_{m\times 1} \end{pmatrix}, \tag{4.5.5}$$

$$P(z,\mu) = E_{n+2m} - N(z,\mu)B(z,\mu), \tag{4.5.6}$$

$$\rho(z,\mu) = \left\| P(z,\mu)\begin{pmatrix} \nabla f(s) \\ 0_{m\times 1} \end{pmatrix}\right\|^2 + \sum_{j\in I} u_j(z,\mu)[u_j(z,\mu)]_-$$
$$+\varphi(s) + \|F(s) - w\|_1 + \|\Psi(t,\mu)\|_1, \tag{4.5.7}$$

其中 $[u_j(z,\mu)]_- = \min\{0, u_j(z,\mu)\}$. 称矩阵 $P(z,\mu)$ 为问题 (4.0.5) 的广义梯度投影矩阵, 它在构造搜索方向中起着非常重要的作用.

利用 $N(z,\mu)^{\mathrm{T}}N(z,\mu) = N(z,\mu)^{\mathrm{T}}N(z,\mu) - H(s) + H(s)$ 可导出如下关系式:

$$N(z,\mu)^{\mathrm{T}}P(z,\mu) = -H(s)B(z,\mu), \tag{4.5.8}$$

$$(B(z,\mu)N(z,\mu))^{\mathrm{T}} = E_{n+2m} + H(s)\left[N(z,\mu)^{\mathrm{T}}N(z,\mu) - H(s)\right]^{-1}, \tag{4.5.9}$$

$$\xi^{\mathrm{T}}P(z,\mu)\xi = \|P(z,\mu)\xi\|^2 - \sum_{j\in I} H_j(s)\left(B(z,\mu)\xi\right)_j^2 \geqslant \|P(z,\mu)\xi\|^2, \tag{4.5.10}$$

其中 $\xi \in \mathbb{R}^{n+2m}$.

下面给出 $\rho(z,\mu)$ 的一个性质, 它在算法的全局收敛性分析中起着重要作用.

引理 4.5.2 若假设 4.1.2, 4.5.1 成立, 则

(1) 对任意 $z \in \mathbb{R}^{n+2m}$, 矩阵 $(N(z,\mu)^{\mathrm{T}}N(z,\mu) - H(s))$ 是正定阵;

(2) z 是问题 (4.5.2) 的一个 KKT 点当且仅当 $\rho(z,\mu) = 0$.

证明 结论 (1) 显然成立.

(2) 在下面的分析过程中, 为简便, 略去 $H(s)$, $B(z,\mu)$, $P(z,\mu)$, $N(z,\mu)$, $u(z,\mu)$ 和 $\rho(z,\mu)$ 中的符号 (s) 或 (z,μ).

充分性. 假设 $\rho = 0$ 成立, 则由 ρ 的定义 (4.5.7) 可知

$$P\begin{pmatrix} \nabla f(s) \\ 0_{m\times 1} \end{pmatrix} = 0, \quad u_I \geqslant 0, \quad \varphi(s) = \|F(s) - w\|_1 = \|\Psi(t,\mu)\|_1 = 0.$$

因此, z 是问题 (4.5.2) 的可行点.

由 (4.5.6) 和 (4.5.5) 知

$$P\begin{pmatrix} \nabla f(s) \\ 0_{m\times 1} \end{pmatrix} = (E_{n+2m} - NB)\begin{pmatrix} \nabla f(s) \\ 0_{m\times 1} \end{pmatrix} = \begin{pmatrix} \nabla f(s) \\ 0_{m\times 1} \end{pmatrix} + Nu = 0.$$

结合 (4.5.8) 和 (4.5.5) 得

$$N^{\mathrm{T}} P \begin{pmatrix} \nabla f(s) \\ 0_{m \times 1} \end{pmatrix} = -HB \begin{pmatrix} \nabla f(s) \\ 0_{m \times 1} \end{pmatrix} = Hu = 0,$$

从而推知 $u_j (g_j(s) - \varphi(s)) = 0$, $j \in I$. 结合 $\varphi(s) = 0$, 即得 $u_j g_j(s) = 0$, $j \in I$. 综合以上证明即知 z 为问题 (4.5.2) 的 KKT 点.

必要性. 令 z 为问题 (4.5.2) 的 KKT 点, 则存在向量 $\zeta = (\zeta_j) \in \mathbb{R}^{l+2m}$, 使得

$$\begin{pmatrix} \nabla f(s) \\ 0_{m \times 1} \end{pmatrix} + N\zeta = 0, \quad \zeta_j \geqslant 0, \quad \zeta_j g_j(s) = 0, \quad j \in I, \tag{4.5.11}$$

且 $\varphi(s) = F(s) - w = \Psi(t, \mu) = 0$. 由此得 $g_j(s) - \varphi(s) = g_j(s), j \in I$. 结合 (4.5.3) 和 (4.5.11) 可得 $H\zeta = 0$. 因此由 (4.5.11) 得

$$N^{\mathrm{T}} \begin{pmatrix} \nabla f(s) \\ 0_{m \times 1} \end{pmatrix} + (N^{\mathrm{T}}N - H)\zeta = 0,$$

再结合结论 (1), (4.5.4) 和 (4.5.5), 有

$$\zeta = -(N^{\mathrm{T}}N - H)^{-1} N^{\mathrm{T}} \begin{pmatrix} \nabla f(s) \\ 0_{m \times 1} \end{pmatrix} = -B \begin{pmatrix} \nabla f(s) \\ 0_{m \times 1} \end{pmatrix} = u. \tag{4.5.5$'$}$$

因此, 由 (4.5.6), (4.5.5), (4.5.5)$'$ 和 (4.5.11) 得

$$P \begin{pmatrix} \nabla f(s) \\ 0_{m \times 1} \end{pmatrix} = 0.$$

从而由 ρ 的定义 (4.5.7) 知 $\rho = 0$. 　　　　　　　　　　　　　　　□

基于引理 4.5.1, 可通过求解问题 (4.5.2) 得到 MPEC (4.0.1) 的解. 本节引入如下罚函数作为问题 (4.5.2) 的效益函数:

$$\widehat{\vartheta}_{(\alpha,\mu)}(z) = f(s) + \alpha \left(\varphi(s) + \|F(s) - w\|_1 + \|\Psi(t, \mu)\|_1 \right), \tag{4.5.12}$$

其中 $\alpha > 0$ 是罚参数.

对任意给定的 $z \in \mathbb{R}^{n+2m}$, $d_z (\neq 0) \in \mathbb{R}^{n+2m}$, 令 $\widehat{\vartheta}'_{(\alpha,\mu)}(z; d_z)$ 为 $\widehat{\vartheta}_{(\alpha,\mu)}(z)$ 在 z 处沿着方向 d_z 的方向导数. 根据方向导数的定义并通过简单计算, 可得如下结论:

引理 4.5.3　对任意 z 及 $d_z (\neq 0) \in \mathbb{R}^{n+2m}$, 函数 $\widehat{\vartheta}_{(\alpha,\mu)}(z)$ 的方向导数 $\widehat{\vartheta}'_{(\alpha,\mu)}(z; d_z)$ 由下面式子给出:

$$\widehat{\vartheta}'_{(\alpha,\mu)}(z;d_z)$$

$$= \begin{pmatrix} \nabla f(s) \\ 0_{m\times 1} \end{pmatrix}^{\mathrm{T}} d_z + \alpha\varphi'(s;d_s) + \alpha \left\{ \sum_{j\in I_c^{F,+}(z)} \begin{pmatrix} \nabla F_j(s) \\ -e_j \end{pmatrix}^{\mathrm{T}} d_z \right.$$

$$+ \sum_{j\in I_c^{F,0}(z)} \left| \begin{pmatrix} \nabla F_j(s) \\ -e_j \end{pmatrix}^{\mathrm{T}} d_z \right| - \sum_{j\in I_c^{F,-}(z)} \begin{pmatrix} \nabla F_j(s) \\ -e_j \end{pmatrix}^{\mathrm{T}} d_z$$

$$\left. + \sum_{j\in I_c^{\Psi,+}(z)} \nabla\psi(t_j,\mu)^{\mathrm{T}} d_{t_j} + \sum_{j\in I_c^{\Psi,0}(z)} \left| \nabla\psi(t_j,\mu)^{\mathrm{T}} d_{t_j} \right| - \sum_{j\in I_c^{\Psi,-}(z)} \nabla\psi(t_j,\mu)^{\mathrm{T}} d_{t_j} \right\},$$

其中

$$I_c^{F,+}(z) = \{j \in I_c \mid F_j(s) - w_j > 0\}, \quad I_c^{F,0}(z) = \{j \in I_c \mid F_j(s) - w_j = 0\},$$

$$I_c^{F,-}(z) = \{j \in I_c \mid F_j(s) - w_j < 0\}, \quad I_c^{\Psi,+}(z) = \{j \in I_c \mid \psi(y_j, w_j, \mu) > 0\},$$

$$I_c^{\Psi,0}(z) = \{j \in I_c \mid \psi(y_j, w_j, \mu) = 0\}, \quad I_c^{\Psi,-}(z) = \{j \in I_c \mid \psi(y_j, w_j, \mu) < 0\},$$

$$e_j = (0, \cdots, 0, \underbrace{1}_{\text{第 } j \text{ 个}}, 0, \cdots, 0)^{\mathrm{T}} \in \mathbb{R}^m.$$

4.5.2 算法描述

本小节首先通过广义梯度投影矩阵 $P(z,\mu)$ 构造搜索方向, 然后详细给出算法步骤.

搜索方向 d_z 的构造如下:

$$d_z := d(z,\mu) = -P(z,\mu) \begin{pmatrix} \nabla f(s) \\ 0_{m\times 1} \end{pmatrix} - B(z,\mu)^{\mathrm{T}} v(z,\mu), \qquad (4.5.13)$$

其中 $v:\ \mathbb{R}^{n+2m} \times [0, +\infty) \mapsto \mathbb{R}^{l+2m}:$

$$v(z,\mu) = (v^g(z,\mu),\ F(s) - w,\ \Psi(t,\mu)), \qquad (4.5.14)$$

且 $v^g(z,\mu) = (v_j^g(z,\mu),\ j \in I)$ 的定义如下:

$$v_j^g(z,\mu) = \begin{cases} g_j(s) - [u_j(z,\mu)]_-, & j \in I_+(s), \\ u_j(z,\mu)g_j(s) - [u_j(z,\mu)]_-, & j \in \bar{I}_+(s); \end{cases} \qquad (4.5.15)$$

其中 $I_+(s) = \{j \in I \mid g_j(s) > 0\},\ \bar{I}_+(s) = I \backslash I_+(s).$

注 4.5.2　$v_j^g(z, \mu)$ 的定义 (4.5.15) 保证了搜索方向 d_z 为效益函数的下降方向, 该式不同于文献 [95] 中的定义.

接下来分析效益函数 $\widehat{\vartheta}_{(\alpha, \mu)}(z)$ 在 z^k 处沿着由 (4.5.13) 定义的搜索方向 d_z^k 的下降性. 为此, 定义函数 $\widehat{\Upsilon}$:

$$\widehat{\Upsilon}(z^k, d_z^k, \alpha, \mu) = \nabla f(s^k)^{\mathrm{T}} d_s^k - \alpha \left(\varphi(s^k) + \|F(s^k) - w^k\|_1 + \|\Psi(t^k, \mu)\|_1 \right),$$
(4.5.16)

其中 $d_s^k = (d_x^k, d_y^k)$.

为简化证明, (4.5.3)–(4.5.7) 中的量分别简记为 H^k, H_j^k, B_k, u^k, P_k 和 ρ_k, 并记 $\varphi_k = \varphi(s^k)$, $v^k = v(z^k, \mu_k)$, $v_j^{g,k} = v_j^g(z^k, \mu_k)$, $d_t^k = (d_y^k, d_w^k)$, $d_{t_j}^k = (d_{y_j}^k, d_{w_j}^k)$.

引理 4.5.4　若假设 4.1.2, 4.5.1 成立, 则对任意 $(z^k, \mu_k) \in \Omega$, 下面结论成立:

(1) $\widehat{\vartheta}'_{(\alpha, \mu)}(z^k; d_z^k) \leqslant \theta(z^k, d_z^k, \alpha, \mu_k)$;

(2) 若 $\alpha \geqslant \overline{\alpha}_k$, 则对于任意的 $\delta \geqslant 1$, 有 $\widehat{\Upsilon}(z^k, d_z^k, \alpha, \mu_k) \leqslant -\rho_k$, 其中

$$\overline{\alpha}_k = \max \left\{ \|u_I^k\|_1, |u_{l+j}^k|, |u_{l+m+j}^k|, j \in I_c \right\} + \delta.$$
(4.5.17)

证明　(1) 由 (4.5.13), (4.5.8) 和 (4.5.9), 得

$$N_k^{\mathrm{T}} d_z^k = -H^k u^k - v^k - H^k (N_k^{\mathrm{T}} N_k - H^k)^{-1} v^k,$$
(4.5.18)

结合 (4.5.3) 和 (4.5.15), 有

$$\nabla g_j(s^k)^{\mathrm{T}} d_s^k = \begin{cases} -\left[g_j(s^k) - (u_j^k)_- \right], & j \in I_0(s^k) \cap I_+(s^k), \\ -\left[u_j^k g_j(s^k) - (u_j^k)_- \right], & j \in I_0(s^k) \cap \bar{I}_+(s^k); \end{cases}$$
(4.5.19)

$$\begin{pmatrix} \nabla F_j(s^k) \\ -e_j \end{pmatrix}^{\mathrm{T}} d_z^k = -\left(F_j(s^k) - w_j \right), \quad j \in I_c,$$
(4.5.20)

$$\nabla \psi(t_j^k, \mu_k)^{\mathrm{T}} d_{t_j}^k = -\psi(t_j^k, \mu_k), \quad j \in I_c.$$
(4.5.21)

下面先证明方向导数 $\varphi'(s^k; d_s^k)$ 满足不等式 $\varphi'(s^k; d_s^k) \leqslant -\varphi_k$. 由方向导数的定义及简单计算, 得

$$\varphi'(s^k; d_s^k) = \begin{cases} \max\{\nabla g_j(s^k)^{\mathrm{T}} d_s^k, j \in I_0(s^k)\}, & \text{若 } \varphi_k > 0, \\ \max\{0; \nabla g_j(s^k)^{\mathrm{T}} d_s^k, j \in I_0(s^k)\}, & \text{若 } \varphi_k = 0. \end{cases}$$

结合 (4.5.19), 有

$$\varphi'(s^k;d_s^k) \leqslant \begin{cases} \max\{-g_j(s^k)\ j \in I_0(s^k)\}, & 若\ \varphi_k > 0, \\ \max\{0;\ -u_j^k g_j(s^k),\ j \in I_0(s^k)\}, & 若\ \varphi_k = 0 \end{cases}$$
$$= \begin{cases} \max\{-\varphi_k\ j \in I_0(s^k)\} = -\varphi_k, & 若\ \varphi_k > 0, \\ \max\{0;\ 0,\ j \in I_0(s^k)\} = 0 = -\varphi_k, & 若\ \varphi_k = 0. \end{cases}$$

从而知 $\varphi'(s^k;d_s^k) \leqslant -\varphi_k$.

再由引理 4.5.3 及 (4.5.19)–(4.5.21), 得

$$\widehat{\vartheta}_{(\alpha,\mu)}(z^k;d_z^k) = \nabla f(s^k)^{\mathrm T}d_s^k + \alpha\varphi'(s^k;d_s^k) - \alpha(\|F(s^k)-w^k\|_1 + \|\Psi(t^k,\mu_k)\|_1),$$

从而结合 (4.5.16) 即知结论 (1) 成立.

(2) 由 (4.5.13), (4.5.10) 和 (4.5.5), 得

$$\begin{pmatrix} \nabla f(s^k) \\ 0_{m\times 1} \end{pmatrix}^{\mathrm T} d_z^k = -\left\|P_k\begin{pmatrix} \nabla f(s^k) \\ 0_{m\times 1} \end{pmatrix}\right\|^2 + \sum_{j\in I}H_j^k(u_j^k)^2 + (u^k)^{\mathrm T}v_k,$$

把上式代入 (4.5.16), 并结合 (4.5.14) 可知

$$\begin{aligned} &\widehat{\Upsilon}(z^k,d_z^k,\alpha,\mu_k) \\ =& -\left\|P_k\begin{pmatrix} \nabla f(s^k) \\ 0_{m\times 1} \end{pmatrix}\right\|^2 + \sum_{j\in I}H_j^k(u_j^k)^2 + \sum_{j\in I}u_j^k v_j^k + \sum_{j\in I_c}u_{l+j}^k(F_j(s^k)-w_j^k) \\ &+ \sum_{j\in I_c}u_{l+m+j}^k\psi(t_j^k,\mu_k) - \alpha(\varphi_k + \|F(s^k)-w^k\|_1 + \|\Psi(t^k,\mu_k)\|_1) \\ =& -\left\|P_k\begin{pmatrix} \nabla f(s^k) \\ 0_{m\times 1} \end{pmatrix}\right\|^2 + \sum_{j\in I}H_j^k(u_j^k)^2 + \theta_1^k + \theta_2^k, \end{aligned} \tag{4.5.22}$$

其中

$$\begin{aligned} \theta_1^k :=& \sum_{j\in I}u_j^k v_j^k - \alpha\varphi_k, \\ \theta_2^k :=& \sum_{j\in I_c}u_{l+j}^k(F_j(s^k)-w_j^k) - \alpha\|F(s^k)-w^k\|_1 \\ &+ \sum_{j\in I_c}u_{l+m+j}^k\psi(t_j^k,\mu_k) - \alpha\|\Psi(t^k,\mu_k)\|_1. \end{aligned}$$

下面分别讨论 θ_1^k 和 θ_2^k 的性质. 由 (4.5.15) 知

$$\theta_1^k = -\sum_{j \in I} u_j^k (u_j^k)_- + \sum_{j \in I_+(s^k)} u_j^k g_j(s^k) + \sum_{j \in I_+(s^k)} (u_j^k)^2 g_j(s^k) - \alpha \varphi_k$$

$$\leqslant -\sum_{j \in I} u_j^k (u_j^k)_- + \sum_{j \in I_+(s^k)} |u_j^k| \varphi_k - \alpha \varphi_k \leqslant -\delta \varphi_k - \sum_{j \in I} u_j^k (u_j^k)_-,$$

上式最后一个不等式是由 (4.5.17) 推知. 因为 $\delta \geqslant 1$, 于是有

$$\theta_1^k \leqslant -\varphi_k - \sum_{j \in I} u_j^k (u_j^k)_-. \tag{4.5.23}$$

对于 θ_2^k, 有

$$\theta_2^k \leqslant \sum_{j \in I_c} (|u_{l+j}^k| - \alpha)|F_j(s^k) - w_j^k| + \sum_{j \in I_c} (|u_{l+m+j}^k| - \alpha)|\psi(t_j^k, \mu_k)|$$

$$\leqslant -\delta (\|F(s^k) - w^k\|_1 + \|\Psi(t^k, \mu_k)\|_1),$$

上式最后一个不等式是由 (4.5.17) 推知. 于是结合 $\delta \geqslant 1$ 即得

$$\theta_2^k \leqslant -(\|F(s^k) - w^k\|_1 + \|\Psi(t^k, \mu_k)\|_1). \tag{4.5.24}$$

把 (4.5.23) 和 (4.5.24) 代入 (4.5.22), 并注意到 $H_j^k \leqslant 0$, 即可知结论 (2) 成立. 于是引理证明完毕. □

下面给出本节算法的具体步骤.

算法 4.5.1

步骤 0 (*初始化*)　选取初始迭代点 $z^0 \in \mathbb{R}^{n+2m}$, $\beta \in (0,1)$, $\tau \in \left(0, \dfrac{1}{2}\right)$, $\alpha_{-1} > 0$, $\delta \geqslant 1$, $\varepsilon > 0$, $\tilde{\varepsilon} > 0$. 选取序列 $\{\mu_i\}_{i=0}^{\infty}$, 使得

$$\mu_i > 0, \quad \mu_{i+1} < \mu_i, \quad \lim_{i \to \infty} \mu_i = 0, \quad \lim_{i \to \infty} \frac{\mu_{i+1}}{\mu_i^\sigma} = \eta \in (0,1), \quad \sigma \in [1,2). \tag{4.5.25}$$

令 $k := 0$.

步骤 1　计算 $\Psi(t^k, \mu_k)$.

步骤 1.1　如果 $\Psi(t^k, \mu_k) \neq 0$, 则转到步骤 1.3.

步骤 1.2　如果 $\Psi(t^k, \mu_k) = 0$ 且 $\mu_k \leqslant \varepsilon$, 则转到步骤 1.3; 否则, 选取 $\mu_k' \in (\mu_{k+1}, \mu_k)$, 并令 $\mu_k = \mu_k'$, 返回步骤 1.1.

步骤 1.3　计算 $H^k = H(s^k)$, $B_k = B(z^k, \mu_k)$, $u^k = u(z^k, \mu_k)$, $P_k = P(z^k, \mu_k)$, $\rho_k = \rho(z^k, \mu_k)$.

步骤 2 (*终止准则*)　如果 $\rho_k = 0$, 则 z^k 是问题 (4.5.2) 的一个 KKT 点. 由于 $\mu_k \leqslant \varepsilon$, 所以 z^k 是 MPEC (4.0.1) 可接受的近似 KKT 点, 算法终止. 否则, 转步骤 3.

步骤 3 (计算搜索方向) 根据 (4.5.13) 计算搜索方向 d_z^k. d_z^k 的分量可分为三部分, 即 $d_z^k = (d_x^k, d_y^k, d_w^k) \in \mathbb{R}^{n+m+m}$. 记 $d_s^k = (d_x^k, d_y^k)$, $d_t^k = (d_y^k, d_w^k)$, $d_{t_j}^k = (d_{y_j}^k, d_{w_j}^k)$ 和 $v^k = v(z^k, \mu_k)$.

步骤 4 (更新罚参数) 令

$$\bar{\alpha}_k = \max \left\{ \|u_I^k\|_1, |u_{l+j}^k|, |u_{l+m+j}^k|, \ j \in I_c \right\} + \delta,$$

则罚参数的更新规则如下:

$$\alpha_k = \begin{cases} \max\{\bar{\alpha}_k, \alpha_{k-1} + \tilde{\varepsilon}\}, & \text{若 } \bar{\alpha}_k > \alpha_{k-1}, \\ \alpha_{k-1}, & \text{其他.} \end{cases} \tag{4.5.26}$$

步骤 5 (线搜索) 计算步长 λ_k, 使其为数列 $\{1, \beta, \beta^2, \cdots\}$ 中满足下列不等式的最大者 λ:

$$\widehat{\vartheta}_{(\alpha_k, \mu_k)}(z^k + \lambda d_z^k) \leqslant \widehat{\vartheta}_{(\alpha_k, \mu_k)}(z^k) + \alpha \lambda \widehat{\Upsilon}(z^k, d_z^k, \alpha_k, \mu_k). \tag{4.5.27}$$

步骤 6 (更新) 令 $z^{k+1} = z^k + \lambda_k d_z^k$, $k := k + 1$. 返回步骤 1.

注 4.5.3 条件 (4.5.25) 是为了保证算法 4.5.1 的全局收敛性. 类似文献 [69] 的引理 3.1, 可得如下结论成立.

引理 4.5.5 若 $\Psi(t^k, \mu_k) = 0$, 则对任意 $\mu_k' < \mu_k$, 有 $\Psi(t^k, \mu_k') \neq 0$.

由引理 4.5.4 和引理 4.5.2 (2), 可得如下结论成立.

引理 4.5.6 假设 4.1.2, 4.5.1 成立, 则对任意充分小的 $\lambda > 0$, 不等式 (4.5.27) 成立, 从而知算法 4.5.1 是适定的.

4.5.3 全局收敛性分析

如果算法 4.5.1 有限步终止于 z^k, 则由引理 4.5.2 知 z^k 是问题 (4.5.2) 的近似 KKT 点. 不失一般性, 假设算法 4.5.1 产生一个无穷点列 $\{z^k\}$. 本小节将证明 $\{z^k\}$ 的每个聚点 $z^* = (x^*, y^*, w^*)$ 均是问题 (4.5.2) 的 KKT 点, 进而由引理 4.5.1 知 (x^*, y^*) 是 MPEC (4.0.1) 的 KKT 点. 为此, 需作如下进一步的假设:

假设 4.5.2

(1) 算法 4.5.1 产生的点列 $\{z^k\}$ 有界.

(2) $\{z^k\}$ 的任一聚点 $z^* = (x^*, y^*, w^*)$ 满足 $\min\limits_{1 \leqslant j \leqslant m} |y_j^* - w_j^*| > 0$, 因此 (x^*, y^*) 满足下层非退化条件 (4.1.1).

令 z^* 为 $\{z^k\}$ 的一个聚点, 则存在一个无穷子集 $K \subseteq \{1, 2, \cdots\}$, 使得 $z^k \xrightarrow{K} z^*$. 由于 $I_0(s^k) \subseteq I$ 且指标集 I 有限, 不失一般性, 假设 $I_0(s^k) \equiv \Gamma$, 从而对任意 $k \in K$, 有 $\bar{I}_0(s^k) = I \backslash I_0(s^k) \equiv I \backslash \Gamma \triangleq \overline{\Gamma}$.

记 $N_* = N(z^*, 0)$, 并定义对角矩阵 $H^* = \mathrm{diag}(H_j^*, \ j \in \mathcal{L}) \in \mathbb{R}^{(l+2m) \times (l+2m)}$ 如下:

$$H_j^* = \begin{cases} g_j(s^*) - \varphi(s^*), & \text{若 } j \in \overline{\Gamma}, \\ 0, & \text{其他}. \end{cases} \qquad (4.5.28)$$

显然, 对任意 $j \in \mathcal{L}$, 有 $H_j^* \leqslant 0$. 对 $j \in \bar{I}_0(s^*)$ 有 $g_j(s^*) - \varphi(s^*) < 0$. 注意到 $g_j(s^k) - \varphi(s^k) \longrightarrow g_j(s^*) - \varphi(s^*) < 0$, 因此, $j \in \overline{\Gamma}$, 从而可得 $\bar{I}_0(s^*) \subseteq \overline{\Gamma}$. 进而由 (4.5.28) 知, 对任意 $j \in \bar{I}_0(s^*)$ 有 $H_j^* < 0$. 因此, 类似于引理 4.5.2(1) 的证明, 可知 $N_*^{\mathrm{T}} N_* - H^*$ 是正定阵.

引理 4.5.7　假设 4.1.2, 4.5.1–4.5.2 成立, 则 $H^* \equiv H(s^*)$, 进而有 $H^k \xrightarrow{K} H^*$, 其中 $H(s^*)$ 由 (4.5.3) 定义.

证明　对任意 $j \in \mathcal{L} \backslash I$, 由 (4.5.28), (4.5.3) 知 $H_j^* = 0 = H_j(s^*)$.

对任意 $j \in \bar{I}_0(s^*)$, 由局部保号性得 $g_j(s^*) - \varphi(s^*) < 0$. 由 (4.5.28) 和 (4.5.3) 分别得 $H_j^* = g_j(s^*) - \varphi(s^*)$, $H_j(s^*) = g_j(s^*) - \varphi(s^*)$. 因此有 $H_j^* = H_j(s^*)$.

对任意 $j \in I_0(s^*)$, 或者 $j \in \Gamma (\equiv I_0(s^k))$, 或者 $j \in I_0(s^*) \backslash \Gamma$. 由 (4.5.28) 知对任意的 $j \in \Gamma$, 有 $H_j^* = 0$, 对任意 $j \in I_0(s^*) \backslash \Gamma (\subseteq \overline{\Gamma})$ 有 $H_j^* = g_j(s^*) - \varphi(s^*) = 0$. 又由 (4.5.3) 知 $H_j(s^*) = 0$, $\forall j \in I_0(s^*)$. 因此 $H_j^* \equiv H_j(s^*)$, $\forall j \in I_0(s^*)$.

综上可得 $H^* = H(s^*)$, 进而 $H^k \xrightarrow{K} H^*$.　　　　□

记

$$B_* = (N_*^{\mathrm{T}} N_* - H^*)^{-1} N_*^{\mathrm{T}}, \qquad P_* = E_{n+2m} - N_* B_*,$$

$$u^* = (u_j^* = u_j(z^*, 0), j \in \mathcal{L})^{\mathrm{T}} = -B_* \begin{pmatrix} \nabla f(s^*) \\ 0_{m \times 1} \end{pmatrix},$$

$$\rho_* = \left\| P_* \begin{pmatrix} \nabla f(s^*) \\ 0_{m \times 1} \end{pmatrix} \right\|^2 + \sum_{j \in I} u_j^* (u_j^*)_- + \varphi(s^*) + \|F(s^*) - w^*\|_1 + \|\Psi(t^*, 0)\|_1.$$

由引理 4.5.7 易知 $B_k \xrightarrow{K} B_*$, $P_k \xrightarrow{K} P_*$, $u^k \xrightarrow{K} u^*$ 和 $\rho_k \xrightarrow{K} \rho_*$.

引理 4.5.8　假设 4.1.2, 4.5.1–4.5.2 成立, 如果 z^* 不是问题 (4.5.2) 当 $\mu = 0$ 时的 KKT 点, 则 $\rho_* > 0$; 进一步地, 对充分大的 $k (\in K)$, 有 $\rho_k \geqslant \frac{1}{2} \rho_*$.

证明　由引理 4.5.7 知 $\rho_* = \rho(z^*, 0)$. 结合引理 4.5.2 即知 $\rho_* > 0$. 进而对充分大的 $k \in K$, 有 $\rho_k \geqslant \frac{1}{2} \rho_*$.　　　　□

根据 α_k 的更新准则 (4.5.26), 不难证明如下结论成立:

引理 4.5.9　假设 4.1.2, 4.5.1–4.5.2 成立, 则存在一个正整数 k_0, 使得对于任意 $k \geqslant k_0$, 有 $\alpha_k \equiv \alpha_{k_0}$.

基于引理 4.5.9, 不失一般性, 在本节的余下部分, 令 $\alpha_k \equiv \tilde{\alpha},\ \forall\, k$. 定义

$$d_z^* := -P_* \begin{pmatrix} \nabla f(s^*) \\ 0_{m \times 1} \end{pmatrix} - B_*^{\mathrm{T}} v^*, \tag{4.5.29}$$

$$v^* := (v^{g,*}, F(s^*) - w^*, \Psi(t^*, 0)) \in \mathbb{R}^{l+m+m}, \tag{4.5.30}$$

其中 $v^{g,*} = (v_j^{g,*},\ j \in I)$, 且.

$$v_j^{g,*} = \begin{cases} g_j(s^*) - (u_j^*)_-, & j \in I_+(s^*), \\ u_j^* g_j(s^*) - (u_j^*)_-, & j \in \bar{I}_+(s^*). \end{cases} \tag{4.5.31}$$

根据定义 (4.5.15), (4.5.31) 和 (4.5.29), 不难证明 $\lim\limits_K v^k = v^*$, $\lim\limits_K d_z^k = d_z^*$ 且 $d_z^* = d(z^*, 0)$.

引理 4.5.10 假设 4.1.2, 4.5.1–4.5.2 成立, 如果 z^* 不是问题 (4.5.2) 的 KKT 点, 则 $\widehat{\Upsilon}(z^*, d_z^*, \tilde{\alpha}, 0) < 0$.

证明 由引理 4.5.8 知 $\rho_* > 0$. 记

$$\bar{\alpha}_* = \max \left\{ \|u_I^*\|_1, |u_{l+j}^*|, |u_{l+m+j}^*|,\ j \in \mathcal{L} \right\} + \delta,$$

则由算法的步骤 4 和引理 4.5.9 知 $\tilde{\alpha} \geqslant \bar{\alpha}_k \geqslant \bar{\alpha}_*$. 余下证明类似引理 4.5.4(2) 的证明. □

为证明全局收敛性, 需要如下结论, 该结论的证明类似文献 [69] 的引理 3.1.

引理 4.5.11 假设 4.1.2, 4.5.1–4.5.2 成立, 则序列 $\{\widehat{\vartheta}_{(\tilde{\alpha}, \mu_k)}(z^k)\}$ 和序列 $\{\widehat{\vartheta}_{(\tilde{\alpha}, \mu_k)}(z^{k+1})\}$ 均收敛且有相同的极限.

引理 4.5.12 假设 4.1.2, 4.5.1–4.5.2 成立, 如果 z^* 不是问题 (4.5.2) 的 KKT 点, 则

$$\bar{\lambda} := \inf\{\lambda_k,\ k \in K\} > 0.$$

证明 为简化证明, 记

$$
\begin{aligned}
G_1 &= f(s^k + \lambda d_s^k) - f(s^k), \\
G_2 &= \varphi(s^k + \lambda d_s^k) - \varphi(s^k), \\
G_3 &= \|F(s^k + \lambda d_s^k) - (w^k + \lambda d_w^k)\|_1 - \|F(s^k) - w^k\|_1, \\
G_4 &= \|\Psi(t^k + \lambda d_t^k, \mu_k)\|_1 - \|\Psi(t^k, \mu_k)\|_1.
\end{aligned}
$$

由 $\widehat{\vartheta}_{(\alpha, \mu)}(z)$ 的定义 (4.5.12) 知

$$\widehat{\vartheta}_{(\tilde{\alpha}, \mu_k)}(z^k + \lambda d_z^k) - \widehat{\vartheta}_{(\tilde{\alpha}, \mu_k)}(z^k) = G_1 + \tilde{\alpha} G_2 + \tilde{\alpha} G_3 + \tilde{\alpha} G_4. \tag{4.5.32}$$

易证 $I_0(s^k + \lambda d_s^k) \subseteq I_0(s^*)$. 事实上, 若 $j \notin I_0(s^*)$, 则 $g_j(s^*) < \varphi(s^*)$. 由函数的连续性可知当 λ 充分小时 $g_j(s^k + \lambda d_s^k) < \varphi(s^k + \lambda d_s^k)$, 从而知 $j \notin I_0(s^k + \lambda d_s^k)$. 因此 $I_0(s^k + \lambda d_s^k) \subseteq I_0(s^*)$. 由此可得

$$\varphi(s^k + \lambda d_s^k) = \max\left\{0;\ g_j(s^k + \lambda d_s^k),\ j \in I_0(s^*)\right\}.$$

对任意 $j \in I_0(s^*)$, $H_j^k = g_j(s^k) - \varphi(s^k) \xrightarrow{K} g_j(s^*) - \varphi(s^*) = 0$, 结合 (4.5.18) 和 (4.5.19), 得

$$\nabla g_j(s^k)^{\mathrm{T}} d_s^k = -v_j^k + O(H_j^k)$$
$$= \begin{cases} -[g_j(s^k) - (u_j^k)_-] + O(H_j^k), & \text{若 } j \in I_0(s^*) \cap I_+(s^k), \\ -[u_j^k g_j(s^k) - (u_j^k)_-] + O(H_j^k), & \text{若 } j \in I_0(s^*) \cap \bar{I}_+(s^k). \end{cases}$$

因此, 由 Taylor 展开式及以上关系式, 当 λ 充分小时, 有

$$g_j(s^k + \lambda d_s^k) = g_j(s^k) + \lambda \nabla g_j(s^k)^{\mathrm{T}} d_s^k + o(\lambda)$$
$$= \begin{cases} (1 - \lambda)g_j(s^k) + \lambda(u_j^k)_- + o(\lambda), & \text{若 } j \in I_0(s^*) \cap I_+(s^k), \\ (1 - u_j^k\lambda)g_j(s^k) + \lambda(u_j^k)_- + o(\lambda), & \text{若 } j \in I_0(s^*) \cap \bar{I}_+(s^k), \end{cases}$$
$$\leqslant \begin{cases} (1 - \lambda)\varphi(s^k) + o(\lambda), & \text{若 } j \in I_0(s^*) \cap I_+(s^k), \\ o(\lambda), & \text{若 } j \in I_0(s^*) \cap \bar{I}_+(s^k), \end{cases}$$
$$\leqslant (1 - \lambda)\varphi(s^k) + o(\lambda),$$

以上第一个不等式由 $(u_j)_-^k \leqslant 0$ 和 u_j^k 的有界性得到. 于是结合 $\varphi(s)$ 的定义即得 $\varphi(s^k + \lambda d_s^k) \leqslant (1 - \lambda)\varphi(s^k) + o(\lambda)$, 从而导出 $G_2 \leqslant -\lambda\varphi(s^k) + o(\lambda)$.

由 Taylor 展开式, (4.5.20) 和 (4.5.21), 当 λ 充分小时, 有

$$G_1 = \lambda \nabla f(s^k)^{\mathrm{T}} d_s^k + o(\lambda), \quad G_3 = -\lambda\|F(s^k) - w^k\|_1 + o(\lambda),$$
$$G_4 = -\lambda\|\Psi(t^k, \mu_k)\|_1 + o(\lambda).$$

因此, 把以上关系式代入 (4.5.32), 当 λ 充分小时, 可得

$$\widehat{\vartheta}_{(\widetilde{\alpha}, \mu_k)}(z^k + \lambda d_z^k) - \widehat{\vartheta}_{(\widetilde{\alpha}, \mu_k)}(z^k)$$
$$\leqslant \lambda(\nabla f(s^k)^{\mathrm{T}} d_s^k - \widetilde{\alpha}\varphi(s^k) - \widetilde{\alpha}\|F(s^k) - w^k\|_1 - \widetilde{\alpha}\|\Psi(t^k, \mu_k)\|_1) + o(\lambda)$$
$$= \lambda\widehat{\Upsilon}(z^k, d_z^k, \widetilde{\alpha}, \mu_k) + o(\lambda). \tag{4.5.33}$$

若 z^* 不是问题 (4.5.2) 的 KKT 点, 则由引理 4.5.4 和引理 4.5.8 知 $\widehat{\Upsilon}(z^k, d_z^k, \widetilde{\alpha}, \mu_k) < -\rho_k \leqslant -0.5\rho_* < 0$. 因此, 由不等式 (4.5.33) 即知 $\overline{\lambda} := \inf\{\lambda_k, k \in K\} > 0$. □

基于上述分析, 下面给出算法 4.5.1 的全局收敛性.

定理 4.5.1 假设 4.1.2, 4.5.1–4.5.2 成立, $z^* = (x^*, y^*, w^*)$ (其中 $w^* = F(s^*)$) 是算法 4.5.1 产生的迭代点列 $\{z^k\}$ 的一个聚点, 则 $s^* (= (x^*, y^*))$ 是 MPEC (4.0.1) 的一个 KKT 点.

证明 由于 z^* 是一个聚点, 则存在一个无限子集 $K \subseteq \{1, 2, \cdots\}$, 使得 $\lim\limits_{K} z^k = z^*$. 假若 $s^* (= (x^*, y^*))$ 不是 MPEC (4.0.1) 的 KKT 点, 则由引理 4.5.1 知 z^* 不是问题 (4.5.2) 的 KKT 点 (此时 $\mu^* = 0$). 结合算法 4.5.1 的步骤 5, 得

$$\widehat{\vartheta}_{(\widetilde{\alpha}, \mu_k)}(z^k + \lambda_k d_z^k) - \widehat{\vartheta}_{(\widetilde{\alpha}, \mu_k)}(z^k) \leqslant \tau \lambda_k \widehat{\Upsilon}(z^k, d_z^k, \widetilde{\alpha}, \mu_k). \tag{4.5.34}$$

由引理 4.5.12 知 $\overline{\lambda} := \inf\{\lambda_k, k \in K\} > 0$. 因此, 对 (4.5.34) 取极限, 并结合 $\widehat{\Upsilon}(z^*, d_z^*, \widetilde{\alpha}, 0) < 0$ 和引理 4.5.11, 得

$$0 = \lim\limits_{K} \left(\widehat{\vartheta}_{(\widetilde{\alpha}, \mu_k)}(z^{k+1}) - \widehat{\vartheta}_{(\widetilde{\alpha}, \mu_k)}(z^k) \right) \leqslant \alpha \overline{\lambda} \widehat{\Upsilon}(z^*, d_z^*, \widetilde{\alpha}, 0) < 0,$$

这是一个矛盾. 因此, $s^* (= (x^*, y^*))$ 是 MPEC (4.0.1) 的 KKT 稳定点. $\qquad\square$

第 5 章 非线性互补约束优化的松弛方法

与前两章不同, 本章考虑互补约束优化的一般形式 (1.0.2), 即

$$
\begin{aligned}
&\min\ f(z)\\
&\text{s.t.}\ \ g_i(z) \leqslant 0,\quad i \in I = \{1, \cdots, l\},\\
&\qquad\ h_i(z) = 0,\quad i \in I_e = \{1, \cdots, m_e\},\\
&\qquad\ G_i(z) \geqslant 0,\quad i \in I_c = \{1, \cdots, m_c\},\\
&\qquad\ H_i(z) \geqslant 0,\quad i \in I_c,\\
&\qquad\ G_i(z)H_i(z) \leqslant 0,\quad i \in I_c,
\end{aligned}
\tag{5.0.1}
$$

其中 f, $g_i\ (i \in I)$, $h_i\ (i \in I_e)$, $G_i\ (i \in I_c)$, $H_i\ (i \in I_c)$: $\mathbb{R}^n \mapsto \mathbb{R}$ 是连续可微函数.

求解 MPEC (5.0.1) 的主要方法有光滑化法 (见第 3 和第 4 章), 松弛法 (也称正则化法 (regularization), 见 [32, 73, 74, 99, 100]), 内点法 (见 [1, 101–103]) 和罚函数法 (见 [104]) 等.

本章重点是介绍松弛方法. 其基本思想是通过合适的方法松弛复杂的互补约束

$$
G_i(z) \geqslant 0,\quad H_i(z) \geqslant 0,\quad G_i(z)H_i(z) \leqslant 0,\quad i \in I_c
$$

为含参数 t 的不等式约束, 从而把 MPEC (5.0.1) 松弛为含参数 t 的标准的非线性规划, 然后通过求解该含参非线性规划得到 MPEC (5.0.1) 的解.

关于 MPEC (5.0.1) 的约束规格以及各种稳定点的定义和性质在前面 2.3 节已作介绍, 这里不再赘述.

本章仍采用 2.3 节中的一些记号: 记 X 为 MPEC (5.0.1) 的可行集, 对于可行点 $z^* \in X$, 定义以下指标集:

$$
I_g(z^*) = \{i \in I \mid g_i(z^*) = 0\}, \tag{5.0.2}
$$

$$
I_{0+} := I_{0+}(z^*) = \{i \in I_c \mid G_i(z^*) = 0,\ H_i(z^*) > 0\}, \tag{5.0.3}
$$

$$
I_{00} := I_{00}(z^*) = \{i \in I_c \mid G_i(z^*) = 0,\ H_i(z^*) = 0\}, \tag{5.0.4}
$$

$$
I_{+0} := I_{+0}(z^*) = \{i \in I_c \mid G_i(z^*) > 0,\ H_i(z^*) = 0\}, \tag{5.0.5}
$$

其中指标集 I_{00} 称为退化集. 如果 I_{00} 为空集, 则称 z^* 满足下层严格互补条件 (也称下层非退化条件).

显然, 有 $I_{0+} \cup I_{00} \cup I_{+0} = I_c$, $I_{0+} \cap I_{00} \cap I_{+0} = \varnothing$.

5.1 Scholtes 松弛方法

5.1.1 基本思想

Scholtes 首先在文献 [73] 中提出了使用松弛方法求解 MPEC (5.0.1). 该松弛方法的基本思想是将 MPEC (5.0.1) 松弛为如下形式的含参非线性规划:

$$
\begin{aligned}
&\min \ f(z) \\
&\text{s.t.} \ \ g_i(z) \leqslant 0, \quad i \in I = \{1, \cdots, l\}, \\
&\qquad h_i(z) = 0, \quad i \in I_e = \{1, \cdots, m_e\}, \\
&\qquad G_i(z) \geqslant 0, \quad i \in I_c = \{1, \cdots, m_c\}, \\
&\qquad H_i(z) \geqslant 0, \quad i \in I_c, \\
&\qquad G_i(z)H_i(z) \leqslant t, \quad i \in I_c.
\end{aligned}
\tag{5.1.1}
$$

显然, 当 $t = 0$ 时上述问题即为原问题 MPEC (5.0.1).

为方便起见, 记松弛问题 (5.1.1) 为 $R^S(t)$, 记其可行域为 $X^S(t)$.

图 5.1 给出了 Scholtes 松弛的几何解释.

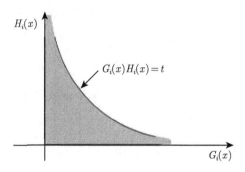

图 5.1   Scholtes 松弛的几何解释

为便于讨论, 本节定义以下指标集:

$$
I_h(z) := \{i \in I_e \mid h_i(z) = 0\},
\tag{5.1.2a}
$$

$$
I_G(z) := \{i \in I_c \mid G_i(z) = 0\},
\tag{5.1.2b}
$$

$$
I_H(z) := \{i \in I_c \mid H_i(z) = 0\},
\tag{5.1.2c}
$$

$$
I_{GH}(z, t) := \{i \in I_c \mid G_i(z)H_i(z) = t\}.
\tag{5.1.2d}
$$

下面引理对收敛性分析起着重要作用. 该引理表明在 MPEC-LICQ 假设条件下, 如果参数 $t \ (> 0)$ 足够小, 则松弛问题 $R^S(t)$ (5.1.1) 的 LICQ 也成立.

引理 5.1.1　如果 MPEC-LICQ 在 MPEC (5.0.1) 的可行点 z^* 处成立, 则存在 z^* 的一个邻域 U 和正数 $\bar{t} > 0$, 使得对任意 $t \in (0, \bar{t})$, 松弛问题 $R^S(t)$ (5.1.1) 的 LICQ 在每一可行点 $z \in U$ 处均成立.

证明　对 z^* 的充分小邻域 U 中的点 z 以及任意的 $t \in (0, \bar{t})$ ($\bar{t}$ 充分小), 有

$$I_g(z) \subseteq I_g(z^*), \tag{5.1.3a}$$

$$I_h(z) \subseteq I_h(z^*), \tag{5.1.3b}$$

$$I_G(z) \cup I_H(z) \cup I_{GH}(z,t) \subseteq I_G(z^*) \cup I_H(z^*), \tag{5.1.3c}$$

$$I_G(z) \cap I_{GH}(z,t) = \varnothing, \tag{5.1.3d}$$

$$I_H(z) \cap I_{GH}(z,t) = \varnothing. \tag{5.1.3e}$$

对以上的 t, 松弛问题 $R^S(t)$ (5.1.1) 在可行点 $z \in U$ 处的起作用约束梯度向量组为

$$\nabla g_i(z), \quad i \in I_g(z),$$

$$\nabla h_i(z), \quad i \in I_h(z),$$

$$\nabla G_i(z), \quad i \in I_G(z),$$

$$\nabla H_i(z), \quad i \in I_H(z),$$

$$G_i(z)\nabla H_i(z) + H_i(z)\nabla G_i(z), \quad i \in I_{GH}(z,t).$$

由下面关系式

$$\sum_{i \in I_g(z)} \lambda_i^g \nabla g_i(z) + \sum_{i \in I_h(z)} \lambda_i^h \nabla h_i(z) - \sum_{i \in I_G(z)} \lambda_i^G \nabla G_i(z) - \sum_{i \in I_H(z)} \lambda_i^H \nabla H_i(z)$$
$$+ \sum_{i \in I_{GH}(z,t)} (\lambda_i^{GH} G_i(z)\nabla H_i(z) + \lambda_i^{GH} H_i(z)\nabla G_i(z)) = 0$$

以及 MPEC-LICQ 假设和 (5.1.3) 可知

$$\lambda_i^g = 0, \quad \forall i \in I_g(z); \qquad \lambda_i^h = 0, \quad \forall i \in I_h(z); \qquad \lambda_i^G = 0, \quad \forall i \in I_G(z);$$

$$\lambda_i^H = 0, \quad \forall i \in I_H(z); \qquad \lambda_i^{GH} G_i(z) = \lambda_i^{GH} H_i(z) = 0, \quad \forall i \in I_{GH}(z).$$

注意到对于任意 $i \in I_{GH}(z,t)$, 有 $G_i(z) > 0$, 所以 $\lambda_i^{GH} = 0$, $\forall i \in I_{GH}(z,t)$. 故引理成立. □

5.1.2　收敛性结果

下面定理是将 MPEC (5.0.1) 在 z^* 处的乘子与松弛问题 $R^S(t)$ (5.1.1) 的稳定点的近似序列的乘子联系. 这使得我们在 MPEC-LICQ 条件下可以刻画极限点的 B-稳定性.

定理 5.1.1 设 $\{t_k\}$ 是一个趋于 0 的正数列, z^k 是松弛问题 $R^S(t_k)$ (5.1.1) 的稳定点且 $z^k \to z^*$. 假设 MPEC-LICQ 在 z^* 处成立. 令

$$I_0 = \{i \mid i \in I_{GH}(z^k, t_k), \text{ 对于无穷多个 } k \},$$

则下面结论成立:

(1) 对充分大的 k, 松弛问题 $R^S(t_k)$ (5.1.1) 在 z^k 处有唯一的乘子 $(\lambda^k, \mu^k, \gamma^k, \nu^k, \delta^k)$.

(2) 点 z^* 是松弛问题 $R^S(t^k)$ (5.1.1) 的 C-稳定点, 且有唯一的乘子 $(\bar{\lambda}, \bar{\mu}, \bar{\gamma}, \bar{\nu})$, 且满足:

$$\bar{\lambda}_i = \lim_{k \to \infty} \lambda_i^k \geqslant 0,$$
$$\bar{\mu}_j = \lim_{k \to \infty} \mu_j^k,$$
$$\bar{\gamma}_p = \lim_{k \to \infty} \gamma_p^k \geqslant 0, \quad p \notin I_0,$$
$$\bar{\nu}_p = \lim_{k \to \infty} \nu_p^k \geqslant 0, \quad p \notin I_0,$$
$$\bar{\gamma}_q = -\lim_{k \to \infty} \delta_q^k H_q(z^k) \leqslant 0, \quad q \in I_0,$$
$$\bar{\nu}_q = -\lim_{k \to \infty} \delta_q^k G_q(z^k) \leqslant 0, \quad q \in I_0.$$

(3) z^* 为 MPEC (5.0.1) 的 B-稳定点当且仅当对任意 $q \in I_G(z^*) \cap I_H(z^*) \cap I_0$, 都有 $\bar{\gamma}_q = \bar{\nu}_q = 0$.

定理的详细证明见文献 [73].

由定理 5.1.1 即知下面推论成立:

推论 5.1.2 若定理 5.1.1 的假设条件成立, 则当 k 充分大时有

(1) 对所有满足 $\bar{\gamma}_p > 0$ 的 p, 有 $G_p(z^k) = 0$;

(2) 对所有满足 $\bar{\nu}_p > 0$ 的 p, 有 $H_p(z^k) = 0$;

(3) 对所有满足 $\bar{\gamma}_p + \bar{\nu}_p < 0$ 的 p, 有 $H_p(z^k) G_p(z^k) = 0$.

接下来考虑除了在 z^* 处 MPEC-LICQ 成立外, 如果在每一个 z^k 处二阶必要最优性条件成立, 即 Lagrangian 函数

$$L_{t_k}(z, \lambda, \mu, \gamma, \nu, \delta) = f(z) + \lambda^{\mathrm{T}} g(z) + \mu^{\mathrm{T}} h(z) - \gamma^{\mathrm{T}} G(z) - \nu^{\mathrm{T}} H(z)$$
$$+ \sum_{i \in I_c} \delta_i (G_i(z) H_i(z) - t_k)$$

关于 z 的 Hessian 阵在 z^k 的临界方向锥是半正定矩阵, 那么定理 5.1.1 的结论可以被改进到什么程度?

下面定理告诉我们此时可以得到一个更好的稳定点, 即 M-稳定点.

定理 5.1.3 在定理 5.1.1 的假设条件下, 如果在每个 z^k 处二阶必要最优性条件成立, 那么 z^* 为 MPEC (5.0.1) 的 M-稳定点.

定理的详细证明见文献 [73].

定理 5.1.3 改进了 Fukushima 和 Pang 的一个结果, 即在 MPEC-LICQ、二阶必要最优性条件和渐近弱非退化性条件下求解 MPEC 的光滑化方法收敛于 B-稳定点. 下面的推论表明用上层严格互补性条件替换渐近弱非退化性条件也可以获得同样的结果.

推论5.1.4　设 $\{t_k\}$ 是一个正数列且 $t_k \to 0$, $\{z^k\}$ 是松弛问题 $R^S(t_k)$ (5.1.1) 的可行点列且满足二阶必要条件, z^* 是 $\{z^k\}$ 的聚点. 如果在 z^* 处满足 MPEC-LICQ 和上层严格互补性 (ULSC), 则 z^* 是 MPEC (5.0.1) 的一个 B-稳定点.

注　由文献 [73] 知所谓上层严格互补性 (ULSC) 是指: 如果存在 Lagrangian 乘子满足下面式子:

$$\nabla f(z^*) + \sum_{i \in I_g(z^*)} \bar{\lambda}_i \nabla g_i(z^*) + \sum_{i \in I_h(z^*)} \bar{\mu}_i^* \nabla h_i(z^*)$$
$$- \sum_{i \in I_G(z^*)} \bar{\gamma}_i \nabla G_i(z^*) - \sum_{i \in I_H(z^*)} \bar{\nu}_i \bar{\nabla} H_i(z^*) = 0, \tag{5.1.4}$$

且对所有的 $i \in I_G(z^*) \cap I_H(z^*)$, 均有 $\bar{\gamma}_i \bar{\nu}_i \neq 0$, 则称上层严格互补性在 z^* 处满足.

5.1.3　有意义的结论

本节考虑如下问题: MPEC (5.0.1) 的局部解是否是松弛问题 $R^S(t_k)$ (5.1.1) 的稳定点序列的极限点? 文献 [73] 给出例子说明该结论不成立. 但由文献 [73] 中的定理 4.1 知在强二阶充分条件下该结论成立.

强二阶充分条件 (SSOSC)　设 z^* 是 MPEC (5.0.1) 的 B-稳定点, MPEC-LICQ 在 z^* 处成立, $(\bar{\lambda}, \bar{\mu}, \bar{\gamma}, \bar{\nu})$ 是对应的唯一乘子, 若

$$d^{\mathrm{T}} \nabla_x^2 L(\bar{z}, \bar{\lambda}, \bar{\mu}, \bar{\gamma}, \bar{\nu}) d > 0$$

对非零向量 d 成立, 其中 d 满足

$$\nabla g_i(z^*)^{\mathrm{T}} d = 0, \quad i: \bar{\lambda}_i > 0; \quad \nabla h_i(z^*)^{\mathrm{T}} d = 0, \quad i \in I_e,$$
$$\nabla G_j(z^*)^{\mathrm{T}} d = 0, \quad j: \bar{\gamma}_j \neq 0; \quad \nabla H_l(z^*)^{\mathrm{T}} d = 0, \quad l: \bar{\nu}_l \neq 0,$$

则称 MPEC (5.0.1) 的强二阶充分性条件在 z^* 处成立.

定理 5.1.5　假设

(1) z^* 是 MPEC (5.0.1) 的一个 B-稳定点, MPEC-LICQ 以及强二阶充分条件 SSOSC 在 z^* 处成立;

(2) 对任意 $i \in I_c$, 由 $G_i(z^*) = 0 \Rightarrow \bar{\gamma}_i \neq 0$; 由 $H_i(z^*) = 0 \Rightarrow \bar{\nu}_i \neq 0$; 则存在 z^* 的一个邻域 $\mathcal{U}$, 一个正数 $\bar{t} > 0$, 以及分段光滑函数 $z: (-\bar{t}, \bar{t}) \to \mathcal{U}$, 使得对于任意 $t \in (0, \bar{t})$, $z(t)$ 是松弛问题 $R^S(t)$ (5.1.1) 的唯一稳定点; 而且, 在 $z(t)$ 处满足二阶充分最优性条件.

5.2 五种松弛方法的比较

对互补约束条件采用不同的松弛策略可得到不同的松弛方法. 对于文献 [36, 73, 74, 99, 100] 中的 5 种松弛, 已得到最基本的收敛性结果, 即: 给定一个序列 $t_k \to 0$ 以及对应的松弛问题 $R(t_k)$ 的稳定点序列 z^k, 且 z^k 收敛到 z^* 以及合适的 MPEC CQ 在 z^* 处满足, 则 z^* 是 MPEC (5.0.1) 的一个 C-稳定点或 M-稳定点. Kanzow 等人在文献 [32] 中对上述 5 种松弛方法进行了比较分析, 并且通过减弱 MPEC 的约束规格来改进最基本的收敛性结果. 同时还分析了松弛问题的哪种标准约束规格成立 (因此, 这些松弛问题在局部极小值点处存在相应的乘子). 文献 [32] 推广了这些松弛方法的一些已有结果, 或建立了新的结果. 本节主要内容取自文献 [32], 主要介绍五种松弛方法的收敛性质.

1. Scholtes 的全局松弛方法

Scholtes 在文献 [73] 中提出的松弛方法的基本思想及基本收敛性结果在上一节已作介绍. 文献 [32] 将 [73] 中的收敛性结论即定理 5.1.1 中的 MPEC-LICQ 假设条件减弱为 MPEC-MFCQ 后仍得到相同的结论, 即

定理 5.2.1 假设 $\{t_k\} \downarrow 0$, z^k 是松弛问题 $R^S(t_k)$ (5.1.1) 的稳定点且 $z^k \to z^*$, 并且 MFEC-MFCQ 在 z^* 处成立, 则 z^* 是 MPEC (5.0.1) 的一个 C-稳定点.

定理的详细证明见文献 [32].

注 上述定理使用的是 MPEC-MFCQ, 虽然不能保证对应的乘子序列的收敛性, 但定理的证明过程显示人们可以从中提取一个有界的乘子序列, 从而该有界乘子序列至少存在一个收敛的子列.

z^k 是松弛问题 $R^S(t_k)$ (5.1.1) 的稳定点这一假设条件被想当然地认为乘子是存在的. 但事实上这些乘子是否真正存在并不是很显然. 下面定理保证以上乘子的存在性, 它是通过证明在 MPEC (5.0.1) 的可行点 z^* 处的 MPEC-MFCQ 隐含着松弛问题 $R^S(t_k)$ (5.1.1) 的 MFCQ 成立而获得.

定理 5.2.2 设 z^* 是 MPEC (5.0.1) 的可行点且 MPEC-MFCQ 在 z^* 处成立. 则存在 z^* 的一个邻域 $\mathcal{U}$ 和正数 $\bar{t} > 0$, 使得对任意的 $t \in (0, \bar{t})$, 以及所有的 $z \in \mathcal{U} \cap X^S(t)$, 松弛问题 $R^S(t)$ (5.1.1) 的 MFCQ 在 z 处成立.

定理的详细证明见文献 [32].

2. Lin 和 Fukushima 松弛方法

Lin 和 Fukushima 在文献 [74] 中提出的松弛方法是将 MPEC (5.0.1) 松弛为如下形式:

$$
\begin{aligned}
\min\ & f(z)\\
\text{s.t.}\ & g_i(z) \leqslant 0, \quad \forall\, i \in I,\\
& h_i(z) = 0, \quad \forall\, i \in I_e,\\
& G_i(x)H_i(x) - t^2 \leqslant 0, \quad \forall\, i \in I_c,\\
& (G_i(x)+t)(H_i(x)+t) - t^2 \geqslant 0, \quad \forall\, i \in I_c.
\end{aligned}
\tag{5.2.1}
$$

记该问题为 $R^{LF}(t)$, 记它的可行域为 $X^{LF}(t)$.

图 5.2 给出了 Lin-Fukushima 松弛的几何解释.

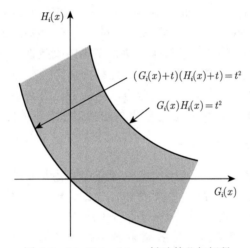

图 5.2　Lin-Fukushima 松弛的几何解释

文献 [74] 给出了该松弛方法的收敛性结果. 但需指出的是: 该收敛性结果使用了 MPEC-LICQ 假设. Hoheisel 等人在文献 [106] 中把该假设条件减弱为 MPEC-MFCQ 后也得到相同的结果, 即

定理 5.2.3　假设 $\{t_k\} \downarrow 0$, z^k 是松弛问题 $R^{LF}(t_k)$ 的一个稳定点, $z^k \to z^*$ 且 MPEC-MFCQ 在 z^* 处成立. 则 z^* 是 MPEC (5.0.1) 的一个 C-稳定点.

详细证明见文献 [106].

下面的定理表明: 对于 MPEC (5.0.1), 如果在其可行点 z^* 处满足 MPEC-MFCQ, 则松弛问题 $R^{LF}(t_k)$ (5.2.1) 的 MFCQ 在充分接近 z^* 的任意可行点 $z \in X^{LF}(t)$ 处也成立.

定理 5.2.4　假设 z^* 是 MPEC (5.0.1) 的一个可行点, 且 MPEC-MFCQ 在 z^* 处满足, 则存在 z^* 的一个邻域 $\mathcal{U}$, 使得对所有的 $z \in \mathcal{U} \cap X^{LF}(t)$, 松弛问题 $R^{LF}(t)$ (5.2.1) 的 MFCQ 在 z 处成立.

由以上结果可知, 由 Lin 和 Fukushima 提出的松弛方法与 Scholtes 提出的松弛方法有相同的收敛性质.

3. Kadrani 等人的松弛方法

Kadrani 等人在文献 [99] 提出的松弛方法将 MPEC (5.0.1) 松弛为如下形式:

$$
\begin{aligned}
\min\ & f(z) \\
\text{s.t.}\ & g_i(z) \leqslant 0, \quad i \in I, \\
& h_i(z) = 0, \quad i \in I_e, \\
& G_i(z) \geqslant -t, \quad i \in I_c, \\
& H_i(z) \geqslant -t, \quad i \in I_c, \\
& (G_i(z) - t)(H_i(z) - t) \leqslant 0, \quad i \in I_c.
\end{aligned} \tag{5.2.2}
$$

记该问题为 $R^{KDB}(t)$, 记它的可行域为 $X^{KDB}(t)$.
图 5.3 给出了 Kadrani 等人松弛的几何解释.

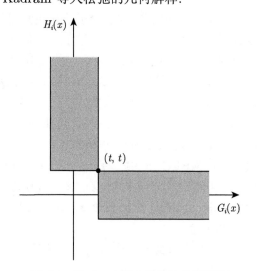

图 5.3　Kadrani 等人松弛的几何解释

为了得到一个改进的收敛性结果, 需要定义一些指标集. 设 z 是松弛问题 $R^{KDB}(t)$ (5.2.2) 的一个可行点, 定义以下指标集:

$$
\begin{aligned}
I_G(z,t) &:= \{i \in I_c \mid G_i(z) + t = 0\}, \\
I_H(z,t) &:= \{i \in I_c \mid H_i(z) + t = 0\}, \\
I_\Phi(z,t) &:= \{i \in I_c \mid (G_i(z) - t)(H_i(z) - t) = 0\}, \\
I_\Phi^{0*}(z,t) &:= \{i \in I_\Phi(z,t) \mid G_i(z) - t = 0\},
\end{aligned}
$$

$$I_\Phi^{0+}(z,t) := \{i \in I_\Phi^{0*}(z,t) \mid H_i(z) - t > 0\},$$

$$I_\Phi^{0-}(z,t) := \{i \in I_\Phi^{0*}(z,t) \mid H_i(z) - t < 0\},$$

$$I_\Phi^{00}(z,t) := \{i \in I_\Phi(z,t) \mid G_i(z) - t = 0,\ H_i(z) - t = 0\},$$

$$I_\Phi^{*0}(z,t) := \{i \in I_\Phi(z,t) \mid H_i(z) - t = 0\},$$

$$I_\Phi^{+0}(z,t) := \{i \in I_\Phi^{*0}(z,t) \mid G_i(z) - t > 0\},$$

$$I_\Phi^{-0}(z,t) := \{i \in I_\Phi^{*0}(x,t) \mid G_i(x) - t < 0\}. \tag{5.2.3}$$

Kadrani 等人在文献 [99] 中给出了收敛性结果. 但需指出的是: 该收敛性结果使用了 MPEC-LICQ 假设条件, Hoheisel 等人在文献 [32] 中把该假设条件减弱为 MPEC-CPLD 后仍得到相同的结果, 即

定理 5.2.5　假设 $\{t_k\} \downarrow 0$, z^k 是松弛问题 $R^{KDB}(t_k)$ (5.2.2) 的一个稳定点, $z^k \to z^*$ 且 MPEC-CPLD 在 z^* 处成立, 则 z^* 是 MPEC (5.0.1) 的一个 M-稳定点.

对于松弛问题 $R^{KDB}(t)$ (5.2.2) 的 KKT 乘子的存在性问题, 没有得到类似前面两种松弛方法的令人满意的结果. 文献 [32] 举了一个例子, 该例子的 MPEC-LICQ 成立 (从而 MPEC-CPLD 也成立), 但对应的松弛问题 $R^{KDB}(t)$ (5.2.2) 的 Abadie CQ 却不成立, 从而知更强的 CPLD, MFCQ, LICQ 等也不成立. 需要指出的是该松弛问题的 Guignard CQ 是成立的.

Kadrani 等人在 MPEC-LICQ 假设下证明了松弛问题 $R^{KDB}(t)$ (5.2.2) 的 KKT 乘子的存在性. 下面定理是 Hoheisel 等人对 Kadrani 等人的结果的改进.

定理 5.2.6　设 z^* 是 MPEC (5.0.1) 的一个可行点, MPEC-LICQ 在 z^* 处成立. 则存在正数 $\bar{t} > 0$ 以及 z^* 的一个邻域 $\mathcal{U}$, 使得对任意的 $t \in (0, \bar{t})$, 松弛问题 $R^{KDB}(t)$ (5.2.2) 的 Guignard CQ 在所有的 $\hat{z} \in \mathcal{U} \cap X^{KDB}(t)$ 处成立.

定理的详细证明见文献 [32].

如果 $I_\Phi^{00}(z,t) = \varnothing$, 则下面定理表明松弛问题 $R^{KDB}(t)$ (5.2.2) 的较强约束规格成立, 定理的详细证明同样见文献 [32].

定理 5.2.7　设 z^* 是 MPEC (5.0.1) 的一个可行点, MPEC-CPLD (MPEC-LICQ) 在 z^* 处成立. 则存在正数 $\bar{t} > 0$ 以及 z^* 的一个邻域 $\mathcal{U}$, 使得对所有的 $t \in (0, \bar{t}]$, 以下结论成立: 如果 $z \in \mathcal{U} \cap X^{KDB}(t)$ 且 $I_\Phi^{00}(z,t) = \varnothing$, 则松弛问题 $R^{KDB}(t)$ (5.2.2) 的 CPLD (LICQ) 在 z 处成立.

4. Steffensen 和 Ulbrich 局部松弛方法

Steffensen 和 Ulbrich 在文献 [100] 中提出的松弛方法将 MPEC (5.0.1) 松弛为如下形式:

$$\min f(z)$$
$$\text{s.t. } g_i(z) \leqslant 0, \quad i \in I,$$
$$h_i(z) = 0, \quad i \in I_e,$$
$$G_i(z) \geqslant -t, \quad i \in I_c, \tag{5.2.4}$$
$$H_i(z) \geqslant -t, \quad i \in I_c,$$
$$\Phi^{SU}(G_i(z), H_i(z); t) \leqslant 0, \quad \forall \, i \in I_c,$$

其中 $\Phi^{SU} : \mathbb{R}^2 \mapsto \mathbb{R}$, $\Phi^{SU}(x_1, x_2; t) := x_1 + x_2 - \varphi(x_1 - x_2; t)$, 其中 $\varphi(\cdot \, ; \, t): \mathbb{R} \mapsto \mathbb{R}$ 定义如下:

$$\varphi(\cdot \, ; \, t) := \begin{cases} \mid a \mid, & \text{如果 } \mid a \mid \geqslant t, \\ t\theta\left(\dfrac{a}{t}\right), & \text{如果 } \mid a \mid < t, \end{cases}$$

其中 $\theta : [-1, 1] \mapsto \mathbb{R}$ 是一个满足如下条件的函数:

(a) θ 在 $[-1, 1]$ 上二阶连续可微;

(b) $\theta(-1) = \theta(1) = 1$;

(c) $\theta'(-1) = -1, \theta'(1) = 1$;

(d) $\theta''(-1) = \theta''(1) = 0$;

(e) 对所有的 $x \in (-1, 1)$, 有 $\theta''(x) > 0$.

记该松弛问题为 $R^{SU}(t)$, 记它的可行域为 $X^{SU}(t)$.

图 5.4 给出了 Steffensen-Ulbrich 松弛的几何解释.

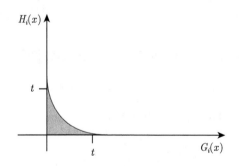

图 5.4   Steffensen-Ulbrich 松弛的几何解释

文献 [100] 中原来的收敛性结果是: 设 $\{t_k\} \downarrow 0$, 给定松弛问题 $R^{SU}(t_k)$ (5.2.4) 的稳定点序列 z^k 且 $z^k \to z^*$, 只要 MPEC-CRCQ 在 z^* 处成立, 则极限点 z^* 是一个 $C-$ 稳定点. 最近, 文献 [106] 证明了在较弱的 MPEC-CPLD 假设条件下该结论仍然成立.

定理 5.2.8　设 $\{t_k\} \downarrow 0$, z^k 是松弛问题 $R^{SU}(t)$ (5.2.4) 的稳定点, $z^k \to x^*$, 且 MPEC-CPLD 在 z^* 处成立. 则 z^* 是 MPEC (5.0.1) 的一个 C-稳定点.

Steffensen 和 Ulbrich 提出的局部松弛方法具有另一个优势: 在合适的假设条件下 (例如, 对所有的 $i \in I_c$, 有 $G_i(z^*) + H_i(z^*) > 0$), 序列 $\{t_k\}$ 单调下降收敛于 0 这一假设不是必需的.

对于松弛问题 $R^{SU}(t)$ (5.2.4) 的乘子存在性, 有下面结论成立:

定理 5.2.9　设 z^* 是 MPEC (5.0.1) 的一个可行点且 MPEC-LICQ 在 z^* 处成立. 则存在正数 $\bar{t} > 0$ 以及 z^* 的一个邻域 $\mathcal{U}$, 使得对所有的 $t \in (0, \bar{t})$ 和 $z \in X^{SU}(t) \cap \mathcal{U}$, 松弛问题 $R^{SU}(t)$ (5.2.4) 的 Abadie CQ 在 z^* 处成立.

定理的详细证明见文献 [32].

下面定理表明在局部松弛起作用的点处松弛问题 $R^{SU}(t)$ (5.2.4) 的较强约束规格成立, 定理的详细证明见文献 [32].

定理 5.2.10　设 z^* 是 MPEC (5.0.1) 的一个可行点, MPEC-LICQ 在 z^* 处成立. 则存在 z^* 的一个邻域 $\mathcal{U}$, 使得以下结论成立: 如果 $z \in \mathcal{U} \cap X^{SU}(t)$, 且 $I_\Phi(z, t) \cap (I_G(z) \cup I_H(z)) = \varnothing$, 则松弛问题 $R^{SU}(t)$ (5.2.4) 的 LICQ 在 z 处成立, 其中 $I_G(z) := \{i \in I_c \mid G_i(z) = 0\}$, $I_H(z) := \{i \in I_c \mid H_i(z) = 0\}$, $I_\Phi(z, t) := \{i \in I_c \mid \Phi(G_i(z), H_i(z); t) = 0\}$.

5. Kanzow 和 Schwartz 松弛方法

Kadrani 等提出的松弛方法存在两个不足:

(1) 松弛问题 (5.2.2) 的可行域几乎是不连通的. 因此, 当使用标准非线性规划的算法求解 (5.2.2) 时会遇到很大的困难;

(2) 不管 $t > 0$ 取何值, 松弛问题 (5.2.2) 的可行域都不包含 MPEC (5.0.1) 的可行域.

为了克服以上不足, Kanzow 和 Schwartz 在文献 [36] 中将 MPEC (5.0.1) 松弛为如下形式:

$$
\begin{aligned}
\min \; & f(z) \\
\text{s.t.} \; & g_i(z) \leqslant 0, \; i \in I, \\
& h_i(z) = 0, \; i \in I_e, \\
& G_i(z) \geqslant -t, \; i \in I_c, \\
& H_i(z) \geqslant -t, \; i \in I_c, \\
& \Psi(z; t) = (\Psi_i(z; t), i \in I_c) \leqslant 0,
\end{aligned}
\tag{5.2.5}
$$

其中, $\Psi_i(z; t) = \varphi(G_i(z) - t, H_i(z) - t)$, 函数 $\varphi : \mathbb{R}^2 \mapsto \mathbb{R}$ 定义如下:

$$
\varphi(x, y) = \begin{cases} xy, & x + y \geqslant 0, \\ -\dfrac{1}{2}(x^2 + y^2), & x + y < 0. \end{cases}
$$

图 5.5 给出了松弛问题 (5.2.5) 的几何解释.

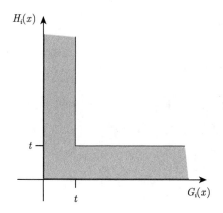

图 5.5 Kanzow-Schwartz 松弛的几何解释

记该松弛问题为 $R^{KS}(t)$, 记它的可行域为 $X^{KS}(t)$. 给定 $z \in X^{KS}(t)$, 令

$$I_\Phi^{00}(z;t) := \{i \in I_c \mid G_i(z) - t = 0, \ H_i(z) - t = 0\}.$$

下面定理是该松弛方法的主要收敛性结果, 其证明详见文献 [36].

定理 5.2.11 设 $\{t_k\} \downarrow 0$, z^k 是松弛问题 $R^{KS}(t_k)$ (5.2.5) 的一个稳定点, $z^k \to z^*$, 且 MPEC-CPLD 在 z^* 处成立. 则 z^* 是 MPEC (5.0.1) 的一个 M-稳定点.

在合适的假设条件之下可得到乘子的存在性, 即下面两个定理成立:

定理 5.2.12 设 z^* 是 MPEC (5.0.1) 的一个可行点, MPEC-LICQ 在 z^* 处成立. 则存在正数 $\bar{t} > 0$ 和 z^* 的一个邻域 $\mathcal{U}$, 使得对所有 $t \in (0, \bar{t})$, 松弛问题 $R^{KS}(t)$ (5.2.5) 的 Guignard CQ 对所有的 $z \in \mathcal{U} \cap X^{KS}(t)$ 都成立.

定理 5.2.13 设 z^* 是 MPEC (5.0.1) 的一个可行点, MPEC-CPLD (MPEC-LICQ) 在 z^* 处成立. 则存在正数 $\bar{t} > 0$ 和 z^* 的一个邻域 $\mathcal{U}$, 使得对所有 $t \in (0, \bar{t})$, 如下结论成立: 如果 $z \in \mathcal{U} \cap X^{KS}(t)$ 且 $I_\Phi^{00}(x;t) = \varnothing$, 则松弛问题 $R^{KS}(t)$ (5.2.5) 的 CPLD (LICQ) 在 z 处成立.

5.3 一个新的松弛方法

我们注意到在上节 Kanzow 和 Schwartz 提出的松弛方法中, MPEC (5.0.1) 的可行域是松弛问题 $R^{KS}(t)$ (5.2.5) 边界的一部分. 这样, 在用标准非线性规划的算法求解松弛问题 $R^{KS}(t)$ (5.2.5) 时搜索方向的构造就需要一些严格的条件.

受文献 [32,99] 思想的启发, 并且基于如下定义的 Mangasarian 互补函数 (见文献 [107])

$$\phi(a,b) = \rho(a) + \rho(b) - \rho(|a - b|), \tag{5.3.1}$$

其中 $\rho : \mathbb{R} \mapsto \mathbb{R}$ 定义如下:

$$\rho(\tau) = \begin{cases} \tau^2, & \text{若 } \tau \geqslant 0, \\ -\tau^2, & \text{若 } \tau < 0, \end{cases}$$

我们提出一个新的松弛方法. 本节主要内容取自著者与其合作者的工作 [106].

我们将 MPEC (5.0.1) 松弛为如下形式:

$$\begin{aligned}
\min\ & f(z) \\
\text{s.t.}\ & g_i(z) \leqslant 0,\ i \in I, \\
& h_i(z) = 0,\ i \in I_e, \\
& G_i(z) \geqslant -t,\ i \in I_c, \\
& H_i(z) \geqslant -t,\ i \in I_c, \\
& \Phi_i(z; t) \leqslant 0,\ i \in I_c,
\end{aligned} \tag{5.3.2}$$

其中 $\Phi_i(\,\cdot\,;\,t) : \mathbb{R}^n \mapsto \mathbb{R}$ 的定义如下:

$$\Phi_i(z\,;\,t) = \phi(G_i(z) - t,\ H_i(z) - t). \tag{5.3.3}$$

记松弛问题 (5.3.2) 为 $R^{LHJ}(t)$, 记松弛问题 (5.3.2) 的可行域为 $X^{LHJ}(t)$. 图 5.6 给出了 Li-Huang-Jian 松弛的几何解释.

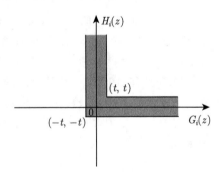

图 5.6　Li-Huang-Jian 松弛的几何解释

在更弱的 MPEC-CPLD 约束规格以及一些温和的假设条件下, 我们证明了松弛问题 $R^{LHJ}(t)$ (5.3.2) 的稳定点列当 $t \to 0$ 时收敛到 MPEC (5.0.1) 的 M-稳定点. 并且, 增加适当的条件, 我们证明了稳定点列收敛到 MPEC (5.0.1) 的强稳定点. 除此之外, 我们还证明了在松弛问题 $R^{LHJ}(t)$ (5.3.2) 的任意一个可行点处标准 Guignard CQ 成立以及松弛问题 $R^{LHJ}(t)$ (5.3.2) 的 Lagrangian 乘子的存在性.

5.3.1 收敛性结果

在本小节, 我们将分析当 $t \to 0^+$ 时松弛问题 $R^{LHJ}(t)$ (5.3.2) 的收敛性. 为方便起见, 对于任意 $z \in \mathbb{R}^n$, 定义如下指标集:

$$I_G(z;t) = \{i \in I_c \mid G_i(z) = -t\},$$
$$I_H(z;t) = \{i \in I_c \mid H_i(z) = -t\},$$
$$I_\Phi(z;t) = \{i \in I_c \mid \Phi_i(z;t) = 0\},$$
$$I_\Phi^{0+}(z;t) = \{i \in I_\Phi(z;t) \mid G_i(z) - t = 0, \ H_i(z) - t > 0\},$$
$$I_\Phi^{00}(z;t) = \{i \in I_\Phi(z;t) \mid G_i(z) - t = 0, \ H_i(z) - t = 0\},$$
$$I_\Phi^{+0}(z;t) = \{i \in I_\Phi(z;t) \mid G_i(z) - t > 0, \ H_i(z) - t = 0\},$$
$$supp(\alpha) = \{i \in I \mid \alpha_i \neq 0, \ \alpha = (\alpha_i) \in \mathbb{R}^l\}.$$

显然, 有

$$I_\Phi^{0+}(z;t) \cap I_\Phi^{00}(z;t) \cap I_\Phi^{+0}(z;t) = \varnothing,$$
$$I_\Phi^{0+}(z;t) \cup I_\Phi^{00}(z;t) \cup I_\Phi^{+0}(z;t) = I_\Phi(z;t).$$

通过计算与分析, 可以得到互补函数 ϕ 的一些重要性质, 这些重要性质在后面的收敛性分析中将起重要作用.

引理 5.3.1 [107] (1) $\phi(a,b) = 0$ 当且仅当 $a \geqslant 0, \ b \geqslant 0, \ ab = 0$.

(2) ϕ 是连续可微函数, 并且它的梯度是

$$\nabla\phi(a,b) = \begin{cases} \begin{pmatrix} -4a + 2b \\ -4b + 2a \end{pmatrix}, & \text{当 } a < 0 \text{ 且 } b < 0, \\[2mm] \begin{pmatrix} -4a + 2b \\ 2a \end{pmatrix}, & \text{当 } a < 0 \text{ 且 } b \geqslant 0, \\[2mm] \begin{pmatrix} 2b \\ -4b + 2a \end{pmatrix}, & \text{当 } a \geqslant 0 \text{ 且 } b < 0, \\[2mm] \begin{pmatrix} 2b \\ 2a \end{pmatrix}, & \text{当 } a \geqslant 0 \text{ 且 } b \geqslant 0. \end{cases}$$

(3) 下列不等式成立:

$$\phi(a,b) \begin{cases} > 0, & \text{当 } a > 0 \text{ 且 } b > 0, \\ < 0, & \text{当 } a < 0 \text{ 或 } b < 0. \end{cases}$$

根据 Φ_i 的定义 (见 (5.3.3) 式), 可以得到 $\Phi_i(z; t)$ 的表达式以及它的梯度分别为

$$\Phi_i(z; t) = \phi(G_i(z) - t, H_i(z) - t)$$
$$= \begin{cases} -2(G_i(z) - t)^2 - 2(H_i(z) - t)^2 + 2(G_i(z) - t)(H_i(z) - t), & G_i(z) - t < 0 \text{ 且 } H_i(z) - t < 0, \\ -2(G_i(z) - t)^2 + 2(G_i(z) - t)(H_i(z) - t), & G_i(z) - t < 0 \text{ 且 } H_i(z) - t \geqslant 0, \\ -2(H_i(z) - t)^2 + 2(G_i(z) - t)(H_i(z) - t), & G_i(z) - t \geqslant 0 \text{ 且 } H_i(z) - t < 0, \\ 2(G_i(z) - t)(H_i(z) - t), & G_i(z) - t \geqslant 0 \text{ 且 } H_i(z) - t \geqslant 0, \end{cases}$$

$$\nabla \Phi_i(z; t)$$
$$= \begin{cases} (2H_i(z) - 4G_i(z) + 2t)\nabla G_i(z) + (2G_i(z) - 4H_i(z) + 2t)\nabla H_i(z), & G_i(z) - t < 0 \text{ 且 } H_i(z) - t < 0, \\ (2H_i(z) - 4G_i(z) + 2t)\nabla G_i(z) + 2(G_i(z) - t)\nabla H_i(z), & G_i(z) - t < 0 \text{ 且 } H_i(z) - t \geqslant 0, \\ 2(H_i(z) - t)\nabla G_i(z) + (2G_i(z) - 4H_i(z) + 2t)\nabla H_i(z), & G_i(z) - t \geqslant 0 \text{ 且 } H_i(z) - t < 0, \\ 2(H_i(z) - t)\nabla G_i(z) + 2(G_i(z) - t)\nabla H_i(z), & G_i(z) - t \geqslant 0 \text{ 且 } H_i(z) - t \geqslant 0. \end{cases}$$
$$(5.3.4)$$

对于松弛问题 $R^{LHJ}(t)$ (5.3.2) 的可行集 $X^{LHJ}(t)$, 以下结论成立:

引理 5.3.2 (1) $X^{LHJ}(0) = X$;

(2) 对于任意 $t_1, t_2 > 0$ 且 $t_1 \leqslant t_2$, 有 $X^{LHJ}(t_1) \subseteq X^{LHJ}(t_2)$;

(3) $X = \bigcap_{t>0} X^{LHJ}(t)$.

接下来, 我们将对本节所提出的松弛方法给出收敛性定理.

定理 5.3.1 假设 $\{t_k\} \downarrow 0$, $(z^k, \alpha^k, \beta^k, \gamma^k, \delta^k, \nu^k)$ 是 $R^{LHJ}(t_k)$ (5.3.2) 的 KKT 点对, z^* 是序列 $\{z^k\}$ 的一个聚点, 并且在点 z^* 处 MPEC-CPLD 约束规格成立. 则以下结论成立:

(1) z^* 是 MPEC (5.0.1) 的一个 M-稳定点;

(2) 如果 $\{z^k\}$ 还满足 $I_\Phi^{0+}(z^k; t_k) = I_\Phi^{+0}(z^k; t_k) = \varnothing$, 则 z^* 是 MPEC (5.0.1) 的一个强稳定点.

证明 (1) 因为 z^k 是 $R^{LHJ}(t_k)$ (5.3.2) 的 KKT 点, z^* 是 $\{z^k\}$ 的聚点, $t_k \to 0$ 以及 g_i, h_i, G_i, H_i 是连续函数, 所以知 z^* 是 MPEC (5.0.1) 的可行点, 并且以下包含关系成立:

$$I_g(z^k) \subseteq I_g(z^*), \qquad (5.3.5)$$

$$I_G(z^k; t_k) \cup I_\Phi^{00}(z^k; t_k) \cup I_\Phi^{0+}(z^k; t_k) \subseteq I_{00}(z^*) \cup I_{0+}(z^*), \qquad (5.3.6)$$

$$I_H(z^k; t_k) \cup I_\Phi^{00}(z^k; t_k) \cup I_\Phi^{+0}(z^k; t_k) \subseteq I_{00}(z^*) \cup I_{+0}(z^*). \qquad (5.3.7)$$

因为 $(z^k, \alpha^k, \beta^k, \gamma^k, \delta^k, \nu^k)$ 是 $R^{LHJ}(t_k)$ (5.3.2) 的 KKT 点对, 所以有

$$0 = \nabla f(z^k) + \sum_{i \in I} \alpha_i^k \nabla g_i(z^k) + \sum_{i \in I_e} \beta_i^k \nabla h_i(z^k) - \sum_{i \in I_c} \gamma_i^k \nabla G_i(z^k)$$
$$- \sum_{i \in I_c} \delta_i^k \nabla H_i(z^k) + \sum_{i \in I_c} \nu_i^k \nabla \Phi_i(z^k; t_k), \qquad (5.3.8)$$

$$\alpha_i^k \begin{cases} \geqslant 0, & i \in I_g(z^k), \\ = 0, & i \notin I_g(z^k); \end{cases} \qquad \gamma_i^k \begin{cases} \geqslant 0, & i \in I_G(z^k; t_k), \\ = 0, & i \notin I_G(z^k; t_k); \end{cases}$$

$$\delta_i^k \begin{cases} \geqslant 0, & i \in I_H(z^k; t_k), \\ = 0, & i \notin I_H(z^k; t_k); \end{cases} \qquad \nu_i^k \begin{cases} \geqslant 0, & i \in I_\Phi(z^k; t_k), \\ = 0, & i \notin I_\Phi(z^k; t_k). \end{cases}$$

由 (5.3.4) 可得

$$\nabla \Phi_i(z^k; t_k) = \begin{cases} 2(H_i(z^k) - t_k)\nabla G_i(z^k), & i \in I_\Phi^{0+}(z^k; t_k), \\ 2(G_i(z^k) - t_k)\nabla H_i(z^k), & i \in I_\Phi^{+0}(z^k; t_k), \\ 0, & i \in I_\Phi^{00}(z^k; t_k). \end{cases}$$

记 $\nu^{G,k} = (\nu_i^{G,k}, i \in I_c)$, $\nu^{H,k} = (\nu_i^{H,k}, i \in I_c)$, 其中

$$\nu_i^{G,k} = \begin{cases} 2\nu_i^k(H_i(z^k) - t_k), & \text{若 } i \in I_\Phi^{0+}(z^k; t_k), \\ 0, & \text{其他}; \end{cases}$$

$$\nu_i^{H,k} = \begin{cases} 2\nu_i^k(G_i(z^k) - t_k), & \text{若 } i \in I_\Phi^{+0}(z^k; t_k), \\ 0, & \text{其他}. \end{cases}$$

注意到 $I_\Phi(z^k; t_k) = I_\Phi^{0+}(z^k; t_k) \cup I_\Phi^{00}(z^k; t_k) \cup I_\Phi^{+0}(z^k; t_k)$, 则 (5.3.8) 可以改写成如下形式:

$$\begin{aligned} 0 =& \nabla f(z^k) + \sum_{i \in I} \alpha_i^k \nabla g_i(z^k) + \sum_{i \in I_e} \beta_i^k \nabla h_i(z^k) \\ &- \sum_{i \in I_c} \gamma_i^k \nabla G_i(z^k) - \sum_{i \in I_c} \delta_i^k \nabla H_i(z^k) \\ &+ \sum_{i \in I_c} \nu_i^{G,k} \nabla G_i(z^k) + \sum_{i \in I_c} \nu_i^{H,k} \nabla H_i(z^k). \end{aligned} \tag{5.3.9}$$

注意到乘子 $v_i^{G,k}$ 和 $\delta_i^{H,k}$ 也是非负的, 根据 [100, 引理 A.1], 不失一般性, 假设与非零乘子对应的梯度向量组, 即

$$\begin{aligned} &\{\nabla g_i(z^k) \mid i \in supp(\alpha^k)\} \cup \{\nabla G_i(z^k) \mid i \in supp(\gamma^k) \cup supp(\nu^{G,k})\} \\ &\cup \{\nabla h_i(z^k) \mid i \in supp(\beta^k)\} \cup \{\nabla H_i(z^k) \mid i \in supp(\delta^k) \cup supp(\nu^{H,k})\}, \end{aligned} \tag{5.3.10}$$

线性无关.

接下来, 我们将证明序列 $\{(\alpha^k, \beta^k, \gamma^k, \delta^k, \nu^{G,k}, \nu^{H,k})\}$ 有界. 用反证法, 假设结论不成立, 则存在一个向量 $(\alpha, \beta, \gamma, \delta, \nu^G, \nu^H)$ 和子集 $K \subseteq \{1, 2, \cdots\}$, 使得

$$\frac{(\alpha^k,\beta^k,\gamma^k,\delta^k,\nu^{G,k},\nu^{H,k})}{\|(\alpha^k,\beta^k,\gamma^k,\delta^k,\nu^{G,k},\nu^{H,k})\|} \xrightarrow{K} (\alpha,\beta,\gamma,\delta,\nu^G,\nu^H)\neq 0.$$

式 (5.3.9) 两边除以 $\|(\alpha^k,\beta^k,\gamma^k,\delta^k,\nu^{G,k},\nu^{H,k})\|$, 并取极限, 得

$$0=\sum_{i\in I}\alpha_i\nabla g_i(z^*)+\sum_{i\in I_e}\beta_i\nabla h_i(z^*)-\sum_{i\in I_c}\gamma_i\nabla G_i(z^*)-\sum_{i\in I_c}\delta_i\nabla H_i(z^*)$$
$$+\sum_{i\in I_c}\nu_i^G\nabla G_i(z^*)+\sum_{i\in I_c}\nu_i^H\nabla H_i(z^*),$$

这说明以下梯度向量组

$$\{\nabla g_i(z^*)\mid i\in supp(\alpha)\}\cup\{\nabla G_i(z^*)\mid i\in supp(\gamma)\cup supp(\nu^G)\}$$
$$\cup\{\nabla h_i(z^*)\mid i\in supp(\beta)\}\cup\{\nabla H_i(z^*)\mid i\in supp(\delta)\cup supp(\nu^H)\}$$

是正线性相关的.

因为 MPEC-CPLD 约束规格在点 z^* 处成立, 所以存在 z^* 的邻域 $\mathcal{U}$, 使得对任意 $z\in U(z^*)$, 梯度向量组

$$\{\nabla g_i(z)\mid i\in supp(\alpha)\}\cup\{\nabla G_i(z)\mid i\in supp(\gamma)\cup supp(\nu^G)\}$$
$$\cup\{\nabla h_i(z)\mid i\in supp(\beta)\}\cup\{\nabla H_i(z)\mid i\in supp(\delta)\cup supp(\nu^H)\}$$

线性相关. 这与 (5.3.10) 的线性无关性矛盾, 因为对充分大的 k, 有 $supp(\alpha,\beta,\gamma,\delta,\nu^G,\nu^H)\subseteq supp(\alpha^k,\beta^k,\gamma^k,\delta^k,\nu^{G,k},\nu^{H,k})$ 成立. 因此, $\{(\alpha^k,\beta^k,\gamma^k,\delta^k,\nu^{G,k},\nu^{H,k})\}$ 是有界的.

不失一般性, 假设 $\{(\alpha^k,\beta^k,\gamma^k,\delta^k,\nu^{G,k},\nu^{H,k})\}$ 收敛于 $(\alpha^*,\beta^*,\gamma^*,\delta^*,\nu^{G,*},\nu^{H,*})$. 因为 $I_G(z^k;t_k)\cap I_\Phi^{0+}(z^k;t_k)=\varnothing$, $I_H(z^k;t_k)\cap I_\Phi^{+0}(z^k;t_k)=\varnothing$, 定义

$$\widetilde{\gamma}_i=\begin{cases}\gamma_i^*, & 若\ i\in supp(\gamma^*),\\ -\nu_i^{G,*}, & 若\ i\in supp(\nu^{G,*}),\\ 0, & 其他.\end{cases}\qquad \widetilde{\delta}_i=\begin{cases}\delta_i^*, & 若\ i\in supp(\delta^*),\\ -\nu_i^{H,*}, & 若\ i\in supp(\nu^{H,*}),\\ 0, & 其他.\end{cases}$$
$$(5.3.11)$$

令 $k\to\infty$, 对 (5.3.9) 取极限, 可得到

$$0=\nabla f(z^*)+\sum_{i\in I}\alpha_i^*\nabla g_i(z^*)+\sum_{i\in I_e}\beta_i^*\nabla h_i(z^*)$$
$$-\sum_{i\in I_c}\widetilde{\gamma}_i\nabla G_i(z^*)-\sum_{i\in I_c}\widetilde{\delta}_i\nabla H_i(z^*),\qquad (5.3.12)$$

其中 $\alpha_i^*\geqslant 0$, $\alpha_i^* g_i(z^*)=0$, $i\in I$. 并且当 k 充分大时有以下包含关系成立:

$$supp(\alpha^*) \subseteq I_g(z^k) \subseteq I_g(z^*),$$

$$supp(\widetilde{\gamma}) = supp(\gamma^*) \cup supp(\nu^{G,*}) \subseteq I_G(z^k; t_k) \cup I_\Phi^{0+}(z^k; t_k) \subseteq I_{00}(z^*) \cup I_{0+}(z^*),$$

$$supp(\widetilde{\delta}) = supp(\delta^*) \cup supp(\nu^{H,*}) \subseteq I_H(z^k; t_k) \cup I_\Phi^{+0}(z^k; t_k) \subseteq I_{00}(z^*) \cup I_{+0}(z^*).$$

$$(5.3.13)$$

由 (5.3.13) 可得到 $\widetilde{\gamma}_i = 0$, $i \in I_{+0}(z^*)$; $\widetilde{\delta}_i = 0$, $i \in I_{0+}(z^*)$, 结合 (5.3.12) , 可推出 z^* 是 MPEC (5.0.1) 的一个弱稳定点.

接下来, 我们将证明 z^* 是 MPEC (5.0.1) 的一个 M-稳定点, 也就是对所有的 $i \in I_{00}(z^*)$, 有 $\widetilde{\gamma}_i > 0$, $\widetilde{\delta}_i > 0$ 或者 $\widetilde{\gamma}_i \widetilde{\delta}_i = 0$ 成立. 用反证法. 假设存在 $i \in I_{00}(z^*)$, 使得 $\widetilde{\gamma}_i < 0$ 和 $\widetilde{\delta}_i \neq 0$ 成立 ($\widetilde{\gamma}_i \neq 0$ 和 $\widetilde{\delta}_i < 0$ 的情形可类似证明). 根据 (5.3.11) 和 (5.3.13), 对充分大的 k, 有 $i \in supp(\nu^{G,*}) \subseteq I_\Phi^{0+}(z^k; t_k)$. 注意到 $I_\Phi^{0+}(z^k; t_k) \cap (I_H(z^k; t_k) \cup I_\Phi^{+0}(z^k; t_k)) = \varnothing$, 由 (5.3.11) 可得 $\widetilde{\delta}_i = 0$, 矛盾. 于是 z^* 是 MPEC (5.0.1) 的一个 M-稳定点.

(2) 为了证明 z^* 是 MPEC (5.0.1) 的强稳定点, 根据结论 (1) , 只需证明 $\widetilde{\gamma}_i \geqslant 0$, $\forall i \in I_{00}(z^*)$; $\widetilde{\delta}_i \geqslant 0$, $\forall i \in I_{00}(z^*)$.

根据 (5.3.13), 等式 (5.3.12) 可改写为

$$0 = \nabla f(z^*) + \sum_{i \in supp(\alpha^*)} \alpha_i^* \nabla g_i(z^*) + \sum_{i \in I_e} \beta_i^* \nabla h_i(z^*)$$
$$- \sum_{i \in supp(\widetilde{\gamma})} \widetilde{\gamma}_i \nabla G_i(z^*) - \sum_{i \in supp(\widetilde{\delta})} \widetilde{\delta}_i \nabla H_i(z^*).$$

考虑到 $I_\Phi^{0+}(z^k; t_k) = \varnothing$, 由 (5.3.11) 得

$$\widetilde{\gamma}_i = \begin{cases} \gamma_i^*, & \text{若 } i \in supp(\gamma^*), \\ 0, & \text{其他.} \end{cases}$$

对任意 $i \in I_{00}(z^*)$, 若 $i \in supp(\gamma^*)$, 则由 (5.3.13) 得 $\widetilde{\gamma}_i = \gamma_i^* > 0$; 否则, $\widetilde{\gamma}_i = \gamma_i^* = 0$. 这表明对所有 $i \in I_{00}(z^*)$, 有 $\widetilde{\gamma}_i \geqslant 0$.

类似地, 可证明对所有的 $i \in I_{00}(z^*)$, 有 $\widetilde{\delta}_i \geqslant 0$.

因此, z^* 是 MPEC (5.0.1) 的一个强稳定点. □

5.3.2 乘子的存在性分析

在收敛性定理即定理 5.3.1 中, 我们假设了松弛问题 $R^{LHJ}(t_k)$ (5.3.2) 存在 KKT 点. 但 $R^{LHJ}(t_k)$ (5.3.2) 的 KKT 点是否存在? 或者需要什么条件能保证 KKT 点的存在? 为了回答这个问题, 在本小节, 我们将进一步讨论 $R^{LHJ}(t)$ (5.3.2) 的 Lagrangian 乘子的存在性问题.

假设 $\widetilde{z}$ 是 $R^{LHJ}(t)$ (5.3.2) 的一个可行点, J 是 $I_\Phi^{00}(\widetilde{z};t)$ 的任意子集, 定义一个辅助问题如下 (记为 $AP(t,J)$):

$$\min f(z)$$
$$\text{s.t. } g_i(z) \leqslant 0, \ i \in I,$$
$$h_i(z) = 0, \ i \in I_e,$$
$$G_i(z) \geqslant -t, \ H_i(z) \geqslant -t, G_i(z) \leqslant t, \ i \in J,$$
$$G_i(z) \geqslant -t, \ H_i(z) \geqslant -t, H_i(z) \leqslant t, \ i \in \overline{J},$$
$$G_i(z) \geqslant -t, \ H_i(z) \geqslant -t, \Phi_i(z;t) \leqslant 0, \ i \notin I_\Phi^{00}(\widetilde{z};t),$$

(5.3.14)

其中 $\overline{J}$ 是 J 在 $I_\Phi^{00}(\widetilde{z};t)$ 中的补集.

很显然, $\widetilde{z}$ 是 $AP(t,J)$ (5.3.14) 的一个可行点. 记 $AP(t,J)$ (5.3.14) 的可行集为 $X(t,J)$. 于是不难得到 $AP(t,J)$ (5.3.14) 和松弛问题 $R^{LHJ}(t)$ (5.3.2) 的可行集之间的关系.

引理 5.3.3　假设 J 是 $I_\Phi^{00}(\widetilde{z};t)$ 的任意子集且 $t \geqslant 0$, 则 $X(t,J) \subseteq X^{LHJ}(t)$.

引理 5.3.4　对任意 $t \geqslant 0$ 以及松弛问题 $R^{LHJ}(t)$ (5.3.2) 的任一可行点 $\widetilde{z}$, 有如下等式成立:

$$\mathcal{T}_{X^{LHJ}(t)}(\widetilde{z}) = \bigcup_{J \subseteq I_\Phi^{00}(\widetilde{z};t)} \mathcal{T}_{X(t,J)}(\widetilde{z}),$$

其中 $\mathcal{T}_{X^{LHJ}(t)}(\widetilde{z})$ 和 $\mathcal{T}_{X(t,J)}(\widetilde{z})$ 分别是 $R^{LHJ}(t)$ (5.3.2) 和 $AP(t,J)$ (5.3.14) 在 $\widetilde{z}$ 处的切锥.

证明　对任意的 $d \in \mathcal{T}_{X^{LHJ}(t)}(\widetilde{z})$, 由切锥的定义知存在点列 $\{z^k\} \subseteq X^{LHJ}(t)$, $z^k \to \widetilde{z}$ 和 $\{\tau_k\} \downarrow 0$, 使得 $d = \lim\limits_{k\to\infty} \dfrac{z^k - \widetilde{z}}{\tau_k}$.

接下来, 我们要证明 $d \in \bigcup\limits_{J \subseteq I_\Phi^{00}(\widetilde{z};t)} \mathcal{T}_{X(t,J)}(\widetilde{z})$. 注意到 $z^k \in X^{LHJ}(t)$, 于是有

$$g_i(z^k) \leqslant 0, \ i \in I; \quad h_i(z^k) = 0, \ i \in I_e;$$
$$G_i(z^k) \geqslant -t, \ H_i(z^k) \geqslant -t, \ \Phi_i(z^k;t) \leqslant 0, \ i \in I_c.$$

因此, 对任意的 $i \in I_c$, 有 $\Phi_i(z^k;t) \leqslant 0$.

如果 $i \in I_\Phi^{00}(\widetilde{z};t)$, 则由 $\Phi_i(z^k;t) \leqslant 0$ 知存在以下 6 种情况:

$$G_i(z^k) - t < 0, \quad H_i(z^k) - t < 0;$$
$$G_i(z^k) - t < 0, \quad H_i(z^k) - t \geqslant 0;$$
$$G_i(z^k) - t \geqslant 0, \quad H_i(z^k) - t < 0;$$
$$G_i(z^k) - t > 0, \quad H_i(z^k) - t = 0;$$
$$G_i(z^k) - t = 0, \quad H_i(z^k) - t = 0;$$
$$G_i(z^k) - t = 0, \quad H_i(z^k) - t > 0.$$

因此, 存在一个无限子集 $K \subseteq \{1, 2, \cdots\}$, 使得 $G_i(z^k) - t \leqslant 0, \forall k \in K$.

记

$$J = \{i \in I_\Phi^{00}(\widetilde{z}; t) \mid G_i(z^k) - t \leqslant 0, \forall k \in K\}, \quad \overline{J} = I_\Phi^{00}(\widetilde{z}; t) \backslash J,$$

于是 $\{z^k\} \subseteq X(t, J)$. 这意味着 $d \in \bigcup\limits_{J \subseteq I_\Phi^{00}(\widetilde{z}; t)} \mathcal{T}_{X(t, J)}(\widetilde{z})$. 因此,

$$\mathcal{T}_{X^{LHJ}(t)}(\widetilde{z}) \subseteq \bigcup_{J \subseteq I_\Phi^{00}(\widetilde{z}; t)} \mathcal{T}_{X(t, J)}(\widetilde{z}). \tag{5.3.15}$$

反之, 对任意的 $d \in \bigcup\limits_{J \subseteq I_\Phi^{00}(\widetilde{z}; t)} \mathcal{T}_{X(t, J)}(\widetilde{z})$, 存在一个子集 $J \subseteq I_\Phi^{00}(\widetilde{z}; t)$, 使得 $d \in \mathcal{T}_{X(t, J)}(\widetilde{z})$. 因此, 存在序列 $\{z^k\} \subseteq X(t, J)$, $z^k \to \widetilde{z}$ 和数列 $\{\tau_k\} \downarrow 0$, 使得 $d = \lim\limits_{k \to \infty} \dfrac{z^k - \widetilde{z}}{\tau_k}$.

根据引理 5.3.3 知 $\{z^k\} \subseteq X^{LHJ}(t)$, 因此 $d \in \mathcal{T}_{X^{LHJ}(t)}(\widetilde{z})$. 于是

$$\bigcup_{J \subseteq I_\Phi^{00}(\widetilde{z}; t)} \mathcal{T}_{X(t, J)}(\widetilde{z}) \subseteq \mathcal{T}_{X^{LHJ}(t)}(\widetilde{z}). \tag{5.3.16}$$

综合 (5.3.15) 和 (5.3.16), 即知引理成立. $\qquad\qquad\square$

为方便起见, 下面先给出文献 [108] 的一个结论, 该结论在后面定理 5.3.2 的证明中会用到.

引理 5.3.5 设两个切锥 C_1, $C_2 \subseteq \mathbb{R}^n$ 分别定义如下:

$$C_1 = \left\{ p \in \mathbb{R}^n \,\middle|\, x_i^{\mathrm{T}} p \leqslant 0, \ i \in I; \ y_i^{\mathrm{T}} p = 0, \ i \in I_e \right\},$$

$$C_2 = \left\{ q \in \mathbb{R}^n \,\middle|\, q = \sum_{i \in I} \lambda_i x_i + \sum_{i \in I_e} \mu_i y_i, \ \lambda_i \geqslant 0, \ \forall \, i \in I \right\}.$$

则 $C_1 = C_2^\circ$, $C_2 = C_1^\circ$, 其中 C_1° 和 C_2° 分别是 C_1, C_2 的极锥.

下面定理说明在 MPEC-LICQ 假设条件下, 问题 $R^{LHJ}(t)$ (5.3.2) 的 Guignard 约束规格成立.

定理 5.3.2 设 z^* 是 MPEC (5.0.1) 的一个可行点且 MPEC-LICQ 在 z^* 处成立. 则存在 $\overline{t} > 0$ 以及 z^* 的一个邻域 $\mathcal{U}$, 使得对于任意 $t \in (0, \overline{t}]$ 和任意 $z \in \mathcal{U} \cap X^{LHJ}(t)$, 松弛问题 $R^{LHJ}(t)$ (5.3.2) 的标准 Guignard 约束规格成立.

证明 因为 MPEC-LICQ 在 z^* 处成立, 所以梯度向量组

$$\{\nabla g_i(z) \mid i \in I_g(z^*)\} \cup \{\nabla h_i(z) \mid i \in I_e\} \cup \{\nabla G_i(z) \mid i \in I_{0+}(z^*) \cup I_{00}(z^*)\}$$
$$\cup \{\nabla H_i(z) \mid i \in I_{+0}(z^*) \cup I_{00}(z^*)\}$$

$$\tag{5.3.17}$$

在点 z^* 处线性无关. 因为 g_i, h_i, G_i 和 H_i 是连续可微函数, 所以梯度向量组 (5.3.17) 在 z^* 的某个邻域内仍然线性无关. 于是, 存在 $\bar{t} > 0$ 和 z^* 的一个充分小的邻域 $\mathcal{U}$, 使得对所有的 $t \in (0, \bar{t}]$ 以及 $z \in \mathcal{U} \cap X^{LHJ}(t)$, 梯度向量组 (5.3.17) 在 z 处线性无关, 且由 (5.3.5)–(5.3.7) 知以下包含关系成立:

$$I_g(z) \subseteq I_g(z^*), \tag{5.3.18}$$

$$I_G(z; t) \subseteq (I_{00}(z^*) \cup I_{0+}(z^*)), \tag{5.3.19}$$

$$I_H(z; t) \subseteq (I_{00}(z^*) \cup I_{+0}(z^*)), \tag{5.3.20}$$

$$(I_\Phi^{00}(z; t) \cup I_\Phi^{0+}(z; t)) \subseteq (I_{00}(z^*) \cup I_{0+}(z^*)), \tag{5.3.21}$$

$$(I_\Phi^{00}(z; t) \cup I_\Phi^{+0}(z; t)) \subseteq (I_{00}(z^*) \cup I_{+0}(z^*)). \tag{5.3.22}$$

对任意 $t \in (0, \bar{t}]$, 任意 $\tilde{z} \in \mathcal{U} \cap X^{LHJ}(t)$, 以及任意 $J \subseteq I_\Phi^{00}(\tilde{z}; t)$, 有 $\tilde{z} \in X(t, J)$, 并且问题 $AP(t, J)$ (5.3.14) 的积极约束梯度向量组为

$$\{\nabla g_i(\tilde{z}) \mid i \in I_g(\tilde{z})\} \cup \{\nabla h_i(\tilde{z}) \mid i \in I_e\}$$
$$\cup \{\nabla G_i(\tilde{z}) \mid i \in I_G(\tilde{z}; t) \cup I_\Phi^{0+}(\tilde{z}; t) \cup J\}$$
$$\cup \{\nabla H_i(\tilde{z}) \mid i \in I_H(\tilde{z}; t) \cup I_\Phi^{+0}(\tilde{z}; t) \cup \overline{J}\}.$$

由 $\bar{t}$ 及 $\mathcal{U}$ 的构造及 (5.3.18)–(5.3.22) 知: 在 $\tilde{z}$ 处问题 $AP(t, J)$ (5.3.14) 的标准 LICQ 成立. 进而知 Abadie 约束规格成立, 从而有

$$\mathcal{T}_{X(t,J)}(\tilde{z}) = \mathcal{L}_{X(t,J)}(\tilde{z}), \quad \forall J \subseteq I_\Phi^{00}(\tilde{z}; t),$$

其中, $\mathcal{L}_{X(t,J)}(\tilde{z})$ 是问题 $AP(t, J)$ (5.3.14) 在 $\tilde{z}$ 处的线性化切锥.

结合引理 5.3.3, 即有

$$\mathcal{T}_{X^{LHJ}(t)}(\tilde{z}) = \bigcup_{J \subseteq I_\Phi^{00}(\tilde{z}; t)} \mathcal{T}_{X(t,J)}(\tilde{z}) = \bigcup_{J \subseteq I_\Phi^{00}(\tilde{z}; t)} \mathcal{L}_{X(t,J)}(\tilde{z}).$$

根据文献 [108] 中的定理 3.1.9, 可得

$$\mathcal{T}_{X^{LHJ}(t)}(\tilde{z})^\circ = \bigcap_{J \subseteq I_\Phi^{00}(\tilde{z}; t)} \mathcal{L}_{X(t,J)}(\tilde{z})^\circ. \tag{5.3.23}$$

为了证明松弛问题 $R^{LHJ}(t)$ (5.3.2) 的 Guiguard 约束规格在 $\tilde{z}$ 处成立, 需证明

$$\mathcal{L}_{X^{LHJ}(t)}(\tilde{z})^\circ = \mathcal{T}_{X^{LHJ}(t)}(\tilde{z})^\circ.$$

因为 $\mathcal{T}_{X^{LHJ}(t)}(\tilde{z}) \subseteq \mathcal{L}_{X^{LHJ}(t)}(\tilde{z})$, 所以有 $\mathcal{L}_{X^{LHJ}(t)}(\tilde{z})^\circ \subseteq \mathcal{T}_{X^{LHJ}(t)}(\tilde{z})^\circ$, 因此下面只需证明

$$\mathcal{T}_{X^{LHJ}(t)}(\tilde{z})^\circ \subseteq \mathcal{L}_{X^{LHJ}(t)}(\tilde{z})^\circ.$$

问题 $AP(t, J)$ (5.3.14) 在 $\widetilde{z}$ 处的线性化切锥为

$$
\begin{aligned}
\mathcal{L}_{X(t,J)}(\widetilde{z}) = \{p \in \mathbb{R}^n \mid & \nabla g_i(\widetilde{z})^{\mathrm{T}}p \leqslant 0, \ i \in I_g(\widetilde{z}), \\
& \nabla h_i(\widetilde{z})^{\mathrm{T}}p = 0, \ i \in I_e, \\
& \nabla G_i(\widetilde{z})^{\mathrm{T}}p \geqslant 0, \ i \in I_G(\widetilde{z};t), \\
& \nabla H_i(\widetilde{z})^{\mathrm{T}}p \geqslant 0, \ i \in I_H(\widetilde{z};t), \\
& \nabla G_i(\widetilde{z})^{\mathrm{T}}p \leqslant 0, \ i \in I_\Phi^{0+}(\widetilde{z};t) \cup J, \\
& \nabla H_i(\widetilde{z})^{\mathrm{T}}p \leqslant 0, \ i \in I_\Phi^{+0}(\widetilde{z};t) \cup \overline{J}\}.
\end{aligned}
$$

由引理 5.3.4 可知

$$
\begin{aligned}
\mathcal{L}_{X(t,J)}(\widetilde{z})^\circ = \Big\{ q \in \mathbb{R}^n \Big| q = & \sum_{i \in I_g(\widetilde{z})} \alpha_i \nabla g_i(\widetilde{z}) + \sum_{i \in I_e} \beta_i \nabla h_i(\widetilde{z}) - \sum_{i \in I_G(\widetilde{z};t)} \gamma_i \nabla G_i(\widetilde{z}) \\
& - \sum_{i \in I_H(\widetilde{z};t)} \delta_i \nabla H_i(\widetilde{z}) + \sum_{i \in I_\Phi^{0+}(\widetilde{z};t) \cup J} \nu_i \nabla G_i(\widetilde{z}) \\
& + \sum_{i \in I_\Phi^{+0}(\widetilde{z};t) \cup \overline{J}} \sigma_i \nabla H_i(\widetilde{z}), \ \alpha, \ \gamma, \ \delta, \ \nu, \ \sigma \geqslant 0 \Big\}.
\end{aligned}
$$
$$(5.3.24)$$

对于任意 $q \in \mathcal{T}_{X^{LHJ}(t)}(\widetilde{z})^\circ$, 由 (5.3.23) 得 $q \in \mathcal{L}_{X(t,J)}(\widetilde{z})^\circ$, $\forall J \subseteq I_\Phi^{00}(\widetilde{z};t)$. 于是由 (5.3.24) 得

$$
\begin{aligned}
q = & \sum_{i \in I_g(\widetilde{z})} \alpha_i \nabla g_i(\widetilde{z}) + \sum_{i \in I_e} \beta_i \nabla h_i(\widetilde{z}) - \sum_{i \in I_G(\widetilde{z};t)} \gamma_i \nabla G_i(\widetilde{z}) - \sum_{i \in I_H(\widetilde{z};t)} \delta_i \nabla H_i(\widetilde{z}) \\
& + \sum_{i \in I_\Phi^{0+}(\widetilde{z};t) \cup J} \nu_i \nabla G_i(\widetilde{z}) + \sum_{i \in I_\Phi^{+0}(\widetilde{z};t) \cup \overline{J}} \sigma_i \nabla H_i(\widetilde{z}),
\end{aligned}
$$
$$(5.3.25)$$

其中 $\alpha_i, \gamma_i, \delta_i, \nu_i, \sigma_i \geqslant 0$.

另一方面, 由于 $\overline{J} \subseteq I_\Phi^{00}(\widetilde{z};t)$, 所以由 (5.3.23) 可知 $q \in \mathcal{L}_{X(t,\overline{J})}(\widetilde{z})^\circ$, 于是有

$$
\begin{aligned}
q = & \sum_{i \in I_g(\widetilde{z})} \overline{\alpha}_i \nabla g_i(\widetilde{z}) + \sum_{i \in I_e} \overline{\beta}_i \nabla h_i(\widetilde{z}) - \sum_{i \in I_G(\widetilde{z};t)} \overline{\gamma}_i \nabla G_i(\widetilde{z}) - \sum_{i \in I_H(\widetilde{z};t)} \overline{\delta}_i \nabla H_i(\widetilde{z}) \\
& + \sum_{i \in I_\Phi^{0+}(\widetilde{z};t) \cup \overline{J}} \overline{\nu}_i \nabla G_i(\widetilde{z}) + \sum_{i \in I_\Phi^{+0}(\widetilde{z};t) \cup J} \overline{\sigma}_i \nabla H_i(\widetilde{z}),
\end{aligned}
$$
$$(5.3.26)$$

其中 $\overline{\alpha}_i, \overline{\gamma}_i, \overline{\delta}_i, \overline{\nu}_i, \overline{\sigma}_i \geqslant 0$.

注意到以下梯度向量组

$$
\begin{aligned}
& \{\nabla g_i(\widetilde{z}) \mid i \in I_g(\widetilde{z})\} \cup \{\nabla h_i(\widetilde{z}) \mid i \in I_e\} \\
& \cup \{\nabla G_i(\widetilde{z}) \mid i \in I_G(\widetilde{z};t) \cup I_\Phi^{0+}(\widetilde{z};t) \cup I_\Phi^{00}(\widetilde{z};t)\} \\
& \cup \{\nabla H_i(\widetilde{z}) \mid i \in I_H(\widetilde{z};t) \cup I_\Phi^{+0}(\widetilde{z};t) \cup I_\Phi^{00}(\widetilde{z};t)\}
\end{aligned}
$$

线性无关, 因此, (5.3.25) 和 (5.3.26) 对应的系数必相等. 特别地, 有

$$\nu_i = 0, i \in J; \quad \sigma_i = 0, i \in \overline{J}.$$

进一步地, 得到

$$q = \sum_{i \in I_g(\widetilde{z})} \alpha_i \nabla g_i(\widetilde{z}) + \sum_{i \in I_e} \beta_i \nabla h_i(\widetilde{z}) - \sum_{i \in I_G(\widetilde{z};t)} \gamma_i \nabla G_i(\widetilde{z}) - \sum_{i \in I_H(\widetilde{z};t)} \delta_i \nabla H_i(\widetilde{z})$$
$$+ \sum_{i \in I_\Phi^{0+}(\widetilde{z};t)} \nu_i \nabla G_i(\widetilde{z}) + \sum_{i \in I_\Phi^{+0}(\widetilde{z};t)} \sigma_i \nabla H_i(\widetilde{z}). \tag{5.3.27}$$

注意到松弛问题 $R^{LHJ}(t)$ (5.3.2) 的线性化锥为

$$\mathcal{L}_{X^{LHJ}(t)}(\widetilde{z}) = \big\{ p \in \mathbb{R}^n \mid \nabla g_i(\widetilde{z})^{\mathrm{T}} p \leqslant 0, \ i \in I_g(\widetilde{z}),$$
$$\nabla h_i(\widetilde{z})^{\mathrm{T}} p = 0, \ i \in I_e,$$
$$\nabla G_i(\widetilde{z})^{\mathrm{T}} p \geqslant 0, \ i \in I_G(\widetilde{z};t),$$
$$\nabla H_i(\widetilde{z})^{\mathrm{T}} p \geqslant 0, \ i \in I_H(\widetilde{z};t),$$
$$\nabla \Phi_i(\widetilde{z};t)^{\mathrm{T}} p \leqslant 0, \ i \in I_\Phi(\widetilde{z};t) \big\}.$$

考虑到 $i \in I_\Phi^{00}(\widetilde{z};t)$ 时 $\nabla \Phi_i(\widetilde{z};t) = 0$, $I_\Phi(\widetilde{z};t) = I_\Phi^{0+}(\widetilde{z};t) \cup I_\Phi^{00}(\widetilde{z};t) \cup I_\Phi^{+0}(\widetilde{z};t)$, $I_\Phi^{0+}(\widetilde{z};t) \cap I_\Phi^{00}(\widetilde{z};t) \cap I_\Phi^{+0}(\widetilde{z};t) = \varnothing$, 于是以上线性化锥的表达式可改写为

$$\mathcal{L}_{X(t)}(\widetilde{z}) = \big\{ p \in \mathbb{R}^n \mid \nabla g_i(\widetilde{z})^{\mathrm{T}} p \leqslant 0, \ i \in I_g(\widetilde{z}),$$
$$\nabla h_i(\widetilde{z})^{\mathrm{T}} p = 0, \ i \in I_e,$$
$$\nabla G_i(\widetilde{z})^{\mathrm{T}} p \geqslant 0, \ i \in I_G(\widetilde{z};t),$$
$$\nabla H_i(\widetilde{z})^{\mathrm{T}} p \geqslant 0, \ i \in I_H(\widetilde{z};t),$$
$$\nabla G_i(\widetilde{z})^{\mathrm{T}} p \leqslant 0, \ i \in I_\Phi^{0+}(\widetilde{z};t),$$
$$\nabla H_i(\widetilde{z})^{\mathrm{T}} p \leqslant 0, \ i \in I_\Phi^{+0}(\widetilde{z};t) \big\}.$$

于是由引理 5.3.5 和 (5.3.27) 知 $q \in \mathcal{L}_{X^{LHJ}(t)}(\widetilde{z})^\circ$. 结合 q 的任意性即得

$$\mathcal{T}_{X^{LHJ}(t)}(\widetilde{z})^\circ \subseteq \mathcal{L}_{X^{LHJ}(t)}(\widetilde{z})^\circ,$$

于是定理成立. □

　　下面的结论表明在松弛问题 $R^{LHJ}(t)$ (5.3.2) 的局部解处 Lagrangian 乘子是存在的, 该结论是定理 5.3.2 的一个推论.

　　定理 5.3.3　设 z^* 是 MPEC (5.0.1) 的一个可行点且 MPEC-LICQ 在 z^* 处成立. 则存在正数 $\bar{t} > 0$ 和 z^* 的一个邻域 $\mathcal{U}$, 使得对所有的 $t \in (0, \bar{t}]$, 如下结论成立: 如果 $z \in \mathcal{U}$ 是松弛问题 $R^{LHJ}(t)$ (5.3.2) 的一个局部解, 则存在 Lagrangian 乘子 w, 使得 (z, w) 是松弛问题 $R^{LHJ}(t)$ (5.3.2) 的一个 KKT 点对.

下面结果表明对于松弛问题 $R^{LHJ}(t)$ (5.3.2), 较强的约束规格在满足 $I_\Phi^{00}(z;t) = \varnothing$ 的点 z 处成立.

定理 5.3.4 设 z^* 是 MPEC (5.0.1) 的一个可行点且 MPEC-CPLD (MPEC-LICQ) 在 z^* 处成立. 于是存在正数 $\bar{t} > 0$ 以及 z^* 的一个邻域 $\mathcal{U}$, 使得以下的叙述对所有的 $t \in (0, \bar{t}]$ 成立: 如果 $z \in \mathcal{U} \cap X^{LHJ}(t)$ 且 $I_\Phi^{00}(z;t) = \varnothing$, 则松弛问题 $R^{LHJ}(t)$ (5.3.2) 的 CPLD (LICQ) 在 z 处成立.

证明 首先证明当 MPEC-CPLD 满足时松弛问题 $R^{LHJ}(t)$ (5.3.2) 的 CPLD 成立. 用反证法. 假设存在点列 $\{t^k\} \downarrow 0$ 和 $z^k \to z^*$, 其中 z^k 是松弛问题 $R^{LHJ}(t_k)$ (5.3.2) 的一个可行点, 且对所有 $k \in \{1, 2, \cdots\}$, 有 $I_\Phi^{00}(z^k; t_k) = \varnothing$, 且使得标准 CPLD 约束规格在 z^k 处不成立. 于是存在如下指标集的子集:

$$I_1^k \subseteq I_g(z^k), \quad I_2^k \subseteq I_e, \quad I_3^k \subseteq I_G(z^k; t_k),$$
$$I_4^k \subseteq I_H(z^k; t_k), \quad I_5^k \subseteq I_\Phi^{0+}(z^k; t_k), \quad I_6^k \subseteq I_\Phi^{+0}(z^k; t_k),$$

使得梯度向量组

$$\{\nabla g_i(z) \mid i \in I_1^k\} \cup \{-\nabla G_i(z) \mid i \in I_3^k\}$$
$$\cup \{(H_i(z) - t_k)\nabla G_i(z) \mid i \in I_5^k\} \cup \{-\nabla H_i(z) \mid i \in I_4^k\}$$
$$\cup \{(G_i(z) - t_k)\nabla H_i(z) \mid i \in I_6^k\} \cup \{\nabla h_i(z) \mid i \in I_2^k\}$$

在 z^k 处正线性相关, 但在任意靠近 z^k 处的点线性无关. 由于指标集 $I_g(z^k)$, I_e, $I_G(z^k; t_k), I_H(z^k; t_k), I_\Phi^{0+}(z^k; t_k), I_\Phi^{+0}(z^k; t_k)$ 都是有限集, 不失一般性, 假设 $I_i^k \equiv I_i$ $(i = 1, 2, \cdots, 6)$. 注意到对充分大的 k, 有 $I_g(z^k) \subseteq I_g(z^*)$, 于是 $I_1 \subseteq I_g(z^*)$. 类似地, 有 $I_3 \cup I_5 \subseteq I_{00}(z^*) \cup I_{0+}(z^*), I_4 \cup I_6 \subseteq I_{00}(z^*) \cup I_{+0}(z^*)$. 在 z^k 处的正线性相关性可推出以下梯度向量组的正线性相关性:

$$\{\nabla g_i(z^k) \mid i \in I_1\} \cup \{\nabla h_i(z^k) \mid i \in I_2\} \cup$$
$$\{\nabla G_i(z^k) \mid i \in I_3 \cup I_5\} \cup \{\nabla H_i(z^k) \mid i \in I_4 \cup I_6\}. \tag{5.3.28}$$

因为 CPLD 不成立, 所以存在点列 $\{y^k\}: y^k \to z^*$ 且使得梯度向量组 (5.3.28) 在 y^k 处线性无关. 如果梯度向量组 (5.3.28) 在 z^* 处正线性无关, 则从文献 [18] 中的定理 2.2 知, 该梯度向量组在靠近 z^* 的任意点处仍正线性无关. 这是一个矛盾. 如果梯度向量组 (5.3.28) 在 z^* 处正线性相关, 则由 MPEC-CPLD 可知它们在 z^* 的某个邻域内仍然线性相关, 这与 "梯度向量组 (5.3.28) 在 y^k 处线性无关" 矛盾. 因此, CPLD 在 z 处成立.

接下来, 证明当 MPEC-LICQ 满足时松弛问题 $R^{LHJ}(t)$ (5.3.2) 的 LICQ 成立. 对所有的 $z \in U(z^*) \cap X(t)$ 和充分小的 $t \in (0, \bar{t})$, 有如下关系成立:

$$I_g(z) \subseteq I_g(z^*), \tag{5.3.29}$$

$$(I_G(z;t) \cup I_\Phi^{00}(z;t) \cup I_\Phi^{0+}(z;t)) \subseteq (I_{00}(z^*) \cup I_{0+}(z^*)), \tag{5.3.30}$$

$$(I_H(z;t) \cup I_\Phi^{00}(z;t) \cup I_\Phi^{+0}(z;t)) \subseteq (I_{00}(z^*) \cup I_{+0}(z^*)), \tag{5.3.31}$$

$$I_G(z;t) \cap \left(I_\Phi^{00}(z;t) \cup I_\Phi^{0+}(z;t)\right) = \varnothing, \tag{5.3.32}$$

$$I_H(z;t) \cap \left(I_\Phi^{00}(z;t) \cup I_\Phi^{+0}(z;t)\right) = \varnothing. \tag{5.3.33}$$

根据 MPEC-LICQ 假设以及 (5.3.29)–(5.3.33) 知, 对任意的 $z \in \mathcal{U}$, 梯度向量组

$$\{\nabla g_i(z) \mid i \in I_g(z)\} \cup \{\nabla h_i(z) \mid i \in I_e\}$$
$$\cup \{\nabla G_i(z) \mid i \in I_G(z;t) \cup I_\Phi^{0+}(z;t)\}$$
$$\cup \{\nabla H_i(z) \mid i \in I_H(z;t) \cup I_\Phi^{+0}(z;t)\} \tag{5.3.34}$$

线性无关.

松弛问题 $R^{LHJ}(t)$ (5.3.2) 在可行点 $z \in \mathcal{U}$ 处的积极约束梯度向量组是

$$\nabla g_i(z), \ i \in I_g(z),$$
$$\nabla h_i(z), \ i \in I_e,$$
$$\nabla G_i(z), \ i \in I_G(z;t),$$
$$\nabla H_i(z), \ i \in I_H(z;t),$$
$$\nabla \Phi_i(z;t) = \begin{cases} 2(H_i(z) - t)\nabla G_i(z), & i \in I_\Phi^{0+}(z;t), \\ 2(G_i(z) - t)\nabla H_i(z), & i \in I_\Phi^{+0}(z;t). \end{cases}$$

根据 (5.3.34), 由以下等式

$$\sum_{i \in I_g(z)} \alpha_i \nabla g_i(z) + \sum_{i \in I_e} \beta_i \nabla h_i(z) - \sum_{i \in I_G(z;t)} \gamma_i \nabla G_i(z) - \sum_{i \in I_H(z;t)} \delta_i \nabla H_i(z)$$
$$+ \sum_{i \in I_\Phi(z;t)} \nu_i \nabla \Phi_i(z;t)$$
$$= \sum_{i \in I_g(z)} \alpha_i \nabla g_i(z) + \sum_{i \in I_e} \beta_i \nabla h_i(z) - \sum_{i \in I_G(z;t)} \gamma_i \nabla G_i(z) - \sum_{i \in I_H(z;t)} \delta_i \nabla H_i(z)$$
$$+ \sum_{i \in I_\Phi^{0+}(z;t)} \nu_i[2(H_i(z) - t)]\nabla G_i(z;t) + \sum_{i \in I_\Phi^{+0}(z;t)} \nu_i[2(G_i(z) - t)]\nabla H_i(z;t)$$
$$= 0$$

可推出

$$\alpha_i = 0, \ i \in I_g(z); \quad \beta_i = 0, \ i \in I_e; \quad \gamma_i = 0, \ i \in I_G(z;t); \quad \delta_i = 0, \ i \in I_H(z;t);$$

$$\nu_i[2(H_i(z) - t)] = 0, \ i \in I_\Phi^{0+}(z;t); \quad \nu_i[2(G_i(z) - t)] = 0, \ i \in i \in I_\Phi^{+0}(z;t).$$

注意到对任意 $i \in I_\Phi^{0+}(z;t)$, 有 $H_i(z) - t > 0$, 因此对于 $i \in I_\Phi^{0+}(z;t)$, 有 $\nu_i = 0$. 类似可证, 对于任意 $i \in I_\Phi^{+0}(z; t)$, 有 $\nu_i = 0$.

综合以上证明, 可知对于松弛问题 $R^{LHJ}(t)$ (5.3.2), LICQ 在 $z \in \mathcal{U} \cap X^{LHJ}(t)$ 处成立. □

参 考 文 献

[1] LUO Z Q, PANG J S, RALPH D. Mathematical programs with equilibrium constraints. Cambridge: Cambridge University Press, 1996.

[2] FERRIS M C, PANG J S. Engineering and economic applications of complementarity problems. SIAM Review, 1997, 39(4): 669-713.

[3] FACCHINEI F, PANG J S. Finite-dimensional variational inequalities and complementarity problems: 1. Springer series in operations research. New York: Springer, 2003.

[4] OUTRATA J V, KOCVARA M, ZOWE J. Nonsmooth approach to optimization problems with equilibrium constraints//Noneonvex Optimization and Its Applications. Dordrecht: Kluwer Academic Publishers, 1998.

[5] VEELKEN S. A new relaxation scheme for mathematical programs with equilibrium constraints: theory and numerical experience. Technical University of Munich, Dissertation, 2008.

[6] JARRE F M, KOCVARA, ZOWE J. Optimal truss design by interior-point methods. SIAM Journal on optimization, 1998, 8(4): 1084-1107.

[7] RALPH D. Mathematical programs with complementarity constraints in traffic and telecommunications networks. Philosophical transactions of the royal society A, 2008, 366: 1973-1987.

[8] KELLY F. The mathematics of traffic in networks // Gowers W. The Princeton companion to mathematics. Princeton, NJ: Princeton University Press, 2008.

[9] MORRIS P. Introduction to game theory. New York: Springer, 1994.

[10] SIEGFRIED T. A beautiful math John Nash, game theory, and the modern quest for a code of nature. Washington D. C.: Joseph Henry Press, 2006.

[11] BAZARAA M S, SHERALI H D, SHETTY C M. Nonliner programming: theory and algorithms. 3rd ed. New York: John Wiley & Sons, 1993.

[12] 袁亚湘, 孙文瑜. 最优化理论与方法. 北京：科学出版社, 1997.

[13] 简金宝. 光滑约束优化快速算法：理论分析与数值试验. 北京：科学出版社, 2010.

[14] 黎健玲, 简金宝, 李群宏, 钟献词, 唐春明. 数值分析与实验. 北京：科学出版社, 2012.

[15] 黎健玲, 谢琴, 简金宝. 均衡约束数学规划的约束规格和最优性条件综述. 运筹学学报, 2013, 17(3): 73-85.

[16] FUJIWARA O, Han S P, MANGASARIAN O L. Local duality of nonlinear programs. SIAM Journal on Control and Optimization, 1984, 22: 162-169.

[17] JANIN R. Directional derivative of the marginal function in nonlinear programming. Mathematical programming study, 1984, 21: 110-126.

[18] QI L Q, WEI Z X. On the constant positive linear dependence condition and its application to SQP methods. SIAM Journal on optimization, 2000, 10: 963-981.

[19] MINCHENKO L, STAKHOVSKI S. On relaxed constant rank regularity condition in mathematical programming. Optimization, 2011, 60(4): 429-440.

[20] ANDREANI R, HAESER G, SCHUVERDT M, SILVA P. A relaxed constant positive linear dependence constraint qualification and applications. Mathematical programming, 2012, 135: 255-273.

[21] BERTSEKAS D P. Nonlinear Programming. 2nd ed. Belmont: Athena Scientific, 1999.

[22] HESTENES M R. Optimization theory: the finite dimensional case. New York: Wiley, 1975.

[23] ANDREANI R, MARTINEZ J M, SCHUVERDT M L. On the relation between constant positive linear dependence condition and quasinormality constraint qualification. Journal of optimization theory and applications, 2005, 125(2): 473-485.

[24] LU S. Relation between the constant rank and the relaxed constant rank constraint qualifications. Optimization, 2012, 61(5): 555-566.

[25] FLEGEL M L, KANZOW C. Abadie-Type constraint qualification for mathematical programs with equilibrium constraints. Journal of optimization theory and applications, 2005, 124(3): 595-614.

[26] CHEN Y, FLORIAN M. The nonlinear bilevel programming problem: formulations, regularity, and optimality conditions. Optimization, 1995, 32: 193-209.

[27] SCHEEL H, SCHOLTES S. Mathematical programs with complementarity constraints: stationarity, optimality, and sensitivity. Mathematics of operations research, 2000, 25: 1-22.

[28] FLEGEL M L, KANZOW C. A Fritz John approach to first order optimality conditions for mathematical programs with equilibrium constraints. Optimization, 2003, 52: 277-286.

[29] PANG J S, FUKUSHIMA M. Complementarity constraint qualifications and simplified B-stationarity conditions for mathematical programs with equilibrium constraints. Computational optimization and appications, 1999, 13: 111-136.

[30] FLEGEL M L, KANZOW C. On the Guignard constraint qualifcation for mathematical programs with equilibrium constraints. Optimization, 2005, 54: 517-534.

[31] YE J J. Necessary and sufficient optimality conditions for mathematical programs with equilibrium constraints. Journal of mathematical analysis and applications, 2005, 307: 350-369.

[32] HOHEISEL T, KANZOW C, SCHWARTZ A. Theoretical and numerical comparison of relaxation methods for mathematical programs with complementarity constraints. Mathematical Programming, 2013, 137: 257-288.

[33] YE J J, ZHANG J. Enhanced Karush-Kuhn-Tucker Conditions for mathematical programs with equilibrium constraints. Journal of optimization theory and applications, 2014, 163(3): 777-794.

[34] GUO L, LIN G H, YE J J. Second order optimality conditions for mathematical programs with equilibrium constraints. Journal of optimization theory and applications, 2013, 158(1): 33-64.

[35] GUO L, LIN G H. Notes on some constraint qualifications for mathematical programs with equilibrium constraints. Journal of optimization theory and applications, 2013, 156(3): 600-616.

[36] KANZOW C, SCHWARTZ A. Mathematical programs with equilibrium constraints: enhanced fritz john conditions, new constraint qualifications and improved exact penalty results. SIAM Journal on optimization, 2010, 20: 2730-2753.

[37] FLEGEL M L, KANZOW C. On M-stationary points for mathematical programs with equilibrium constraints. Journal of mathematical analysis and applications, 2005, 310: 286-302.

[38] OUTRATA J V. Optimality conditions for a class of mathematical programs with equilibrium constraints. Mathematics of operations research, 1999, 24: 627-644.

[39] YE J J. Optimality conditions for optimization problems with complementarity constraints. SIAM Journal on optimization, 1999, 9: 374-387.

[40] HAN S P. Superlinearly convergent variable metric algorithms for general nonlinear programming problems. Mathematical programming, 1976, 11(1): 263-282.

[41] HAN S P. A globally convergent method for nonlinear programming. Journal of optimization theory and applications, 1977, 22: 297-309.

[42] PANIER E R, TITS A L. A superlinearly convergent feasible method for the solution of inequality constrained optimization problems. SIAM journal on control and optimization, 1987, 25(4): 934-950.

[43] LAWRENCE C T, TITS A L. A computationally efficient feasible sequential quadratic programming algorithm. SIAM Journal on optimization, 2001, 11(4): 1092-1118.

[44] FUKUSHIMA M. A successive quadratic programming algorithm with global and superlinear convergence properties. Mathematical programming, 1986, 35(3): 253-264.

[45] FACCHINEI F, LUCIDI S. Quadratically and superlinearly convergent algorithms for the solution of inequality constrained mintimization problems. Journal of optimization theory and applications, 1995, 85(2): 265-289.

[46] JIAN J B, TANG C M, HU Q J, et al. A feasible descent SQP algorithm for general constrained optimization without strict complementarity. Journal of computational and applied mathematics, 2005, 180(2): 391-412.

[47] ZHU Z B, JIAN J B. An efficient feasible SQP algorithm for inequality constrained optimization. Nonlinear analysis real world applications, 2009, 10(2): 1220-1228.

[48] FUKUSHIMA M, LUO Z Q, TSENG P. A sequential quadratically constrained quadratic programming method for differentiable convex minimization. SIAM Journal on optimization, 2003, 13: 1098-1119.

[49] JIAN J B. New sequential quadratically constrained quadratic programming method of feasible directions and its convergence rate. Journal of optimization theory and applications, 2006, 129: 109-130.

[50] JIAN J B, TANG C M, Zheng H Y. Sequential quadratically constrained quadratic programming norm-relaxed algorithm of strongly sub-feasible directions. European journal of operational research, 2010, 200: 645-657.

[51] JIAN J B, YANG S M, Tang C M. A simply sequential quadratically constrained quadratic programming method of strongly sub-feasible directions for constrained optimization, 2013, 62(4): 1-20.

[52] PANIER E R, TITS A L, HERSKOVITS N. A QP-free globally convergent, locally superlinear convergent algorithm for inequality constrained optimization. SIAM Journal on optimization, 1988, 26: 788-811.

[53] GAO Z Y, HE G P, WU F. Sequential systems of linear equations algorithm for nonlinearly optimization problems with general constraints. Journal of optimization theory and applications, 1997, 95: 371-397.

[54] 高自友, 贺国平, 吴方. 任意初始点下的序列线性方程组方法. 中国科学 (A 辑), 1997, 27: 24-33.

[55] KANZOW C, QI H D. A QP-free constrained Newton-type method for variational inequality problems. Mathematical programming, 1999, 85: 81-106.

[56] QI H D, QI L Q. A new QP-free, globally convergent, locally superlinearly convergent algorithm for inequality constrained optimization. SIAM Journal on optimization, 2000, 11: 113-132.

[57] QI L Q, YANG Y F. Globally and superlinearly convergent QP-free algorithm for nonlinear constrained optimization. Journal of optimization theory and applications, 2002, 113: 297-323.

[58] YANG Y F, LI D H, QI L Q. A feasible sequential linear equation method for inequality constrained optimization. SIAM Journal on optimization, 2003, 13: 1222-1244.

[59] TITS A L, WÄCHTER A, BAKHTIARI S, URBAN T J, LAWRANCE C T. A primal-dual interior-point method for nonlinear programming strong global and local convergence properties. SIAM Journal on optimization, 2003, 14: 173-199.

[60] BAKHTIARI S, TITS A L. A simple primal-dual feasible interior-point method for nonlinear programming with monotone descent. Computational optimization and applications, 2003, 25: 17-38.

[61] WANG Y L, CHEN L F, HE G P. Sequential systems of linear equations method for general constrained optimization without strict complementarity. Journal of computational and applied mathematics, 2005, 182: 447-471.

[62] CHEN L F, WANG Y L, HE G P. A feasible active set QP-free method for nonlinear programming. SIAM Journal on optimization, 2006, 17: 401-429.

[63] JIAN J B, QUAN R, CHENG W X. A feasible QP-free algorithm combining the interior point method with active set for constrained optimization. Computers and mathematics with applications, 2009, 58: 1520-1533.

[64] JIAN J B, PAN H Q, TANG C M, LI J L. A strongly sub-feasible primal-dual quasi interior-point algorithm for nonlinear inequality constrained optimization. Applied mathematics and computation, 2015, 266: 560-578.

[65] LI J L, LV J, JIAN J B. A globally and superlinearly convergent primal-dual interior point method for general constrained optimization. Numerical mathematics: theory, methods and applications, 2015, 8(3): 313-335.

[66] FUKUSHIMA M, LUO Z Q, PANG J S. A globally convergent sequential quadratic programming algorithm for mathematical programming with linear complementarity constraints. Computational optimization and applications, 1998, 10(1): 5-34.

[67] JIANG H Y, RALPH D. Smooth SQP methods for mathematical programs with nonlinear complementarity constraints. SIAM Journal on optimization, 2000, 10: 779-808.

[68] JIAN J B, LI J L, MO X D. A strongly and superlinearly convergent SQP algorithm for optimization problems with linear complementarity constraints. Applied mathematics and optimization, 2006, 54: 17-46.

[69] LI J L, JIAN J B. A superlinearly convergent SSLE algorithm for optimization problems with linear complementarity constraints. Journal of global optimization, 2005, 33: 477-510.

[70] FACCHINEI F, JIANG H Y, QI L Q. A smoothing method for mathematical programs with equilibrium constraints. Mathematical programming, 1999, 85: 107-134.

[71] FUKUSHIMA M, TSENG P. An implementable active-set algorithm for computing a B-stationary of a mathematical program with linear complementarity constraints. SIAM Journal on optimization, 2002, 12: 725-730.

[72] FUKUSHIMA M, PANG J S. Convergence of a smoothing continuation method for Mathematical Programs with Complementarity Constraints // Thera M, Tichatschke. III-posed Variational problems and Regularization Techniques. New York: Springer, 2000: 99-110.

[73] SCHOLTES S. Convergence properties of a regularization scheme for mathematical programming with complementarity constraints. SIAM Journal on optimization, 2001, 11(4): 918-936.

[74] Lin G H, FUKUSHIMA M. A modified relaxation scheme for mathematical programs with complementarity constraints. Annals of operations research, 2005, 133: 63-84.

[75] LUO H Z, SUN X L, XU Y F, WU H X. On the convergence properties of modified augmented Lagrangian methods for mathematical programming with complementarity constraints. Journal of global optimizaion, 2010, 46: 217-232.

[76] LUO H Z, SUN X L, XU Y F. Convergence properties of modified and partially-augmented Lagrangian methods for mathematical programs with complementarity constraints. Journal of optimization theory and applications, 2010, 145: 489-506.

[77] YAN T, FUKUSHIMA M. Smoothing method for mathematical programs with symmetric cone complementarity constraints. Optimization, 2011, 60: 113-128.

[78] RALPH D, WRIGHT S J. Some properties of regularization and penalization schemes for MPECs. Optimization methods & software, 2004, 19: 527-556.

[79] DEMIGUEL A V, FRIEDLANDER M P, NOGALES F J, SCHOLTES S. A two-sided relaxation scheme for mathematical programs with equilibrium constraints. SIAM Journal on optimization, 2005, 16: 587-609.

[80] CHEN X, FUKUSHIMA M. A smoothing method for mathematical program with p-matrix linear complementarity constraints. Computational optimization and applications, 2004, 27(3): 223-246.

[81] JIAN J B. A superlinearly convergent implicit smooth SQP Algorithm for mathematical programs with nonlinear complementarity constraints. Computational optimization and applications, 2005, 31: 335-361.

[82] KANZOW C, KLENINMICHEL H. A new class of semismooth Newton-type methods for nonlinear complementarity problems. Computational optimization and applications, 1998, 11: 227-251.

[83] KANZOW C. Some noninterior continuation methods for linear complementarity problems. SIAM Journal on matrix analysis and applications, 1996, 17: 851-868.

[84] KOJIMA M, MEGIDDO N, NOMA T, YOSHISE A. A unified approach to interior point algorithms for linear complementarity problems. Berlin, Heideberg: Springer-Verlag, 1991.

[85] COTTLE R W, PANG J S, STONE R E. The linear complementarity problem. Boston: Academic Press, 1992.

[86] FACCHINEI F, FISCHER A, KANZOW C. On the accurate identification of active constraints. SIAM Journal on optimization, 1998, 9: 14-32.

[87] ZHU Z B, ZHANG K C. A superlinearly convergent SQP algorithm for mathematical programs with linear complementarity constraints. Applied mathematics and computation, 2006, 172: 222-244.

[88] LI J L, HUANG R S, JIAN J B. A superlinearly convergent QP-free algorithm for mathematical programs with equilibrium constraints. Applied mathematics and computation, 2015, 172: 885-903.

[89] MA C F, LIANG G P. 求解非线性互补问题的逐次逼近阻尼牛顿法. 数学研究与评论, 2003, 23: 1-6.

[90] LEYFFER S. MacMPEC: AMPL collection of MPECS. http://www.mcs.anl.go/Leyffer/MacMPEC, 2000.

[91] DE J F A, PANTOJA O, MAYNE D Q. Exact penalty function algorithm with simple updating of the penalty parameter. Journal of optimization theory and applications, 1991, 69: 441-467.

[92] FLETCHER R, LEYFFER S. Solving mathematical programs with complementarity constraints as nonlinear programs. Optimization methods & software, 2004, 19: 15-40.

[93] HERSKOVITS J. A two-stage feasible directions algorithm for nonlinear constrained optimization. Mathematical programming, 1986, 36: 19-38.

[94] 高自友, 贺国平. 约束优化问题的一个广义梯度投影法. 科学通报, 1991, 19: 1444-1448.

[95] 赖炎连, 简金宝. 初始点任意的一个非线性优化的广义梯度投影法. 系统科学与数学, 1995, 4: 374-384.

[96] JIAN J B, GUO C H, YANG L F. A new generalized projection method of strongly sub-feasible direction for general constrained optimization. Pacific journal of optimization, 2009, 5: 507-523.

[97] 黎健玲, 黄小津, 简金宝, 唐春明. 互补约束数学规划问题的一个广义梯度投影罚算法. 数学年刊, 2015, 36A(3): 277-290.

[98] KOJIMA M, MEGIDDO N, NOMA T, YOSHISE A. A unified approach to interior point algorithms for linear complementarity problems. Lecture notes in computer science, 1991, 10(5): 247-254.

[99] KADRANI A, DUSSAULT J P, BENCHAKROUN A. A new regularization scheme for mathematical programs with complementarity constraints. SIAM Journal on optimization, 2009, 20(1): 78-103.

[100] STEFFENSEN S, ULBRICH M. A new relaxation scheme for mathematical programs with equilibrium constraints. SIAM Journal on optimization, 2010, 20(5): 2504-2539.

[101] RAGHUNATHAN A U, BIEGLER L T. An interior point method for mathematical programs with complementarity constraints. SIAM Journal on optimization, 2005, 15(3): 720-750.

[102] BENSON H Y, SEN A, SHANNO D F, VANDERBEI R J. Interior-point algorithms, penalty methods and equilibrium problems. Computational optimization and applications, 2006, 34(2): 155-182.

[103] LEYFFER S, LÓPEZ-CALVA G, NOCEDAL J. Interior methods for mathematical programs with complementarity constraints. SIAM Journal on optimization, 2006, 17(1): 52-77.

[104] 刘水霞, 陈国庆. 互补约束优化问题的乘子序列部分罚函数算法. 运筹学学报, 2011, 15(4): 55-64.

[105] LI J L, HUANG X J, JIAN J B. A new relaxation method for mathematical. Analysis and application, 2016, 20(3): 548-565.

[106] HOHEISEL T, KANZOW C, SCHWARTZ A. Convergence of a local regularization approach for mathematical programs with complementarity or vanishing constraints. Optimization methods & software, 2012, 27(3): 483-512.

[107] MANGASARIAN O L. Equivalence of the complementarity problem to a system of nonlinear equations. SIAM Journal on applied mathematics, 1976, 31(1): 89-92.

[108] BAZARAA M S, SHETTY C M. Foundations of optimization. Lecture Notes in Economics and Mathematical Systems. Berlin/Heideberg: Springer-Verlag, 1976.

索　引